Precast Concrete Structures

Hubert Bachmann/Alfred Steinle

预制混凝土结构

［德］ 休伯特·巴赫曼

阿尔弗雷德·施坦勒 著

李晨光 等译

中国建筑工业出版社

著作权合同登记图字：01-2012-8810 号

图书在版编目（CIP）数据

预制混凝土结构/（德）巴赫曼，施坦勒著；李晨光等译. —北京：中国建筑工业出版社，2015.11
ISBN 978-7-112-18548-1

Ⅰ.①预… Ⅱ.①巴…②施…③李… Ⅲ.①混凝土-结构-预制结构 Ⅳ.①TU37

中国版本图书馆 CIP 数据核字（2015）第 240450 号

本著作基于欧洲（特别是德国）的预制混凝土结构技术体系，围绕预制混凝土结构的相关技术标准、预制混凝土结构设计理论与基本原理、设计计算方法、节点构造设计做法和工厂生产制作要求等展开了系统的论述，反映了预制混凝土结构设计与施工的发展历程。对采用预制混凝土构件建造的建筑有概括性描述。对预制混凝土结构设计的边界条件、外墙板设计、现行设计专题以及预制混凝土结构的稳定性进行了深入细致的阐述。本著作内容的主要特点为：概念表述的系统性；基本原理论述的科学性；节点设计和工程实例介绍的实用性。本书有助于我们全面准确地了解发达国家在预制混凝土结构方面的进展情况，特别是了解关于预制混凝土结构的技术标准、设计理论、计算方法、节点构造及做法和工厂生产制作等系统知识。

本书既是预制混凝土技术人员和管理人员的参考用书，也可作为大专院校相关专业师生的教学用书。

责任编辑：董苏华　范业庶　责任设计：李志立　责任校对：张　颖　赵　颖

预制混凝土结构

[德]　休伯特·巴赫曼　　著
阿尔弗雷德·施坦勒

李晨光　等译

*

中国建筑工业出版社出版、发行（北京西郊百万庄）
各地新华书店、建筑书店经销
北京科地亚盟排版公司制版
北京云浩印刷有限责任公司印刷

*

开本：787×1092 毫米　1/16　印张：14　字数：351 千字
2016 年 1 月第一版　2016 年 1 月第一次印刷
定价：**49.00** 元
ISBN 978-7-112-18548-1
（27778）

译者前言

　　预制混凝土结构与技术已经有超过 100 多年的发展历史，但是直到 20 世纪下半叶之后，预制混凝土结构构件制作和装配施工建造方式才逐步具备了工业化的实施模式。近半个世纪以来，综合国际上大量的相关试验研究成果、工程实践和应用的经验与教训总结，发达国家已形成了系统的预制混凝土结构设计理论、预制混凝土构件生产制作技术和施工安装成套体系。预制混凝土结构虽然属于传统的结构形式，但是在当今工业化时代仍然具有进一步深入发展和持续创新的巨大潜力。

　　本著作基于欧洲（特别是德国）的预制混凝土结构技术体系，围绕预制混凝土结构的相关技术标准、预制混凝土结构设计理论与基本原理、设计计算方法、节点构造设计做法和工厂生产制作要求等展开了系统的论述。反映了预制混凝土结构设计与施工的发展历程。对采用预制混凝土构件建造的建筑有概括性描述。对预制混凝土结构设计的边界条件、外墙板设计、现行设计专题以及预制混凝土结构的稳定性进行了深入细致的阐述。本著作内容的主要特点为：1. 概念表述的系统性；2. 基本原理论述的科学性；3. 节点设计和工程实例介绍的实用性。

　　本著作作者的意图是向工程师和建筑师充分展示预制混凝土工业化建造可提供各种丰富多彩建筑结构方案的可行性，可实现建筑外墙板设计的各种艺术效果可能性，采用预制混凝土工业化建造方式的不可或缺性等等，希望铺就经济且高效地应用预制混凝土建筑结构工程之路并促进其可持续发展。

　　本著作主要内容涉及：1. 体现了欧洲标准一体化进程对预制混凝土结构与技术的影响作用，作者引用了大量的欧洲与德国技术标准；2. 核心内容为预制混凝土结构设计，预制混凝土构件节点设计和预制混凝土构件工厂生产制作；3. 有独特特点的设计部分包括预制混凝土结构的稳定性设计，预制混凝土外墙板设计和预制混凝土防火设计等。

　　自 20 世纪 50 年代开始，我国在住宅建设中推行标准化、工业化和机械化，大力发展预制混凝土构配件和混凝土装配式建筑，推动了中国建筑工业化的起步和发展，在工业与民用建筑中，装配式建筑结构和预制构件已经比较普遍采用。但是在 20 世纪 80 年代后期至 90 年代，由于种种复杂原因，住宅建设的预制混凝土工业化处于半停滞状态并且没有实质性的发展，因此相应的系统理论研究、试验研究和规模化的工程应用案例也非常稀缺。近 10 多年来，借助建筑产业现代化（包括建筑工业化和住宅产业现代化等）这一新推动力和有利的市场经济环境，我国预制混凝土结构与预制混凝土工业又迎来了新的全面发展机遇期，为了全面准确地了解发达国家在预制混凝土结构方面的进展情况，特别是关于预制混凝土结构的技术标准、设计理论、计算方法、节点构造及做法和工厂生产制作等系统知识，中国建筑工业出版社组织并委托北京市建筑工程研究院有限责任公司翻译了本著作，希望能为广大从业专业人士提供参考和借鉴。

本著作由李晨光教授级高级工程师翻译，袁英占和曲秀姝为骨干翻译与校核人员；参加翻译工作的还有杨卉、郄泽、杨洁、孙岩波、杨旭、何一凡、徐晟宇和李广辉等。李晨光负责全书的统稿和校核。

本著作的翻译工作得到了北京市百千万人才工程项目的资助。北京建工集团有限责任公司和北京市建筑工程研究院有限责任公司领导和专家给予了关注和鼓励。哈芬北京公司的李峥和邓辉在部分德文名称译法方面提供了大力支持。中国建筑工业出版社的董苏华编审、范业庶编审及其同事为本著作的出版从版权联系到文字和内容编辑校对付出了辛勤的劳动。译者在此一并表示最衷心的感谢！

鉴于译者的水平有限和对该著作的写作背景了解的局限性，翻译不当或理解错误之处在所难免，敬请专家和广大读者谅解并给予批评指正。

李晨光

2015 年 12 月于北京

致敬

福尔克·哈恩（Volker Hahn，1923 年 4 月 10 日～2009 年 5 月 1 日）

作者谨将此书英文版献给工学博士福尔克·哈恩教授（Prof. Dr. -Ing Volker Hahn）、作者的导师们、作者在旭普林公司的领导以及本书德文版的合作者。

福尔克·哈恩于 1949 年在旭普林股份公司（Ed. Züblin AG）开始其职业生涯，在研发工程师的职位上，他创建了公司的主要工程开发部，该部至今仍然是公司的技术核心部门。他是将计算机引入施工应用领域的先驱之一，他在推动预制混凝土工程施工、交通运输工程、特种土木工程、交钥匙工程和环保技术方面的重大发展具有伟大的远见卓识。

从 1971 年到 1987 年，福尔克·哈恩是旭普林股份公司的董事会成员。作为董事会成员，由于他的卓越才能，对公司充满活力的增长、连续成功的经营业绩和技术领导者业内地位的确立，作出了主要贡献。

福尔克·哈恩作为名誉教授在斯图加特大学讲授课程，他博大精深的专业知识对年轻的工程师大有裨益。在他领导下建成的旭普林大厦是一项为预制混凝土工程施工注入新动力的工程。

前言

预制混凝土构件装配建筑和混凝土建筑具有同样悠久的历史。但是仅在 20 世纪下半叶，这种施工建造方式才具备工业化的模式。对此发展有促进作用的因素包括起重设备的发展、机械化钢模具的使用及近来自动化生产制作体系的应用，特别是广泛应用于承力楼盖预制混凝土构件。

本著作关于预制混凝土施工的内容作为《混凝土日历》（Beton-Kalender）的组成部分第一次出版于 1988 年。第二版作者为阿尔弗雷德·施坦勒（Alfred Steinle）和福尔克·哈恩（Volker Hahn），由同一出版社于 1995 年出版。相关论著内容编辑成书后由 Ernst & Sohn 出版社作为《土木工程师实践》（Bauingenieur-Praxis）系列的组成部分于 1998 年出版。《混凝土日历》（Beton-Kalender）2009 年版增加更多的论著内容，休伯特·巴赫曼（Hubert Bachmann）也成为本书作者之一，这一版本成为本书德文版的第二次修编。

过去 10 年多，标准不可避免地要进行一些修订改变，例如，经过长期的准备工作，新的 DIN 1045《混凝土、钢筋混凝土及预应力混凝土结构》出版发行。

该标准已由德国建筑主管部门批准，自 2002 年 9 月可在德意志联邦共和国使用，直至 2005 年 1 月 1 日这也是混凝土工程中德国采用的唯一一部标准。该标准是基于欧洲规范 EN 1992-1《混凝土结构设计》（先前称为欧洲规范 2）起草的，因此代表了这部欧洲规范的翻译文本在德国的实践应用。

更具体地讲，预制混凝土构件设计的基本变化也在其中为证。

欧洲一体化市场的创建带来了《建筑施工产品指令》的出版公布，自 1992 年该指令在德国以《建筑施工产品法》（Bauproduktengesetz）的形式强制采纳，同期也成为考虑该立法进行修订后联邦建筑法规的组成部分。该指令使得对不同预制混凝土产品建立统一产品标准成为可能，最终贴有 CE 标签的各类预制构件在整个欧盟可以通用。

采用工业化生产制造方法的现代工程施工，包括使用工厂预制混凝土构件的工程施工，其单个构件及结构整体设计受工厂化生产制造深刻影响。在生产制造方面，加工生产采用机械化和自动化的增长趋势显而易见。

高性能混凝土的发展提供了将其应用于预制混凝土结构施工的机遇，特别是工厂生产制造对采用高性能混凝土条件更佳。例如，在桥梁和建筑外墙板中已首次采用超高强混凝土生产制造预制混凝土构件。除了预制构件批量和系列的工业化生产制造，已出现越来越多的一次性构件生产制作，借助于优越的生产制作条件，可以获得高标准质量的产品。当作为建筑材料的混凝土发展取得越来越多的进展时，这种趋势变得更加显著。

　　作者写作本书的目的是为建筑师和结构工程师描绘预制混凝土工厂生产制造的边界条件，同时展示这种施工方法所带来的机遇，并对正在发展的预制混凝土结构寄予期望。

作者于斯图加特，2010 年 11 月

旭普林股份公司（Ed. Züblin AG）

A·施坦勒，H·巴赫曼

作者简介

阿尔弗雷德·施坦勒（生于 1936 年），他在 20 世纪 70 年代早期就将福尔克·哈恩的教材整理成为初稿，即成为本书开始编写的起点。在桥梁与建筑领域工作数年后，阿尔弗雷德·施坦勒在旭普林公司深入参与预制混凝土工程施工工作。他的理论研究工作涵盖桥梁与建筑领域中箱梁桥的受扭和截面变形研究，在预制混凝土结构方面，包括 6M 体系的牛腿、阶形梁端和杯口基础研究。此外，在许多预制混凝土工程项目中，他还是一位关键人物，如采用 6M 体系的学校、利雅得大学、伊拉克采用泡沫混凝土墙板的学校、旭普林公司大楼以及一座现代自动化预制工厂的施工建设。阿尔弗雷德·施坦勒于 1999 年退休，那时他已经升任旭普林公司总部工程部的授权签字人。

休伯特·巴赫曼（生于 1959 年），他于 1976 年通过参加一个预制工厂关于混凝土和预制混凝土工程施工的培训课程并开始其职业生涯。在卡尔斯鲁厄大学（University of Karlsruhe）学习建筑工程施工并完成其博士学业后，自 1993 年起，他在旭普林股份公司（Ed. Züblin AG）结构工程部工作。他的工作任务包括各种类型结构的细部设计，以及在土木与结构工程部的研究与开发。自 2003 年起，他在斯图加特大学（University of Stuttgart）讲授福尔克·哈恩系列教材，即关于混凝土构件预制生产制作的课程。

本书作者曾经或现在均全面参与各个建筑工程工业协会活动，并参加与预制混凝土工程施工相关的大量技术实体、国家和国际标准委员会的技术工作。

序言

本书第 1 章包含关于预制混凝土施工、发展历史和欧洲有关标准现状的综述。第 2 章论述基于预制混凝土构件的结构设计和预制混凝土构件本身的设计。第 3 章涉及预制混凝土构件节点设计。第 4 章作为本书的最后一章，对预制混凝土构件的实际生产加工制作进行阐述，以便读者可以对预制混凝土结构施工方式全面了解，并把握有关需求和预制产品的纷繁复杂性。

尽管本书基于德国建筑施工工业的观点，但是从欧洲一体化市场和德国公司在海外的工程实践观点来看，其他国家的预制混凝土结构施工在一定程度上也有所反映。

总体来说，作者在本书的论述内容主要是结构工程方面，但是在工程施工的其他领域，由于经济性可选择方案的发展应用，形成预制混凝土工程施工占有可观市场份额的事实必须提及。以下是预制混凝土工程施工应用对其有重大影响的部分领域：

- 桥梁工程
- 隧道工程（隧道预制节段）
- 管道、管道桥、塔体、桅杆与桩工程
- 独立住宅工程
- 预制基础、挡土墙工程
- 盒子房、预制车库工程
- 隔声墙工程
- 铁路轨枕、轨道板、有轨电车轨道板工程
- 农业结构工程
- 冷却塔滴灌结构工程

读者可以参考与上述专业领域有关的专业文献进行深入了解。本书仅论述在房屋建筑和结构工程中应用的结构与建筑预制混凝土构件，不包括"混凝土制品"，即大批量生产和储存并可以在商品市场购得的小规格预制构件，如排污管、铺路石等。

本书所列参考文献自早先版本以来有所增加。由于参考文献对基础性问题包含可能的解答且与目前应用仍然相关，所以予以保留。

关于预制混凝土工程施工主题有参考价值的早期文章可见《混凝土日历》（Beton-Kalender）[1~3]。除涉及预制混凝土工程施工的特定问题文章，本书忽略关于钢筋混凝土工程施工的一般参考文献，读者有兴趣可以参见《混凝土日历》（Beton-Kalender）相关文章。读者如希望对预制混凝土主题获得更全面、深入了解，建议参考自 20 世纪 60 年代（Koncz）出版的三卷著作[4]和德国预制混凝土施工协会（FDB）出版的小册子[5~8]。读者还可以参考介绍包含小规格预制混凝土制品的《混凝土和预制构件年鉴》（Beton-und Fertigteil-Jahrbuch）[9]，该文献系年刊，各个版本不尽相同，其中部分文章介绍了关于预制混凝土工程施工的不同结构与建筑方面的发展。大批量生产制作混凝土制品的系统信息见参

考文献［12］，关于采用预制混凝土构件的工业化建造方式的基础性与综述性参考文献见［10，11］。参考文献［13～16］是基于数位大学教授的讲义编制而成的。本书出版基于的与本书主题相关的德国标准（DIN）版本，列于表 1 中。以下还列出与预制混凝土工程施工有关的德国钢筋混凝土委员会（DAfStb）指令，德国混凝土与建筑技术协会（DBV）和德国预制混凝土施工协会（FDB）出版的指南。本书第 1 章第 1.3 节涉及与欧洲标准发展现状有关的更多细节。指令和指南包含的进一步信息分别在本书正文中引用。

标准、指南及指令

NA 005（NABau，建筑与土木工程标准委员会）与预制混凝土 工程施工相关的 DIN 标准（多数有英文版）

表 1

DIN	版本	部分/名称
488	2009	第 1～7 部分　钢筋
1045	2008	第 1～4 部分　混凝土、钢筋混凝土及预应力混凝土结构
1048	1991	第 1～5 部分　混凝土试验
1055	2002—2007	第 1～10、100 部分　施加于结构的作用
1164	2003—2005	第 10～12 部分　特种水泥
EN ISO 17660	2006—2007	第 1、2 部分　焊接：钢筋焊接
4102	1977—2004	第 1～4、22 部分　建筑材料与建筑构件的防火特性
4108	1981—2009	第 1～10 部分　建筑隔热保温
4109	2003—2006	第 1、11 部分　建筑隔声
4141	1984—2008	第 1～3、13 部分　结构支座
EN 1337	2005	第 3 部分　结构支座：弹性支座
4149	2005	德国地震区域的建筑：设计荷载、分析和建筑结构设计
4212	1986	钢筋混凝土及预应力混凝土吊车轨道梁（craneways）：设计和施工
4213	2003	开放式结构（open structure）轻骨料混凝土预制构件结构应用
4223	2003 2008	第 1～5 部分　蒸压预制钢筋混凝土构件 第 100～103 部分（草案）蒸压预制钢筋混凝土构件应用
4226	2002	第 100 部分　混凝土和砂浆用骨料：再生骨料
EN ISO 9606	1999-2005	第 2～5 部分　焊条许可试验：热熔焊接
EN 10088	2005-2009	第 1～5 部分　不锈钢
18057	2005	混凝土窗：尺寸、要求与试验
18065	2000	建筑楼梯：术语、测量规则与主要尺寸
18162	2000	轻骨料混凝土墙板：无配筋墙板
18200	2000	施工产品一致性评估：由认证实体进行施工产品认证
18202	2005	建筑施工偏差：建筑类
18203	1997	第 1 部分　建筑施工偏差：混凝土、钢筋混凝土及预应力混凝土预制构件
18230	1998-2002	第 1～3 部分　工业建筑结构防火
18500	2006	（准标准）人造石：术语、要求、试验与检测
18515	1993-1998	第 1、2 部分　外墙板装饰面
18516	1990-2009	第 1、3～5 部分　外墙板装饰面、后排风通风
18540	2006	采用节点密封材料的建筑内墙节点密封
18542	2009	采用多孔塑料制成填充密封胶带的建筑外墙节点密封——填充密封胶带——要求与试验
18800	2008	第 1～4 部分　钢结构
18801	1983	建筑钢结构：设计与施工

DBV 指南及发展报告（DBV，德国混凝土与建筑技术协会）

（部分指南在 DBV 出版物"混凝土最佳实践"有英文版）   表 2

版本	名称
	建筑技术
2005	多层和地下停车库
2006	结构骨架/建筑设施连接接口：2 部分
2006	钢筋混凝土及预应力混凝土裂缝限制
2002	混凝土保护层和钢筋
	混凝土技术
2001	钢纤维混凝土
2002	高强混凝土
2004	自密实混凝土
2004	混凝土表层：混凝土边界区域
1996	无模板混凝土表层
2007	新拌混凝土试验特殊方法
	工程施工
2004	清水混凝土
2004	浇筑混凝土应避免的问题
2006	混凝土模板工程
	施工产品
2002	钢筋定位器与支撑马凳
2008	带弯钩钢筋与钢筋包装保护要求
1996	建筑节点密封材料
1997	混凝土脱模剂 第 1 部分：选择和使用建议
1999	混凝土脱模剂 第 2 部分：试验
	既有建筑工程施工
2008	导则
2008	防火
2008	混凝土与钢筋

FDB 指南册（FDB，德国预制混凝土施工协会）

（No. 1 有英文版，其余为德文版）   表 3

序号	版本	名称
1	2005	混凝土和钢筋混凝土预制构件的清水混凝土表面（表面外观）
2	2005	预制混凝土构件隐藏钢连接节点（埋件）腐蚀防护
3	2007	预制混凝土外墙板设计
4	2006	预制混凝土外墙板固定方法
5	2005	预制混凝土构件设计图纸清单
6	2006	埋件与连接件安装配合计算与偏差
7	2008	预制混凝土构件防火要求

DAfStb 指令（DAfStb，德国钢筋混凝土委员会）（仅有德文版）   表 4

版本	名称
1989	混凝土热养护
1995	利用剩余拌合水及剩余混凝土、砂浆的混凝土产品
2000	实体结构荷载试验
2001	混凝土构件的防护与修复（第 1～4 部分）
2003	自密实混凝土（SCC 指令）
2004	节点混凝土施工中对水有害的物质
2004	采用符合 DIN 4226-100 再生骨料且符合 EN 206-1 和 DIN 1045-2 的混凝土
2006	延长使用时间的混凝土（缓凝混凝土）
2006	水泥基粘结灌浆料的生产和使用
2007	防止混凝土碱-骨料反应损害的措施（碱-骨料反应应用指令），第 1～3 部分

目录

第 1 章 　概论

1.1 　工厂生产制作的优势

　　赋予所生产制作的产品拥有足够的市场竞争力是各种生产工艺背后潜在的共同目标，即相对于竞争产品来说，要么生产制作的产品质量更好，要么更便宜或者生产效率更高，最理想的情况是能够同时兼有以上三方面的优势。那么，对于采用预制混凝土构件的工程其优势表现何在？

1.1.1 　提升质量

　　（1）相对于建筑现场施工作业来说，室内生产可改善作业条件、提高生产效率，并对产品质量有一定影响。

　　（2）在工厂生产环境，通过对相关人员的培训能够比较容易弥补在施工行业中日益严重的熟练工人短缺现象。

　　（3）在标准或大批次预制构件生产中可使用钢模具，以确保预制构件的尺寸精度。

　　（4）工厂预制可以满足特殊混凝土构件的生产质量需求。

　　只有在工厂生产制作才可能生产出具有建筑纹理和色彩的混凝土构件，特别是对于建筑外墙板设计。

　　与建筑施工之外的其他工业化行业相似，工厂生产可以给生产过程带来更加高效的质量管理。

1.1.2 　降低造价

　　（1）预制混凝土施工的主要特点是可降低模板成本。可采用模板（模具）生产多个构件。当然，大批量生产的优势更为突出。尽管符合生产工艺的模具需要专业化模具设计研究（如带折叠机构的复杂刚性模具），但模具的重复利用率却大幅提高。

　　（2）另一个采用预制混凝土构件施工的原因无疑是其能降低或完全忽略脚手架成本。

　　（3）工厂生产使机械化和自动化的应用成为可能，从而在很大程度上使必要工作时间降低。然而，如果不能充分利用并发挥工厂的生产能力，其高比例的固定成本也将成为一种劣势。

　　（4）采用满足结构受力需求的薄截面构件可节约材料，例如可以采用双 T 或者单 T 截面来代替矩形截面。在大多数情况下，只有通过工厂预制保证混凝土构件质量才可能实现降低混凝土重的优势。一个典型节约材料和减轻重量的例子是将实心厚板转换为空心板，这也只能通过预制混凝土施工来实现。

　　（5）预应力构件易于通过在预应力台座上采用先张工艺来实现。

　　（6）运输费用是预制构件工厂需要考虑的成本之一，其可限制预制构件的使用区域半径，进而限制预制构件厂的潜在市场范围及其规模。但是，这并不代表其是预制混凝土市场的发展障碍，因为现如今在任何有经济实力的地方，都有预制混凝土行业。

1.1.3　加快建设速度

（1）预制混凝土施工的一大优势是缩短建设时间。例如当基础还在施工的时候，墙和楼板构件都能够同时生产制作。冬季可以进行构件制造以及大规模的构件吊装。

（2）不需要大量的、复杂的现场施工设施。结构主体采用干作业施工，在吊装施工完毕后，结构主体就具有了承载力。

（3）缩短建设时间和更快产生收益对节约建设成本具有重要作用，然而这种收益却经常被低估，这正是在工业化建筑中采用预制混凝土结构施工的原因。

（4）尽管如此，不要忘记采用预制混凝土结构构件建造建筑通常需要投入大量规划和设计工作；但另一方面，可以通过采用标准预制混凝土构件体系大大降低这些投入。首例CAD 应用于钢筋混凝土工程就是在预制混凝土结构中使用。

1.2　预制工业发展历史

预制化施工，即在远离建设地点制作建筑构件，通过构件吊装施工安装来建造建筑，这种建设方法和钢筋混凝土建筑一样古老。然而，从其起源发展到工业化建筑模式，采用预制混凝土构件的现代建筑仅仅是 60 多年的事情。参考文献［20］详细描述 1945 年以后德国预制化房屋的发展。

图 1.1　约瑟夫・莫尼尔（Joseph Monier）（拍摄于 1850 年）[17]

虽然我们可能不会认定在 19 世纪中叶由约瑟夫・莫尼尔（Joseph Monier）或约瑟夫・路易斯・兰伯特（Joseph Louis Lambot）建造的第一个钢筋混凝土花盆或者钢筋混凝土船是预制构件（图 1.1），但是第一次真正意义上的关于预制钢筋混凝土结构构件的尝试的确是在 1900 年左右出现的，例如 1891 年在法国比亚里茨（Biarritz）建成的凯依涅式（Coignet）游乐场建筑和 1896 年由海涅比克（Hennebique）和旭普林（Zublin）建成的供铁路信号员及门卫使用的预制房屋（图 1.2）[17]。

在 20 世纪前半叶，预制结构在全欧洲和美国的延续性发展仅仅是试验性的，因为该时期缺少更大和更灵活的起重吊装设备。

直到第二次世界大战后，预制结构才得到真正的突破性发展[18]。第一阶段：1945～1960 年，战后极大的房屋需求量给建筑业带来挑战。法国（例如卡默斯 Camus 和艾斯特 Estiot）和斯堪的纳维亚（例如拉尔森 Larsson 和尼尔森 Nielsen）体系在该时期为采用大尺寸预制板建造房屋提供了决定性动力。他们的专利通过其授权商也支配了德国市场。

图 1.2　供铁路信号员使用的预制房屋
(拍摄于 1900 年)[17]

第二阶段：大约 1960～1973 年（见参考文献 [18]），持续的经济繁荣导致了业主对更高舒适度的自用房需求量的提高。通货膨胀使得大量投资进入房地产领域，此外，熟练工人短缺也是另一个迫使建筑生产转移到工厂的原因，这些都促使预制混凝土施工技术取得突破性进展。

与住宅建筑相同，对学校、学院和大学的大量需求促进了采用柱、梁和大跨度楼板（7.20m/8.40m）构成的承重框架体系的全面发展。工业建筑及体育运动中心使得针对由预制柱、预应力椽和檩条或者锯齿形屋顶构成的单层建筑标准化产品系列得以确立。

第三阶段：大约 1973～1985 年，以德国建设行业板块的一系列危机为标志，首当其冲的是住宅行业。这些在一定程度上被石油输出国的大量建设需求所补偿。住宅、学校、大学和办公楼等建设项目在这些石油输出国中发展迅速，为预制混凝土结构工业化开拓了全新的天地。然而，20 世纪 80 年代初期的石油价格下降导致了这一补偿性商业机遇几乎消失。

在 1985 年之后的几年，广泛的经济复苏同样使得建设行业得到了巨大改善。但是，高昂的工资和社会保险成本迫使预制构件工厂开始向机械化和自动化的生产方式转变。

自从 1989 年末，德国的住宅需求量就开始增大以满足外来移民及前德意志民主共和国移民的需求。1990 年，伴随着前德意志民主共和国边界的开放给其建筑工业带来了巨大挑战。

随着环保意识的增长，促成了新的减小噪声法规的确立，这使防噪声墙等预制产品增加了使用需求。

但是，对建造工作需求量的增长是短暂的。在 1994～2004 年这一时期，伴随着对雇员需求量的急剧减少及破产公司数目的大量增加，一些大公司在此期间也难逃厄运，建筑部门经历了近十年的衰落。这个趋势，也可通过图 1.3 中混凝土产品和预制构件的生产数据反映出来。幸运的是，自 2005 年以来该状况有所改变。

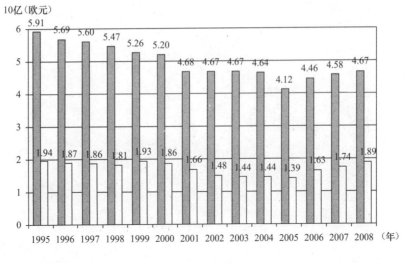

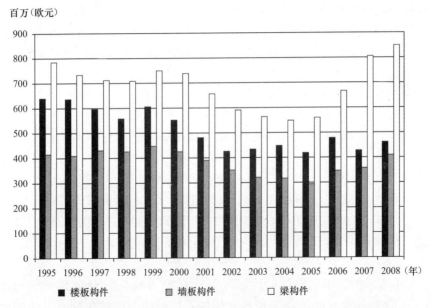

图 1.3 德国混凝土产品与预制构件统计：混凝土产品总量与大型预制混凝土
构件比较（上图）；结构用大型预制混凝土构件（下图）

1.3 欧洲的标准化进程

随着欧洲规范的蓬勃发展，关于建筑工程的欧洲单一市场逐渐建立起来，这个最重要标志是，欧盟委员会采用《建筑施工产品指令》（CPD）。从 1992 年开始，其在德国以《建筑施工产品法》（Bauproduktengesetz）的形式生效，该指令的采用对建筑工业至关重要。同时，因为各个州政府会继续对建筑法规负责，所以德国联邦政府的建筑法规得到更新。通常情况下，《建筑施工产品指令》规定的"基本要求"需在"建筑施工工程"中满足（而非只是建筑施工产品）。

基本要求：

1. 抗力和稳定性；

2. 火灾安全性；

3. 卫生、健康和环境；

4. 使用安全性；

5. 防噪声性能；

6. 节能和隔热保温。

这些要求在 6 个"基础性文件"中有具体叙述，其目的旨在为统一欧洲标准的"授权"（或欧洲认证指令）构建基础。这些认证也必须包含各种产品分类和性能等级要求（例如仅承受静荷载、防火安全等级等）。欧洲标准（EN）必须由欧洲标准化委员会（CEN，总部在布鲁塞尔）起草。与统一欧洲标准"一致"并通过检验的产品，将被贴上 CE 检验标志（同样详见第 4.5 节）。迄今为止，欧盟委员会已经签署授权了 30 个产品族系的标准。

标准化工作是由所谓的技术委员会（TC）或者分委员会（SC）和与之相关的工作组（WG）或者任务组（TG）进行的。即使标准没有被欧盟委员会"认可"执行，一旦欧洲标准化委员会标准被"有资格"的多数 EEC 和 EFTA 成员国所采用，所有成员国就必须采用这个标准。对于"认可"执行的欧洲标准规范，当其纳入德国联邦建筑法律时不允许有修改或补充（这和过去采用德国标准 DIN 时的情况不同），因为那样会导致新的"贸易壁垒"。

一个关键性的新进展就是德国联邦最高建筑主管机关现在已经发布了《建筑产品清单 A、B、C 类》，这是德国建筑技术研究院（DIBt，Deutsches Institut für Bautechnik）负责编制的标准化文件[28]。

《建筑产品清单 A》第 1 部分包括必须符合建筑主管机关要求的建筑产品（如承力楼盖楼板、钢材等）。这部分与过去的建筑主管部门认证相符。

《建筑产品清单 A》第 2 部分包括仅需要国家试验认证的产品（如非承载轻质隔墙）。

《建筑产品清单 B》包括市场上所有遵守欧盟（EU）法规并带有欧盟认证（CE）标签的建筑产品。每一个认证产品标准包含一个附加项 ZA，该 ZA 定义关于欧盟认证标志和符合性证明程序的具体要求[29~31]。符合性证明程序 2＋适用于预制混凝土产品，包括初期产品型式检验、工厂生产控制和有资质机构的认证（见图 1.4）。

《建筑产品清单 C》包括次要的建筑产品（如排水沟、找平层等）。这类建筑产品可以不带德国认证标志，即"Ü 标志"。

根据图 1.5，附加项 ZA 允许采用 CE 简化标签。依据图 1.6，产品的详细信息必须在附加文件中列出。该处提到的设计文件是构件设计图和结构计算书。

在本章写作准备之时（2007 年末），仅有两种预制钢筋混凝土构件可以贴上 CE 标签：

——根据 DIN EN 1520 标准采用轻骨料混凝土制成的预制钢筋混凝土构件。

——根据 DIN EN 1168 标准生产制作的预制与预应力钢筋混凝土空心板。

目前，在《建筑产品清单 B》（2007 年 1 月版）第 1 部分第 1.1.6 节中仅列出这些产品。

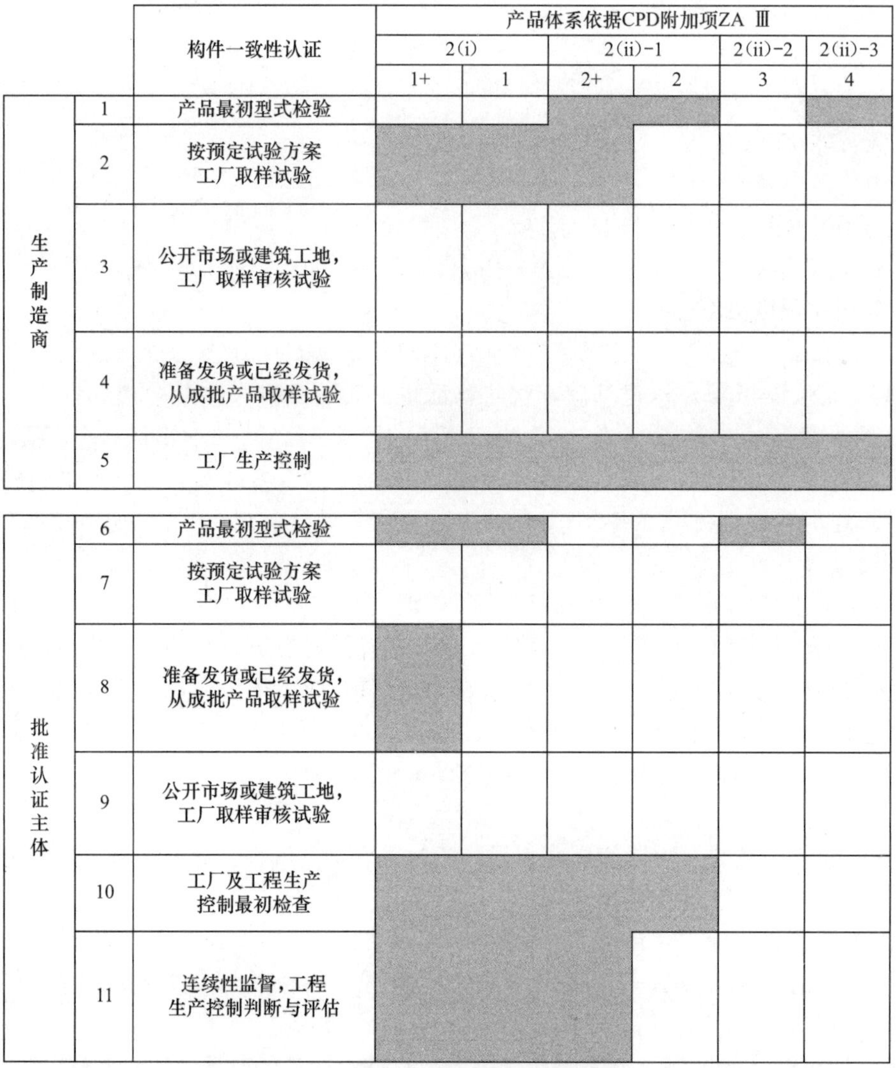

构件一致性认证		产品体系依据CPD附加项ZA Ⅲ					
		2(i)		2(ii)-1		2(ii)-2	2(ii)-3
		1+	1	2+	2	3	4
生产制造商	1　产品最初型式检验			■	■		■
	2　按预定试验方案 工厂取样试验	■	■	■	■		
	3　公开市场或建筑工地，工厂取样审核试验						
	4　准备发货或已经发货，从成批产品取样试验						
	5　工厂生产控制	■	■	■	■	■	■
批准认证主体	6　产品最初型式检验	■	■			■	
	7　按预定试验方案 工厂取样试验						
	8　准备发货或已经发货，从成批产品取样试验	■					
	9　公开市场或建筑工地，工厂取样审核试验						
	10　工厂及工程生产控制最初检查	■	■	■	■		
	11　连续性监督，工程生产控制判断与评估	■	■	■	■		

图 1.4　依据《建筑施工产品指令》（CPD）对产品体系的一致性认证程序[29]

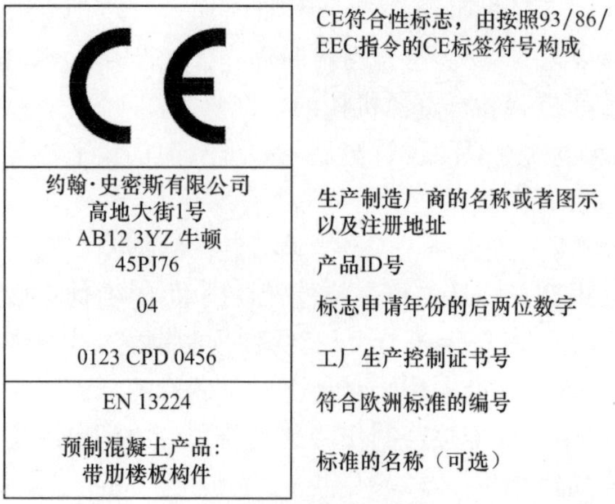

CE	CE符合性标志，由按照93/86/EEC指令的CE标签符号构成
约翰·史密斯有限公司 高地大街1号 AB12 3YZ 牛顿	生产制造厂商的名称或者图示以及注册地址
45PJ76	产品ID号
04	标志申请年份的后两位数字
0123 CPD 0456	工厂生产控制证书号
EN 13224	符合欧洲标准的编号
预制混凝土产品： 带肋楼板构件	标准的名称（可选）

图 1.5　CE 简化标签示例

```
                约翰·史密斯有限公司
                  高地大街1号
                 AB12 3YZ 牛顿
           项目或参考编号 45PJ76
                   EN 13224
        预制混凝土产品：带肋楼板构件
─────────────────────────────────────────
混凝土抗压强度：
                    $f_{ck}$=30N/mm²          混凝土等级C30/37
钢筋：
抗拉强度            $f_{tk}$=550N/mm²          钢筋等级
屈服强度            $f_{yk}$=500N/mm²          BSt500S（A）
预应力钢筋：
抗拉强度            $f_{pk}$=1770N/mm²         预应力钢筋等级
0.1%保证强度       $f_{p0,1k}$=1570N/mm²      St 1570/1770

请查阅设计文件获取几何数据、施工
构造细节、力学强度、防火性能以及
耐久性

设计文件：
编号                       01 1725
```

图 1.6　与图 1.5 附属的相关文件示例

另外，德国建筑主管机关现在要求建筑与土木工程标准委员会（NABau）起草一个针对每个协调标准的"国家应用文件"（NAD，DIN 20000-XXX），这样，各个欧洲标准可以在德国应用并且与现有建筑法规相兼容。当引进一个欧洲标准后，会限定在一段时间内 DIN 标准与欧洲标准可以同时使用。

作为一个产品标准的应用实例，表 1.1 给出了预制混凝土楼板及其采用德国和欧洲设计、材料标准的并存情况。相关标准的并存期于 2008 年 5 月 1 日结束。《建筑产品清单 B》的有关内容也即将合并[32]。

"预制混凝土楼板"产品标准应用   表 1.1

标准层级	通用法规	产品标准	设计标准	混凝土	钢筋
欧洲	DIN EN 13369 预制混凝土产品通用规则	DIN EN 13747 预制混凝土产品：楼盖体系用楼板	EN 1991-1-1 欧洲规范 2	EN 206-1	EN 10080 混凝土配筋用钢材
德国	DIN V 20 000-120 建筑结构中建筑产品应用 第 120 部分：依据 DIN EN 13369 应用规则	DIN V 20 000-126 建筑结构中建筑产品应用 第 126 部分：依据 DIN EN 13747 应用规则	DIN 1045-1	DIN 1045-2	DIN 488 钢筋用钢材/国家技术认可桁架钢筋

在德国国家层面，欧洲标准委员会（CEN）的工作附属于所谓的德国标准（DIN）"镜像"委员会。该委员会主要监督指导一个技术委员会（TC）的工作。目前，大约有 80 个活跃的欧洲标准委员会和技术委员会（CEN/TCs）在建筑工程行业开展工作，其中与预制混凝土工程相关的 CEN/TCs 及其负责的标准列于表 1.2 和表 1.3 中。

CEN/TC 250 委员会现致力于设计标准（欧洲规范）的制定，其中在混凝土施工方面第二分委员会（SC2）发挥指导作用。自从 2007 年末，所有欧洲规范均已采用 3 种语言出版。参考文献［26］报告了欧洲标准关于混凝土方面的现状，参考文献［27］是欧洲标准关于普通钢筋和预应力钢材的情况。基于现状（2008 年末），2010 年将可能首次采用符合德国法规的欧洲标准（EC 2）。

CEN/BTS 1 欧洲标准委员会（CEN）工程施工技术分委员会
欧洲标准委员会和技术委员会（CENTCs）与欧洲标准（EN）所负责编制
与预制混凝土工程施工相关的标准

表 1.2

标准主体	TC标准号	标准对象	分委员会（SC）工作组（WG）	任务组（TG）	标准效力	EN标准号	年份	题目/名称
CEN TC	229	与EC2相关的预制混凝土构件	WG1	TG1	DIN EN	1168	2009	空心楼板：第1和第2部分（CE标签）
				TG2	DIN EN	12794	2007	地基桩
				TG3	DIN EN	12843	2004	桅杆与电杆
				TG4	DIN EN	13747	2009	楼盖体系用楼板
				TG5	DIN EN	13224	2007	带肋楼盖构件，2005年修订
				TG6				带肋楼板
		与EC2仅部分相关的产品	WG2	TG7	DIN EN	13225	2006	线性结构构件
				TG8	DIN EN	14992	2007	墙板构件
				TG1	DIN EN	14843	2007	楼梯
				TG2	DIN EN	12737	2007	家畜舍楼板条板
				TG3	DIN EN	12893	2001	护栏构件
				TG4				车辆防撞隔离栏
				TG5				隔声墙
				TG6				混凝土窗
								框架
				TG9	DIN EN	14258	2009	挡土墙构件
				TG10	DIN EN	13693	2009	特殊屋盖构件
				TG11	DIN EN	14844		箱型涵洞
				TG12	DIN EN	13978-1	2005	预制混凝土停车库：第1部分
				TG13	DIN EN	14991	2007	地基构件
				TG14	DIN EN	15050	2007	桥梁构件
				TG15	DIN EN			筒仓
		其他混凝土产品	WG3	TG1				
				TG2	DIN EN	1169	1999	玻璃纤维加筋水泥制品生产控制总原则
CEN TC	250		WG4		DIN EN	1170	1998—2009	玻璃纤维加筋水泥制品试验方法：第1~8部分
					DIN EN	13369	2007	预制混凝土产品通用原则
		欧洲规范结构工程安全性使用框架指南：EC1	SC1 法规		DIN EN	1990	2002	结构设计基准
					DIN EN	1991	2002—1995	建筑结构法规：第1~4部分
		EC2	SC2 混凝土施工		DIN EN	1992		混凝土结构设计
					DIN EN	第1-1部分	2005	建筑设计总原则和一般原则
						第1-2部分	2009	结构防火设计
						第2部分	2004	混凝土桥设计
						第3部分	2007	储液池和容器结构
		EC3	SC3 钢结构施工		ENV	1993		
						第1-1部分	2005	钢结构设计
						第1-2部分	2005	建筑设计总原则和一般原则 结构防火设计
		EC8	SC8 抗震设计		ENV	1998	2004—2005	结构抗震性能设计

欧洲标准委员会关于铁制品和钢材的标准化（ECISS）　　　　　表 1.3

标准主体	TC标准号	标准对象	分委员会（SC）工作组（WG）任务组（TG）	标准效力	EN标准号	年份	题目/名称
ECISS TC	10	结构钢	TC1	DIN EN	10025	2009	热轧结构钢材产品：第1～6部分
				DIN EN	10210	2006	热处理非合金和细晶粒钢材：第1和第2部分
				DIN EN	10219	2006	冷轧可焊非合金和细晶粒钢材：第1和第2部分
ECISS TC	19	混凝土配筋和预应力钢材	TC1	DIN EN	10080	2005	混凝土结构配筋用钢材：第1～6部分
				DIN EN	10088	2005	不锈钢钢材：第1～3部分
			TC2	DIN EN	10138	2000	预应力钢材：第1和第2部分

第 2 章　预制混凝土结构设计

设计采用工业化预制混凝土构件建造的建筑，在方案策划阶段就需要遵守特定的原则（见参考文献［33，34］）。

熟悉由于其生产制作方式不同而赋予预制混凝土构件的特有性能非常重要。设计必须为结构、内部装饰及划分为水平和垂直网格的建筑设定模数尺寸[35]。对预制混凝土建筑来说，在预制工厂和建筑施工现场，运输尺寸和起吊荷载都是关键性影响因素。防火性能、热工性能、隔声要求以及结构设计外加荷载取值均由建筑的使用要求决定。

为了保证多层建筑水平稳定性要求，（施工安装方）不仅要会同结构工程师，还应当和预制构件生产制作厂家及早协商方案。采用预制混凝土构件或现浇混凝土核心筒或墙的设置，对设计结果和现场施工时间具有重大影响。

对于承载结构，特别是小型建筑，建议选用标准化构件。大型工程项目倾向于自定设计原则，并允许采用自有体系。即使如此，如要实现经济性设计，考虑生产制作工艺要求也是非常重要的。

各单独构件之间连接的设计受到结构功能要求以及建筑使用功能的影响。通常只有当结构主体和内部装饰由同一个承包商施工时，即在交钥匙工程中，通过结构主体或阶梯梁端头设计，才能获得标准预留孔洞的合理应用[10]。

建筑外墙板的设计决定了作为整体建筑的外形和建筑风格。此外，外墙板是建筑的"外表面"，其必须能够满足外界环境作用下所有建筑物理性能要求。设计的关键选择：外墙板对承载功能有多大作用？或其仅是用作外挂幕墙板？

本书仅对所有相关要点进行概括论述。

为了实现在建筑风格、功能和经济方面的最优化建筑设计，工程项目所包括的所有要素的早期策划和协调具有决定性作用。这项工作由建筑师、建筑设施与建筑物理咨询顾问、结构工程师与设计师以及预制构件生产和吊装专业人员共同启动。

2.1　预制混凝土结构设计边界条件

2.1.1　生产制作流程

预制混凝土构件的生产制作流程与施工现场工艺流程在许多方面有根本性的差异。例如，柱子一般在水平布置的模具中浇筑，这导致柱子的一个表面暴露在外（无模具表面）。如果柱子的各个表面都要求为清水混凝土效果，那么这无模具表面还需附加（表面抹光）工作。当柱子在不同方向伸出牛腿时，确定可以或应该从哪个面浇筑柱混凝土的方案需要与生产制作工厂进行协调。

墙板大多数采用水平布置的可翻转模具浇筑，这就导致墙板的一个面可与模具接触，而另一个面暴露在外（无模具接触）。只有当采用竖向成组立模生产制作墙板时，墙板的两个面都与模具接触。

外墙板通常使用水平布置的"反打工艺模具"生产制作，即外墙板的外装饰面向下与模具接触。采用这种方法易于生产制作有纹理露骨料混凝土的外装饰面。夹心墙板（带整体隔热保温层的外墙板）的生产制作可参考本书第2.4节。

为了便于构件脱模，模具的侧模板需要移动或翻转，此模具节点处必须正确密封以防止浇筑混凝土漏浆。通常在模具节点处采用三角形的塑料条密封，这使预制构件的底边（即生产制作过程中的底边）产生了倒角。如果顶边也同样需做倒角处理，必须在设计图纸中明确表示出来。

大多数情况下，矩形梁或T梁均采用整体刚性模具。此时"矩形截面梁"的侧面或双T梁截面的腹板略有向外倾斜，当混凝土达到一定强度后，不需要移动侧模，此类构件就可吊出模具。鉴于此类构件将隐藏在之后施工的吊顶内，构件外观一般并不重要，但是如果构件表面暴露在外，在设计阶段就应当考虑与预制构件生产制作相关的外观特性要求。

2.1.2 偏差

构件生产制作流程将会引起产品的实际尺寸与公称尺寸之间产生偏差[36,37]。例如，预制混凝土构件的尺寸偏差可以是由于模具设计尺寸的不精确性转移、混凝土浇筑过程中的模具变形、模具劣化或与模具磨损的缺陷引起的。

建筑施工过程还包括构件吊装工作，因此就产生了附加的安装定位偏差，安装定位偏差的大小基本上取决于所用的测量方法。

此外，单个构件或整体结构的变形也产生尺寸偏差。这类变形的产生可能与荷载作用或时间相关（例如，收缩和徐变可导致变形产生）。

《建筑工程施工偏差：结构》（DIN 18202）规定了适用于结构主体和室内装饰（建筑材料除外）的允许偏差。建筑材料的尺寸允许偏差限值在材料标准中有相关规定，如《建筑工程施工偏差 第1部分：采用混凝土、钢筋混凝土和预应力混凝土生产制作的预制构件》（DIN 18203-1），并必须予以考虑。依据这些标准，不必再考虑以往的精度等级划分。标准规定偏差的主要依据是应保证在结构主体施工中构件的正确安装和功能的实现，且室内装饰施工无须返工处理，即满足功能目标要求，而非如外墙板节点精确线条的美学要求。功能性目标必须满足，例如，楼板单元的承载功能必须由最小支承长度保证，外墙板接缝的防水功能应有保证。

标准给定的偏差代表正常情况范围内可实现的精度。如果需要达到更高的精度，必须在技术规程中规定，同时提供必要的试验和检验方法。特别高的精度要求可能导致不相匹配的高成本（参见参考文献［39，40］和图2.1）。

标准规定的偏差应仅被理解为构件生产制作和安装中产生的偏差。对于与荷载和时间相关的变形，如满足功能目标要求的变形（例如，接缝密封处的允许位移限值），在其

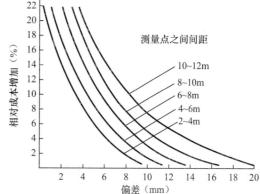

图2.1 偏差与相对成本增加关系[39]

他规程或特殊建筑相关（文件）中必须有限制要求，必要的话应当在结构计算中加以考虑。否则，偏差仅在非常特定的限定条件下适用，如适用于有温度和荷载规定条件下的交工时间与日期。

偏差范围是最大和最小尺寸之间的差值。当允许尺寸偏差是±10mm，则转换为偏差范围就是20mm（图 2.2）。例如，DIN 18202 标准表 2.1 规定了基于公称尺寸的建筑平面和立面尺寸允许偏差限值（例如，长度、宽度、柱网和楼层高度尺寸），这些一般适用于建筑整体，用于净空尺寸（如柱子之间的净空尺寸）以及窗或门洞口的尺寸偏差限制略有提高。

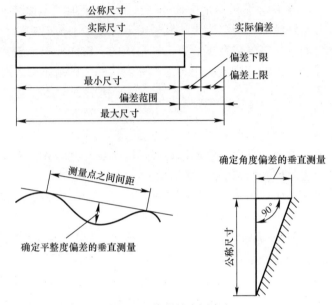

图 2.2   偏差的术语定义

素混凝土、钢筋混凝土及预应力混凝土预制构件的偏差（依据 DIN 18203-1 标准）   **表 2.1**

a）预制构件长度和宽度尺寸偏差限值

项目	构件类型	构件公称尺寸（m），尺寸偏差限值（mm）							
		≤1.5	>1.5 ≤3	>3 ≤6	>6 ≤10	>10 ≤15	>15 ≤22	>22 ≤30	>30
1	线性构件长度（如柱、梁）	±6	±8	±10	±12	±14	±16	±18	±20
2	楼板与墙板长度和宽度	±8	±8	±10	±12	±16	±20	±20	±20
3	预应力构件长度	—	—	—	±16	±16	±20	±25	±30
4	外墙板长度和宽度	±5	±6	±8	±10	—	—	—	—

b）预制构件截面尺寸偏差限值

项目	构件类型	构件公称尺寸（m），尺寸偏差限值（mm）					
		≤0.15	>0.15 ≤0.3	>0.3 ≤0.6	>0.6 ≤1.0	>1.0 ≤1.5	>1.5
1	楼板厚度	±6	±8	±10	—	—	—
2	墙板及外墙板厚度	±5	±6	±8	—	—	—
3	线性构件截面尺寸（如柱、梁、肋梁）	±6	±6	±8	±12	±16	±20

续表

c) 预制构件角度偏差限值

项目	构件类型	构件长度 L（m），垂线测量的角度偏差限值（mm）					
		≤0.4	>0.4 ≤1.0	>1.0 ≤1.5	>1.5 ≤3.0	>3.0 ≤6.0	>6.0
1	无装饰面墙板与楼板	8	8	8	8	10	12
2	有装饰面墙板与外墙板	5	5	5	6	8	10
3	线性构件截面尺寸（如柱、梁、肋梁）	4	6	8	—	—	—

角度偏差、表面平整度偏差及柱垂直度偏差也有规定，可采用许可的垂线测量法进行检验（DIN 18202 标准表 2～表 4）。这些不再归入尺寸偏差限值。这与 ISO 4464（现已废止）标准的"盒子原则"相符合，依据此原则，预制构件或孔洞的实际尺寸必须落在限制尺寸范围内（图 2.3）。

预制构件表面平整度许可偏差不包括构件之间的相对高低平整度，这需另加考虑。例如，相邻预应力混凝土楼板之间的高低差通常不可避免，这种高低差的许可范围必须另行规定。

DIN 18203-1 标准（见表 2.1）规定了预制混凝土构件的生产制作偏差，即对线性构件或楼板、墙板和立面外墙板的长度、宽度及截面尺寸偏差规定限值；对平面墙板和楼板、线性构件的截面尺寸的角度偏差也进行了规定。

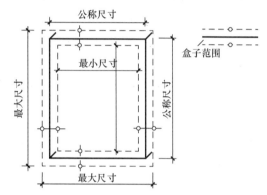

图 2.3 "盒子原则"示意图——孔洞许可尺寸偏差（尺寸和角度许可偏差）[37]

参考文献［36］是关于 DIN 18201 标准及 DIN 18202 标准的条文说明。该文献包含了给偏差控制相关设计规划人员的建议，并推荐了校核框架结构和单层房屋柱轴线位置的方法。

对于依据 DIN 18202 标准有相应精度要求的结构，必须随时利用测量技术进行校核和监测。施工工长采用的模板尺、拉线及卷尺等常规的测量工具已远远不能满足精度要求了。但是，德国标准并不包括对测量允许偏差的任何细节要求。

根据 ISO/DIS 4463 标准，当间距大于 4m 时，允许采用的尺寸偏差限值为 $\pm 2K \cdot \sqrt{L}$（mm）（L 单位：m）（参见参考文献［37］），

式中 $K=5$ 用于土方工程；

$K=2$ 用于结构工程。

大多数情况下，依据标准所确定的偏差最小值可以满足实际要求。但是达到"拼装为整体"后的结构仍满足要求，这并不一定是必然的。只有掌握预制产品精度技术诀窍的合理拼装计算才能实现目标，标准所规定的偏差是基本要求。预制混凝土构件生产制作商是否承担吊装和组装也是一个关键因素。如果不是这种情况，所有分包商将坚持各自所赋予的精度偏差责任，如果当纠纷不可避免时，才采用附加精度测量方法。

对于拥有全过程（预制混凝土构件的生产制作、安装及测量）偏差控制技术的总承包

商，考虑不确定性扩散定律进行拼装计算能够带来成本节约，如接缝材料的节约。此类计算实例可参考文献［37，41，42］。

对于采用预制混凝土构件建成的结构，其支座处的偏差特别重要。必须保证竣工结构偏差与结构计算依据的偏差相匹配。影响结构稳定性的允许偏差必须在施工图中明确规定。预埋件及连接件的偏差在参考文献［38］中有规定并附有简化拼装计算方法。

2.1.3　运输与吊装

将建筑结构划分为预制构件的大小，在很大程度上取决于运输条件的限制和单个构件的吊装重量。

预制生产时的目标是制作尽可能大的预制构件，因为对每个预制单元进行分部制作将会使工厂和施工现场的组装工作加倍。预制构件的品质性能要求越高，例如，其本身包括的装饰部品越多（如窗、门或在墙板中已安装的建筑部品）或其本身需要实现的功能要求越多（如集承载、保温隔热和建筑装饰功能于一体的预制外墙板构件），则运输费用所占的成本比率就越低。

受《德国道路交通法》（StVZO）关于道路允许运输尺寸的影响，目前楼板单元的预制宽度一般为2.40m或2.50m，墙板的预制高度一般小于3.60m[43]。当运输尺寸或总重量超过表2.2中限值时，必须依据StVZO第29款申请特殊许可证，甚至需要交通警察开道。这类对于单独个例或数年有效的通用许可证可以由相关主管部门（如地方政府部门）签发。

当预制混凝土构件尺寸超过表2.2中限值时，必须申请单独许可证。此类情况下，有必要提前规划运输路线和运输的持续时间及运输时间（可能只能在晚上运输）。当载有预制构件的超大货车的运输路线需要经过多个联邦州时，必须在每个联邦州申请运输许可证并协调规划好相互间的运输许可。在有些情况下，需要考虑运输费用及允许运输时间的影响，提前做好运输计划是极其复杂的。表2.3给出了可以用于道路运输的车辆类型。

通常，除了铁路部门自己的建设项目，预制构件的运输较少采用铁路运输。这主要是因为预制构件抵达施工现场之前，从公路到铁路和从铁路到公路之间的转运不可避免。并且采用铁路运输的前提是预制工厂到铁路之间有直接的铁路连接。集装箱运输通常要求宽度和高度不超过2.30m，长度不超过12.00m，这很难符合运输预制混凝土构件的要求。关于穿越德国和其他国家国界的运输注意问题，读者应参考文献［48］。

道路运输的最大允许尺寸和最大允许总重量（取决于特殊授权许可证）　　　　表2.2

	无特别许可证（依据StVZO第32款）	持有年度许可证（依据StVZO第29款）
宽度	2.55m	3.00m
高度	4.00m	4.00m
长度	15.50m	24.00m
总重量	40t	48t（牵引装置可自动转向）

道路运输车辆类型   表 2.3

预制构件类型	运输车辆类型
长度小于 16m 的预制柱和预制梁	带有（扩展）半挂车的拖运车
长度不小于 16m 的预制柱和预制梁	带有后转向架的拖运车
立面外墙板	轻型装载厢式拖运车
基础面板和地梁	带有（低平板）挂车的拖运车
桥梁	带有后转向架的拖运车

在设计预制构件时，也应重点考虑单元安装顺序的每个细节。

选择构件安装方式必须考虑的原则：水平方向各层构件可逐层采用塔式起重机起吊；垂直方向每层构件可在总高度范围内，逐跨采用移动式起重机吊装就位（图 2.4）。

采用塔式起重机逐层水平吊装

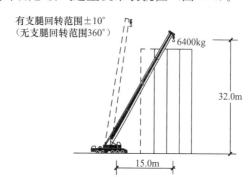
采用移动式起重机逐跨垂直吊装

图 2.4 构件安装方式、典型起吊尺寸与起重荷载

通常塔式起重机的起重半径较大，且可 360°作业，但起重量相对较小。目前在德国已经有起重半径为 40m、起重量可达到 30t 的塔式起重机。

当移动式起重机位于坚固稳定的地面上时，可以吊装较重的预制构件。由于有限的工作半径和外伸支腿回转圈的限制，在实际操作时，需要经常移位和重新就位。目前，起重能力为 400t 的移动式起重机的使用价格相对来说并不贵。这主要是因为使用起重机的成本主要取决于其租赁期，而非实际的起重机成本。例如，通常需要用 1d 的时间来就位一台 500t 的起重机，安装履带转动的起重机可用于需要更大起重量的情况。尽管起重量为 1300t 的履带起重机需要 1～2 周的安装时间，履带传动意味着预制混凝土构件可以很容易地运输和安装到施工场地的任何部位，并提供足够可以利用的机动空间。

当然，在同一个项目中可同时采用这两种起重方式，根据具体情况进行选用。塔式起重机在整个施工过程中安装在工地上，移动式起重机只在需要的时候按天租赁使用。

图 2.5 展示了旭普林大厦（Züblin House）应用两种起重方式的典型实例。在这个项目中，整个安装工程分为 4 个阶段（也可参见图 2.125 和图 2.149）[44]。

预制混凝土构件越来越多地应用到预制与现浇混合的结构设计中。这样可以充分发挥预制产品的优点（复杂几何尺寸特性、表面装饰、大批量构件节约模板等），并将预制混凝土构件和现浇混凝土结构二者有机结合。应当注意确保预制单元不超出塔式起重机的吊装能力，如果有预制构件超出塔式起重机的吊装能力，可额外在某段时间内集中使用一个移动式起重机进行吊装，以尽可能地降低采用两种安装方式的费用。

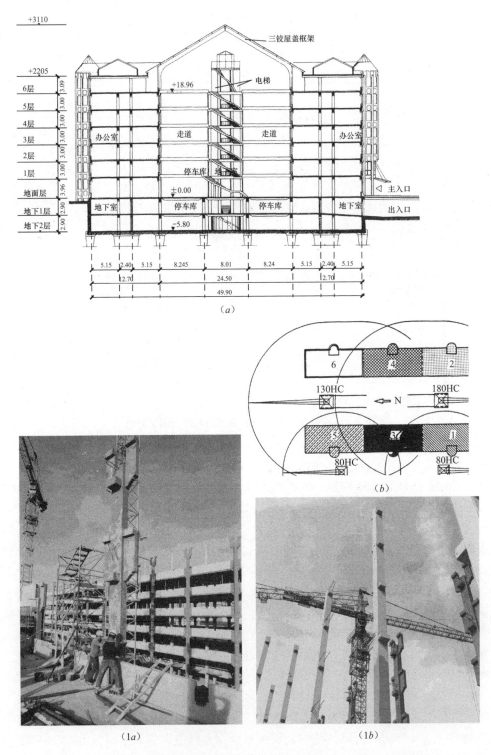

图 2.5　旭普林大厦（Züblin House）案例——安装过程分为 4 个阶段（一）

第 1 阶段：使用移动式起重机进行柱子的垂直构件安装；（a）建筑物剖面，（b）塔式起重机的位置
和水平安装回转区域，（1a）立面外墙柱的安装，（1b）内柱的安装。

（2a）　　　　　　　　　　　　　（2b）

（2c）　　　　　　　　　　　　　（2d）

图 2.5　旭普林大厦（Züblin House）案例——安装过程分为 4 个阶段（二）

第 2 阶段：采用 4 台塔式起重机进行边梁、倒槽型楼面板和叠合楼板的水平构件安装；（2a）L 形边梁安装到立面外墙柱上，（2b）倒槽型楼面板安装到内柱上，（2c）叠合楼板的安装定位，（2d）叠合楼板浇筑混凝土。

图 2.5　旭普林大厦（Züblin House）　　　图 2.5　旭普林大厦（Züblin House）
案例——安装过程分为 4 个阶段（三）　　案例——安装过程分为 4 个阶段（四）

第 3 阶段：逐个开间进行立面幕墙外墙板的垂直构件安装。　　第 4 阶段：使用 2 台重型伸缩吊杆式起重机和 1 台塔式起重机进行地下停车场、中庭电梯/楼梯塔、中庭通道和屋顶框架结构的垂直构件安装。

2.1.4　防火设计

除了需要确保建筑结构构件具有良好的稳定性、耐久性、热工性能、湿度控制措施和隔声性能，还需要验证其防火能力，尤其是承载和围护构件。在《建筑材料和建筑构件的防火性能》（DIN 4102）中已涉及相关内容，在参考文献［45］中对其进行了详细探讨。预制构件防火设计规则是基于国际认可的已在多个国家应用的标准温度曲线。

依据建筑材料燃烧试验反应，DIN 4102-1 标准将建筑材料的抗火能力按照等级分类（表 2.4）。建筑材料 A1 等级是指传统意义上的不燃性材料，如混凝土和钢。A2 等级包括在一定程度上含有可燃性成分的新型建筑材料，如大多数石膏类板材或聚合物混凝土。

DIN 4102-1 标准规定的建筑材料等级　　　　　　　　　　　　表 2.4

建筑材料等级	建筑主管部门命名名称
A A1 A2	不燃性建筑材料
B B1 B2 B3	可燃性建筑材料 难燃性建筑材料 可燃性建筑材料 易燃性建筑材料

轻质木丝板是典型的难燃性建筑材料（B1 级）。采用燃烧炉试验的试验规定可用于建筑材料等级分类。

密封材料或密封条根据其合成物材料可属于 B1 或 B2 等级。这些材料可用于符合最小深度和最大接缝宽度要求的混凝土构件之间的接缝。橡胶支座属于 B2 等级。只有 A1 等级材料可以作为必须满足防火要求的伸缩缝中的接缝材料使用，如矿物纤维板、泡沫石棉或纤维和硅酸铝纤维（见图 2.13）。

构件依据耐火能力进行分类，表 2.5 给出其耐火等级。因此，构件的耐火能力依据耐火等级和建筑材料等级进行分类。例如，耐火 90min 的缩写形式为 F90；添加的后缀 A、B 或 AB 用来标记其燃烧性能：

F90-B：　一般。

F90-AB：基本构件（承载结构和围护构件）不燃烧。

F90-A：　所有构件不燃烧。

当前多层建筑规程通常规定承重构件需具有 F90 等级的耐火能力。对建筑构件最基本的耐火等级要求是达到 F30-A 和 F90-A。对于高层建筑承载结构，当高度超过 60m，耐火等级须达到 F120-A；当高度达到 200m，耐火等级须达到 F180-A（见德国黑森州内务部的《高层建筑指令》）。

DN 4102-3 标准包括对防火墙和非承载外墙（包括上层窗间墙、与房间层高等高的墙板和房间围护外墙）的更多要求（如附加的冲击荷载）。

DN 4102 标准第 5～8 部分，涉及防火隔墙、电梯附件、玻璃和通风管道的防火，并规定了合适的防火等级（如 T90，G90，L90，K90，其中 T 为门，G 为玻璃，L 为通风设备，K 为百叶窗）。屋顶遮盖物对飞火的防火能力作为另一方面在这几部分中提到。

德国通常在每个联邦州的建筑规程中有关于建筑防火的要求和具体的实施规定。但是，表 2.5 列出的防火、耐火等术语应分别与 DN 4102 标准基本规定中的术语一致。

耐火等级 F 和建筑主管部门命名名称 表 2.5

DIN 4102-2 耐火等级	耐火时间（min）	建筑主管部门依据基本法规命名名称
F30	>30	防火
F60	>60	
F90	>90	耐火
F120	>120	
F180	>180	高度耐火

联邦州建筑规程只适用于标准使用功能（如住宅和办公楼）的标准建筑，因此对于具有特殊用途的特殊设施需要参考专门法规。以下仅是一些实例：

《商业楼宇法令》（GhVO）适用于百货公司、超市等；

《集会场地法令》（VStätt-VO）适用于教学礼堂、体育馆等；

《车库法令》（GarVO）适用于小型车库、多层停车场等；

《学校建筑指令》（SHR）；

《工业建筑指令》（IndBauR）。

这些法令中的最后一个参考《工业建筑结构防火》（DIN 18230）。该标准第 1 部分中有一种计算方法：考虑到构件理论上需要具有防火能力，可以在工业建筑设计过程中考虑火荷载——该方法与《工业建筑指令》中的方法不同。因为预制混凝土构件本身可提供较高的防火能力，通常不必进行该验算。

更多关于工业建筑的防火设计资料可参考文献 [46]。

一些特殊的高层建筑和学校建筑法令还不能在整个德意志联邦共和国中具有法律约束力。

当钢筋混凝土构件承受压力时，构件的耐火能力与混凝土性能有关[49]。但是当钢筋混凝土构件承受弯矩或扭矩时，构件的耐火能力主要与钢筋的强度和变形能力有关。按照 DIN 4102-4，临界钢材温度（critT）是指钢材的屈服强度降至构件内钢材应力以下的温度。对于钢筋，临界钢材温度为 500℃，这也是所有设计准则的计算假定。对于预应力钢筋（冷拉钢绞线临界钢材温度为 350℃），可参考 DIN 4102-4 标准表 1（见参考文献 [47]）。混凝土的抗压强度与温度有关，当温度为 200℃时，混凝土的抗压强度降低为原来的 70%；当温度为 750℃时，其抗压强度为混凝土在 20℃时抗压强度的 20%。

同时，关于钢筋混凝土构件截面内温度分布的知识非常重要，因为钢筋的边距是基于此确定的（图 2.6 展示一个实例）。

第 2.6.5 节介绍了更多关于如何设计单个预制混凝土构件以满足防火要求的具体内容。

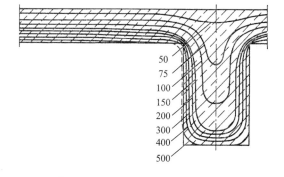

图 2.6 暴露于火中的 T 形梁等温线（℃）[45]

2.2 预制混凝土结构的稳定性设计

关于框架建筑结构稳定性所需考虑的基本问题在参考文献 [50] 中已有详细论述。以下是关于这方面的通用设计思路汇总以及针对预制混凝土结构施工特定问题的深入研究。

2.2.1　稳定性构件的布置

　　住宅和办公楼建筑的稳定性通常依靠楼梯井筒和（或）封闭的剪力墙保证。相反，在用于满足生产工艺要求的预制混凝土单层厂房和 1 层或 2 层预制混凝土框架结构中，则由柱保证整个结构的水平稳定性。该类建筑中，柱一般沿建筑高度通长并与其基础固定连接，梁与柱的节点则采用铰接连接形式。这种体系通常划分为可侧移或无支承框架，应依照二阶理论并考虑系统变形进行设计（图 2.7）。超过 2 层的这类建筑结构需要设置附加的剪力墙、框架、大梁或可抗扭的设施核心筒结构，以确保建筑的水平稳定性。柱与梁端的连接系列铰接节点通过相对刚性楼盖横隔与稳定构件连接。

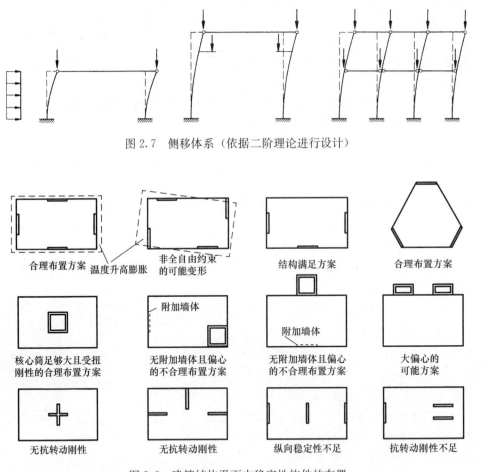

图 2.7　侧移体系（依据二阶理论进行设计）

图 2.8　建筑结构平面内稳定性构件的布置

　　当设计提高稳定性的剪力墙或核心筒时，目标是形成一个静定的平面布置，从而防止由于收缩或温度变化在楼盖横隔内引起约束力。此外，在承受均匀分布的水平荷载（如风荷载和偏心荷载）时，必须确保稳定核心筒或剪力墙的设置能够降低建筑物在平面内的扭转，剪力墙必须在至少 2 个非平行方向且在至少 3 条轴线上布置（图 2.8）。

柱的变形能力限定了采用静定支撑系统框架结构的最大建筑尺寸。根据参考文献[50]，长度达 100m 或更长的框架结构有可能不设置伸缩缝。柱的变形能力取决于开裂条件下其刚度特征值的取值精度，关键因素在于柱的截面尺寸，但最重要的因素是柱所承受的轴力大小[52]。

可以通过采用包括设置柱端铰接节点或在基础之上首层楼板设置滑动支座的措施增加柱的变形能力，虽然此类措施仅用于距离核心区域较远的柱子上（图 2.9）。

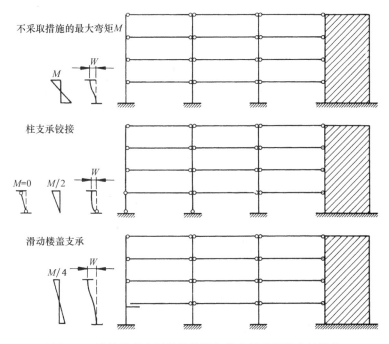

图 2.9 满足楼盖水平伸缩并增加柱和墙变形能力的措施

在超静定支撑系统中，不均匀的温度变化导致了支承楼板和稳定性构件之间约束力的产生（图 2.10）（参见本书第 2.2.2.5 节）。布置简单明了且可行的伸缩缝通常是最合适的避免产生约束力的方式（图 2.11）。图 2.12 显示了可行的伸缩缝布置方式，图 2.13 给出了必要时能满足防火要求的伸缩缝节点。伸缩缝总是作为发生潜在损坏的根源——其细节设计需要做大量工作来修正。伸缩缝节点设计需经过深思熟虑，必须提供恰当的设计图纸和安装说明。建筑施工现场的质量控制是保证正确施工的基础。损坏的发生通常是由于整个伸缩缝无意中浇入混凝土（如未采取防止漏浆的施工措施）和不正确的安装方法或使用安装错误支座。

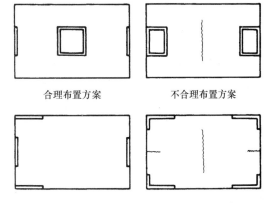

图 2.10 防止楼盖水平变形引起的约束

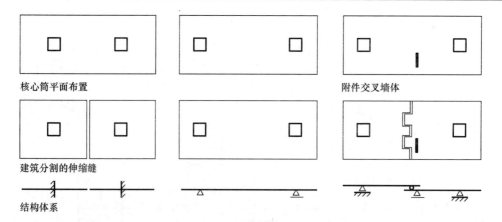

核心筒平面布置　　　　　　　　　　　　　　　　　　附件交叉墙体

建筑分割的伸缩缝

结构体系

图 2.11　伸缩缝位置布置原则

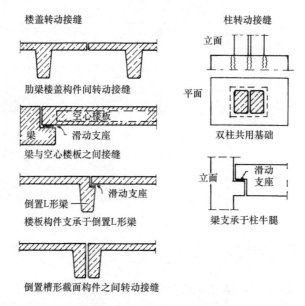

图 2.12　建筑变形接缝

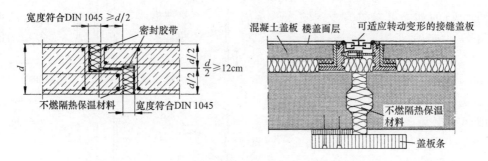

图 2.13　符合防火要求的伸缩缝[45]

因此对不设置伸缩缝的建筑施工，以下方面必须给予特别考虑：

——由于温度变化和收缩导致的实际膨胀应力；

——稳定性构件的变形能力（包括水平预制混凝土楼板），尤其是在开裂状态下的变形能力；

——混凝土的徐变变形能力；

——建筑施工期间的相关条件。

采用现代计算方法对此问题进行仔细研究，通常可以实现取消伸缩缝的设计结果。

至少应该进行验算以确认建筑是否需要在建筑全高度范围通长设置伸缩缝或者在较高建筑的上部不设置伸缩缝（图 2.14）[53]。原因在于通常总是下部楼层受约束力的影响较大（如果忽略上部楼层火灾荷载工况）。

旭普林大厦（Züblin House）（图 2.15）两座长 94m 的大楼各自设置一条伸缩缝。伸缩缝位于核心区域偏离一点的位置，因此在伸缩缝两侧各自中心轴心上设置加强横墙。靠近两片横墙之一的位置，两部分楼隔板通过剪力键相连（啮合型或槽型），这允许其可以沿着建筑纵向移动，即两部分楼隔板均可由横墙支承。建筑顶层楼板不设置伸缩缝，所产生的约束力可以由该层楼板和核心区域承担。

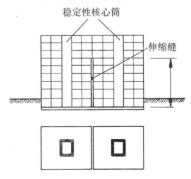

图 2.14 仅布置于下部楼层的伸缩缝

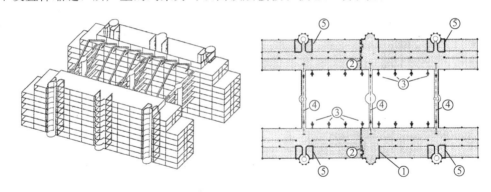

图 2.15 旭普林大厦建筑稳定性和伸缩缝布置[44]

①—劲性墙板；②—带剪力键建筑接缝；③—第 5 层以上中庭屋盖梁产生的水平力；

④—第 5 层以上走道后张预应力混凝土结构；⑤—提供稳定性的设施核心筒

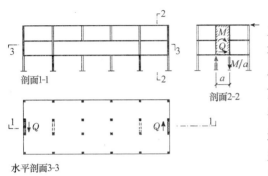

图 2.16 偏置布置的剪力墙

加劲剪力墙可以逐层偏置。偏置时，墙中剪力必须通过相应的楼盖横隔板传递（图 2.16）。在结构设计计算时，需考虑这种情况下的剪力大小和楼板变形。必须保证剪力可以在竖向和水平方向稳定性构件之间传递。在剪力墙处特别是设备区域设置楼板开洞很常见，这阻碍了剪力的传递。剪力墙弯矩不能通过作为起膜效应的楼隔板来承担，而必须通过相邻的两根柱传递到基础。因此，剪力墙在不同楼层间的偏置必须与结构柱网设计相匹配。

2.2.2　稳定性构件的荷载

2.2.2.1　竖向荷载

恒荷载和外加荷载产生的竖向荷载由柱、墙和设施核心筒来承担。

核心筒和劲性墙应尽量承担竖向永久荷载以发挥其正确功能（图 2.17）。非对称荷载的传递使构件承受竖向偏心荷载，即导致在基础底部产生弯矩。作用于柱上的偏心荷载由于拉结力的原因可导致核心筒体承受水平荷载（图 2.18）。这种水平荷载可以通过在柱端外伸悬臂梁的方式避免，如图 2.19 所示。

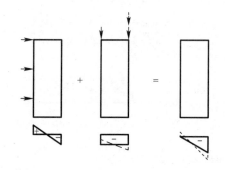

图 2.17　承受竖向与水平荷载的核心筒墙体

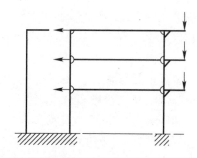

图 2.18　偏心柱荷载由于约束力导致核心筒水平荷载

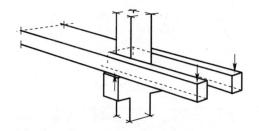

图 2.19　将偏心柱荷载集中

2.2.2.2　风荷载

风荷载依据 DIN 1055-4 标准计算。与先前的 DIN 1055 标准版本不同，现行规程还可适用于高度达 300m 且对振动敏感的建筑物。几乎所有工程结构（桥梁除外，但包括烟囱）均在其使用范围内。依据欧洲风荷载分布图中风速的等级划分也可以保证有关荷载假定在泛欧洲区域的连续性。除了改进空气动力学系数以外，该规程还涉及内陆和沿海的风荷载区别、地形粗糙度对风荷载影响和由湍流引起的横向振动等方面。

循环风荷载可引起结构内部振动。由于风压和风吸的作用，这种振动可以导致荷载增大。当阵风共振引起的变形增加不超过 10% 时，可不必考虑其振动敏感性影响。DIN 1055-4 标准对此规定了简化的判定准则。通常对于高度达 25m 的住宅楼、办公楼和工业建筑，以及其他一些施工形式和外形与之相似的建筑物，可假设无风荷载振动敏感性，因此不需要单独进行风振验算。然而，对于依靠基础嵌固柱来提供稳定性的建筑物，其相对较柔且对风荷载振动敏感，尽管建筑物高度小于 25m，也需要进行风振验算。

对于上述类型建筑物风荷载的主要计算步骤汇总如下：对于特殊形状建筑、高层建筑以及位于无遮挡场地的建筑（如沿海区域）的风荷载计算在标准的专门条款中必须加以考虑。

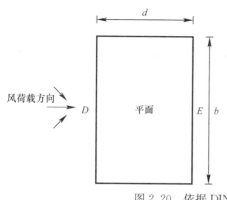

区域	D		E	
h/d	$C_{pe,10}$	$C_{pe,1}$	$C_{pe,10}$	$C_{pe,1}$
$\geqslant 5$	+0.8	+1.0	-0.5	-0.7
1	+0.8	+1.0	-0.5	
$\leqslant 0.25$	+0.7	+1.0	-0.3	-0.5

h=建筑高度
d=建筑宽度

图 2.20　依据 DIN 1055-4 标准风压系数取值

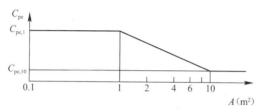

图 2.21　根据 DIN 1055-4 标准面积风压系数插值曲线

一般情形下，对于正交布置的稳定性构件，分别验算作用于建筑物两个方向主轴上的风荷载。对于整个结构计算分析，这类荷载总计如下：

$$F_w = c_f \cdot q(z_e) \cdot A_{ref} \tag{2-1}$$

式中　c_f——空气动力学系数；

　　　z_e——基准高度；

　　　A_{ref}——风力系数基准面积；

　　　q——风压。

风压系数 c_{pe} 取值取决于基准参照面积，应用于确定 c_f 值。该数值可在图 2.20 的表格中取得，数值取决于建筑迎风面的面积和建筑高宽比（h/d）。基准参照面积在 $1\sim10\text{m}^2$ 之间的风压系数中间数值可以由线性内插法得到（图 2.21）。

读者可以参考 DIN 1055-4 标准来确定垂直于风荷载方向的风吸力。

一般情况下，当假定建筑物处于 Ⅱ 和 Ⅲ 类别（即单个结构的混合体、市郊开发区以及工业厂房区域）的混合地形曲线时，与速度相关的风压 $q（z_e）$ 可采用以下压力分布曲线假定：

当 $z \leqslant 7\text{m}$ 时：　　　　　　　$q(z_e) = 1.5 \cdot q_{ref}$

当 $7\text{m} < z \leqslant 50\text{m}$ 时：　　　$q(z_e) = 1.7 \cdot q_{ref} \left(\dfrac{z}{10}\right)^{0.37}$

依据 DIN 1055-4 高度达 25m 建筑的简化风压假定（仅列出风荷载区 1 和 2）　　**表 2.6**

风荷载区		高度为 h 建筑的风压 q（kN/m²）		
		$h \leqslant 10\text{m}$	$10\text{m} < h \leqslant 18\text{m}$	$18\text{m} < h \leqslant 25\text{m}$
1	内陆	0.50	0.65	0.75
2	内陆	0.65	0.80	0.90
	波罗的海沿岸和岛屿	0.85	1.00	1.10

风荷载区 1 和 2 的基准风压 q_{ref} 分别为 $0.32kN/m^2$ 和 $0.39kN/m^2$。位于海岸附近的建筑场地必须按风荷载区 3 和 4 考虑。对于处在海拔高度 800m 以上的建筑物，按海拔高度每增加 100m 其风压应增加 10% 考虑。

为简单起见，对于高度不大于 25m 的建筑物可假定风压为恒定值。其取值可参照表 2.6 选用，表中数据基于 DIN 1055-4 标准表 2。

图 2.22 所示的一栋位于风荷载区 2、高度为 20m 的建筑实例表明，采用简化假定的恒定风压值比标准计算值高。

一般来说，特别是剪力墙非对称布置的建筑物，应注意风荷载是以偏心荷载的形式作用于建筑物上，其偏心距取值：

$$e = \frac{b}{10} \tag{2-2}$$

这将导致带有设备劲性核心筒建筑可计算扭转荷载的产生。

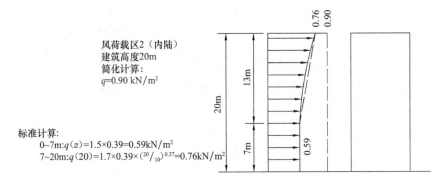

风荷载区 2（内陆）
建筑高度 20m
简化计算：
$q=0.90 \ kN/m^2$

标准计算：
$0\sim7m:q(z)=1.5\times0.39=0.59kN/m^2$
$7\sim20m:q(20)=1.7\times0.39\times(^{20}/_{10})^{0.37}=0.76kN/m^2$

图 2.22 简化风压假定值 q 与标准风压对比

2.2.2.3 垂面外荷载

为了对建筑施工期间结构体系的尺寸偏差和施加荷载产生的非预期偏心作用进行计算，DIN 1045-1 标准规定，可以用所有柱和墙体的重心轴垂面外偏心来等代。这种荷载工况的计算必须包括全部荷载。这是一种独立的荷载工况且必须考虑偶然荷载除外的承载极限状态，即由于风或地震引起的此类荷载必须纳入计算中。

尺寸偏差引起的效应可以用等效水平力作用来替代。

如图 2.23，楼板横隔的垂平面外偏差可以通过 α_{a2} 考虑。DIN 1045-1 标准采用此方法（转引自参考文献 [54]）。该文献著作证明随着柱数目的增加，其统一倾角值越来越小。通过对预制混凝土框架结构进行测量验证了该结论。无论如何，根据 DIN 1045-1 标准的方法，对于通常用于预制混凝土施工中的多层连续柱，假定为按层高铰接柱并不是切合实际的理论计算模型。这种情况，柱体系轴线不考虑扭结（kinks）变形应更为合理。

垂面外荷载产生的力 H_{fd} 传递到楼板横隔并通过楼板横隔再传递给剪力墙，但其继续传递到竖向稳定性构件则不需要进行验证计算。

对于竖向预制混凝土构件的设计，假设其均有一个共同的倾斜位置角 α_{a1}，即如图 2.25 所示的被稳定构件和稳定性构件。

　　不同于施工偏差，DIN 1045-1 标准考虑到垂面外偏心将会无校正地延续到建筑顶层。如前所述，具有相同倾斜位置角的所有相邻柱有可能减小角度，意味着这一倾斜位置角可通过系数 α_n 折减，但是其最大折减值略小于 30%（图 2.24）。

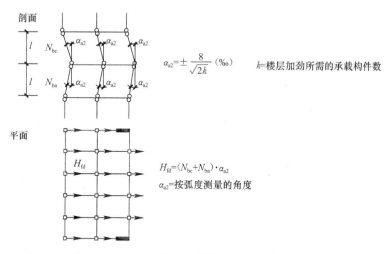

图 2.23　依据 DIN 1045-1 的垂面外荷载工况（用于楼盖横隔计算）

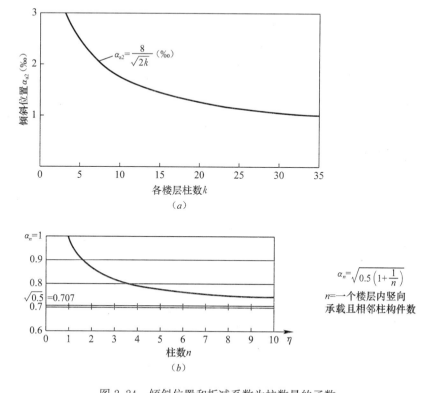

图 2.24　倾斜位置和折减系数为柱数量的函数

（a）倾斜位置 α_{a2} 为柱数量的函数；（b）折减系数 α_n 为柱数量的函数

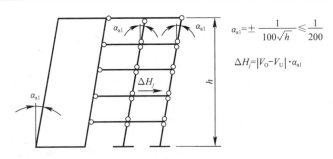

图 2.25　依据 DIN 1045 的垂面外荷载工况（用于竖向稳定性构件计算）

2.2.2.4　地震荷载

绝大多数的地震破坏是由地表附近的地震活动（地壳构造地震）引起的。地壳剧烈运动产生的能量以地震波的形式释放。结构的损害是由于地面运动传递给结构造成的[55]。

鉴于竖向的地面运动只引起竖向荷载的少量增加，因而可以忽略不计。水平地面加速度可产生相对而言较大的水平荷载。水平荷载的大小取决于地下土层地面加速度的大小、自振频率以及建筑质量这一最主要因素。

2005 年出版的 DIN 4149 标准采纳了与 1981 年版欧洲设计方法相同的标准。德国本土仅在一些地区需要考虑地震产生的水平荷载。但随着德国建筑业海外业务的增加，则更加重视建筑物的地震防御问题。与先前出版的标准相比，新的 DIN 4149 标准在以下几方面提出不同观点：

——结构施工；

——地面及地下土层影响；

——结构自身的重要性；

——扭转引起的振动；

——结构延性；

——计算方法。

因此现行标准与旧版标准相比，相同情况下计算出的结构地震荷载值较大——某些情况下，明显高于风荷载产生的水平荷载。

这样，地震荷载对于预制混凝土结构构件设计而言产生了有利和不利两方面影响。有利方面是预制混凝土结构与现浇混凝土结构相比质量更轻，同时由于柱底固定框架结构稳定体系相对较柔，从而产生的荷载较小。不利方面是剪力墙结构稳定体系刚度大会导致更高的水平荷载。此外，对预制混凝土构件之间的低延性连接节点也是不利的。通常，预制混凝土结构中仅有少量耗能构件可用，这意味着地震时预制混凝土结构必须假定为保持弹性性能状态，结果这也导致相对较高的等效设计荷载。

验证结构在地震荷载作用下的稳定性的计算程序与过去的应用程序在本质上并没有差异。为简单起见（一般情况下也是如此），假定用一个静力等效荷载来代替地震振动过程。计算公式如下：

$$F_{\mathrm{d}} = S_{\mathrm{d}}(T) \cdot M \tag{2-3}$$

式中，总静力荷载 F_{d} 和设计加速度 S_{d} 为结构振动自振周期的函数，考虑结构性能的非线性或更进一步的延性，由弹性反应谱计算获得设计加速度（设计反应谱）。此反应谱描述一个线弹性单质点在自振周期 T 内最大响应幅度（如加速度）数值，用于地震荷载设计。

图 2.26 给出了设计加速度以及结构延性对其影响图例。

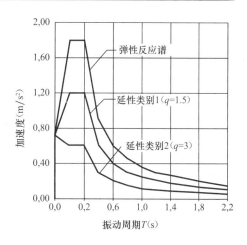

图 2.26 不同延性值对应的反应谱

用于确定结构加速度的反应谱通常是计算主导因素，它主要取决于以下参数：

· 地震带区域及产生的地面加速度：

区域 0——地面加速度为 $0 \mathrm{m/s^2}$；

区域 1——地面加速度为 $0.4 \mathrm{m/s^2}$；

区域 2——地面加速度为 $0.6 \mathrm{m/s^2}$；

区域 3——地面加速度为 $0.8 \mathrm{m/s^2}$。

· 地下土层和地面类别：

类别 A，B，C 和 R，S，T

· 建筑重要性类别：

类别 Ⅰ 如农业建筑

类别 Ⅱ 住宅建筑

类别 Ⅲ 学校、百货商店

类别 Ⅳ 医院、安全与保险设施

· 结构延性性能类别 1 和 2：

相应的延性性能系数定义如下：

$$q = \frac{R_{al}}{R_{nl}} \tag{2-4}$$

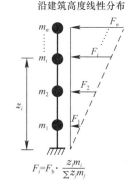

图 2.27 全部地震荷载沿建筑高度分布

q 相当于构件弹性抗力与非线性（延性）抗力的比值。对于钢筋混凝土结构，该值介于 1.5（如，由墙体提供结构稳定性）和 3.0（如，由框架提供结构稳定性）之间。DIN 4149 标准对此制定了适当的结构施工原则。采用预制混凝土构件的建筑结构应假定采用较低的延性系数（$q=1.5$ 甚至 $q=1.0$）。特别是对于结构基础构件设计，应始终假定其值 $q \leqslant 1.5$。

用这种方式确定总地震荷载可根据特征模型（振型）来分配，或为简单起见，可以考虑采用各楼层相对质量的线性分配（图 2.27）。该简化方法仅适用于在两方向上均可作为平面体系计算的规则体系；对于不规则体系，需要对其进行三维计算。

除地震水平荷载以外，还必须考虑建筑的扭转振动。如果结构体系在平面内和沿立面高度方向都几乎对称，那么可以假设其质量重心与结构稳定构件重心（构件水平承载重心）大致重合，可按下列简化形式考虑偶然扭转荷载：

$$\delta = 1 + 0.6 \frac{x}{L_e} \tag{2-5}$$

此处，单个稳定构件的水平荷载应随 δ 的增加而增大。图 2.28 为计算公式图解。

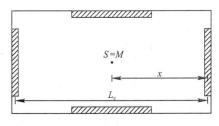

图 2.28   考虑扭转振动时系数 δ 的确定

所有基于反应谱的地震荷载计算方法都是可以采用的。地震荷载计算方法可划分为简化反应谱法，基于单质点振动体，该方法必须符合特定的应用原则；以及多模态（振型）反应谱法，基于多质点振动体系，同时考虑多阶模态（振型）和参与质点（质点模态），建筑的三维模型应考虑真实的质量分布以及单个稳定构件的加速度值。单个最大荷载值的延迟出现可在后一种方法中加以考虑。图 2.29 给出了基于三维分析的第一阶模态（振型）建筑案例。

图 2.29   建筑有限元分析计算特征模型（振型）

DIN 4149 标准 1981 年版给出的确定自振周期的方程公式仍可用于简化计算方法：

$$T_1 = 1.5 \sqrt{\left(\frac{H}{3EI} + \frac{1}{C_K L_F}\right) \cdot \sum_{i=2}^{n} m_i \cdot z_i^2} \tag{2-6}$$

因此，对于平板基础可大致考虑基础转动对其的影响。同采用基础惯性矩一样，计算必须使用远高于静态地基模量的动态地基模量。对于采用设施核心筒或剪力墙作为稳定性构件的建筑，通常情况下不需要考虑基础转动作用。

在最简单的情况下，可采用自振周期以及相关的反应谱和延性系数来计算确定静态等效荷载，并依据图 2.27 将其分配到各个楼层。

结构（内部和外部）的稳定性能必须用静态等效荷载计算验证。在此必须依据 DIN 1055-100 标准进行地震荷载工况组合。除永久荷载外，必须考虑外加荷载的折减。荷载组合系数 Ψ_2（DIN 1055-100）可通过参数 φ（DIN 4149）来进一步折减。当进行地震荷载设计时，雪荷载工况必须作为可变荷载来考虑。

当在两个平面坐标方向（x 和 y 方向）上考虑地震作用时，需要考虑其最不利组合：$1.0E_x$ 和 $0.3E_y$ 组合或 $0.3E_x$ 和 $1.0E_y$ 组合。当结构稳定性由基础固端约束柱提供时，该荷载组合计算起临界控制作用。

地震作用的安全系数为 $\gamma_E = 1.0$；而材料的安全系数，混凝土为 $\gamma_M = 1.5$，钢筋钢材为 $\gamma_M = 1.15$。

当结构稳定性由基础固端约束柱提供时，应当核算柱的屈曲承载力，包括地震荷载工况组合验算。为简单起见，当地震作用效应产生的水平荷载占主导时，不必进行此类分析，即当满足以下公式条件时：

$$\theta = \frac{P_{tot} \cdot d_f}{V_{tot} \cdot h} \leqslant 0.10 \qquad (2-7)$$

式中 P_{tot}——垂直荷载；

        V_{tot}——地震引起的相应剪力；

        h——每层柱高度；

        d_f——地震作用引起的层间相对水平位移。

假定材料为弹性材料，后者可通过水平变形计算得到，且采用前述的延性系数 q 进行放大。

预制结构的细部设计必须给予高度重视。以下要点对于预制混凝土构件特别重要：

——预制混凝土构件所有支承部位的结构连接节点（如铰接节点的受剪连接节点）。

——非承重构件的安全性。

——作为水平横隔的楼盖设计。

——对于支承和加劲预制构件有较好延性的结构性连接节点。

——基础构件之间的结构性连接节点，从而使基础之间不发生相对变形；根据地下土层条件的不同可能有例外（参见 DIN 4149 标准第 12.1.2 节）。

——开洞的核心筒墙体的延性和承载力设计，特别是在薄弱层处，必须避免可能导致整体稳定性构件的逐层连续性破坏发生。

——在结构稳定性构件的受拉区域使用高延性钢材配筋；而在墙体和楼盖采用普通延性钢材配筋，同样，楼盖中的受剪箍筋和叠合板桁架钢筋也采用普通延性钢材。

2.2.2.5 约束荷载（由收缩与温度引起）

楼盖横隔的收缩和温度变化能在竖向承载构件（柱、核心筒、墙体）中产生约束作用效应，而竖向承载构件可以防止楼盖横隔的无约束变形。

根据 DIN 1045-1 标准第 7.1 节，当收缩变形对承载结构影响显著时必须加以考虑。这时应当注意，由于徐变导致收缩应力大大减小，因此应当考虑采用较大收缩折减率。此外，收缩率取值应当根据建筑部位及其使用功能加以区分。尤其当构件埋在地下时，潮湿环境使得收缩力变小，但在非常干燥的气候环境下应当假定更高的收缩率，如始终较高温度的零售经营商店。

另外，对于预制混凝土结构，当在现场进行楼盖横隔灌浆接缝施工时，预制构件较大比例的收缩就已经发生。但对于全部预制混凝土结构，其变形可主要通过弹性接头来调整；必须提醒的是，对于预制与现浇混凝土组合结构，由于二者的混凝土（收缩）龄期不同，半成品预制构件限制了现浇混凝土的收缩。因此，收缩裂缝通常在半成品构件与现浇混凝土之间的接缝处产生。其缺点是整体收缩产生的单一集中裂缝，但其优点是裂缝位置很容易确认，同时可以在半成品构件与现浇混凝土之间部位设置合适的抗裂钢筋。

对于特别长的结构，有时需要分析由于温度变化而产生的内力或变形，DIN 1055-7 标准规定，覆盖整个承载结构的建筑温度可假定为恒定。

对于那些防止产生温度变化的预制构件，如隔热保温建筑中的承力楼盖，为了简化计算，假定平均温度波动幅度的最大值为±7.5K。对于外露预制构件，特别关注关于温度变化的假定是必要的（如停车场楼盖结构）。普通密度混凝土的热膨胀系数应当取为 $\alpha_T=10^{-5} \cdot K^{-1}$，轻质混凝土为 $\alpha_T=0.8 \times 10^{-5} \cdot K^{-1}$。

由于收缩和温度波动幅度（预制构件长度的缩短至关重要）产生的约束作用效应基本上取决于稳定性构件以及将其连接为整体的楼板刚度。稳定性构件的弹性越大，所产生的恢复力就越小。如果不能解决约束作用的影响就必须设置伸缩缝。然而在任何情况下，尽可能符合实际地考虑变形和约束影响是很有必要的。设计人员总是试图通过使用稳定性构件来调节约束作用效应，从而避免设置伸缩缝。通常要考虑已开裂构件影响来计算约束力。在这种情况下，必须特别注意超高应力传递区域及其周围局部开裂的影响。

根据 DIN 1055-100 标准，温度荷载为可变的影响作用效应。对约束力的弹性计算分析，根据 DIN 1045-1 标准第 5.3.3 节，安全系数可取 $\gamma_Q = 1.0$。如果分析时考虑已开裂构件的影响，那么安全系数应取 $\gamma_Q = 1.5$。

2.2.3　水平作用荷载分布

功能强大的计算机的发展和可用有限元（FEM）分析程序的出现，意味着目前可以将完整的建筑作为一个整体来进行计算分析。因此，可以对建筑中的所有承载构件按细节进行建模。如水平作用荷载的分布取决于墙体的刚度，剪力墙上开洞也可以在计算模型中考虑。然而，仅有几种程序能够模拟建立符合施工建造条件的模型，因此需要谨慎采用。由于徐变和收缩产生的裂缝以及荷载重分布通常不予考虑，混凝土水化作用、温度荷载以及结构沉降产生的约束作用效应通常全部忽略。计算机分析结果的合理性检查通常不允许出现单个荷载工况过度组合而形成复杂荷载作用效应的情形。

因此，一栋完整建筑的三维模型计算对于构件设计来说，其中包含相当大的风险，如果作用效应的合理性检查与可溯源推导过程不能实现，那么分析结果的合理性检验也是完全不能实现的。因此，对承载性能的正确理解和工程师的实践经验正在逐渐消失。

因此，推荐采用以下描述方法进行水平作用荷载分布，这些方法有助于理解稳定性构件体系的承载作用性能，而且至少可以采用简单的手算或单个计算机程序来检验结果的合理性。以下计算原则对于初步设计结构尺寸选定或稳定性结构体系的设计极其有用。

2.2.3.1　计算的一般步骤

当计算水平作用荷载在稳定性构件的分布时，通常假定楼板以刚性平板的形式分配荷载。这个假定将每个楼层的自由度数目减少为 3 个，即 2 个水平位移和 1 个绕竖向轴转动的自由度。

对于竖向稳定性构件而言，如果刚性构件能够单独提供必要的稳定性作用，相对柔性构件（如柱）的贡献就可以忽略不计。作用荷载的分配根据以下步骤来确定：

（1）将所有稳定性构件简化为横截面特征值逐层改变的单线性构件。

（2）计算水平荷载作用下刚性楼盖横隔的变形。

（3）计算单个稳定性构件的变形。

（4）计算单个稳定性构件的内力。

如果稳定性构件在平面上对称布置，则分析方法可以得到极大的简化。单个稳定性构件的横截面特征值假定如下：

（1）受弯刚度 EI_y，EI_x（kN·m²）；

（2）受剪刚度 GA_{sy}，GA_{sz}（kN）；

（3）扭转刚度 GI_T（kN・m²），包括以下 2 种：

1）圣文南（St. Venant）扭转刚度；

2）布雷特（Bredt）扭转刚度。

（4）翘曲刚度 EC_M（kN・m⁴）：

A_{sy} 和 A_{sz} 为指定受剪区域，依据下式计算确定：

$$\frac{1}{A_s} = \int_A \left(\frac{\tau}{Q}\right)^2 dA \tag{2-8}$$

对于矩形截面，公式可以简化为：

$$A_s = \frac{5}{6}A(A = 实心截面面积)$$

构成骨架结构的稳定性构件　　　　　　　　　　　　　　表 2.7

构件类型	所承担荷载作用		
	y 方向	z 方向	绕 x 轴转动
A）剪力墙	受弯刚度 EI_z 受剪刚度 GA_{sy}	— —	— —
B）框架（主梁）	等效受剪刚度 GA_{sy}^*	—	—
C）分段剪力墙	等效受弯刚度 EI_z^* 等效受剪刚度 GA_{sy}^*	— —	— —
D）开口截面	受弯刚度 EI_z 受剪刚度 GA_{sy}	EI_y GA_{sz}	（扭转刚度 GI_T） 翘曲刚度 EC_M
E）封闭截面	受弯刚度 EI_z 受剪刚度 GA_{sy}	EI_y GA_{sz}	扭转刚度 GI_T （翘曲刚度 EC_M）
F）封闭分段截面	等效受弯刚度 EI_z^* 等效受剪刚度 GA_{sy}^*	EI_y GA_{sz}	等效扭转刚度 GI_T （翘曲刚度 EC_M）

以下预制构件可做为稳定性构件（表 2.7）：

——封闭截面构件；

——开口截面构件；

——板构件；

——预制混凝土构件形成的板构件；

——主梁构件；

——框架；

——柱构件。

稳定性构件设计的一般平面布置以及轴线的定义可见表 2.7 和图 2.30。

关于采用框架和板组成的结构体系计算理论原则在参考文献［58～60］中有介绍。但是不进行简化处理的手算方法则过于复杂。

近年来，通常使用专门开发并用于高层建筑设施核心筒设计的计算机程序。该程序执

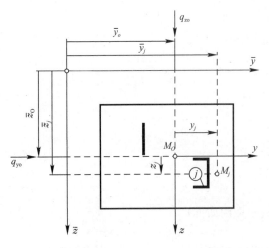

图 2.30   建筑稳定性构件的平面布置和一般设计

行本节前述的计算步骤。每个楼层仅有 3 个自由度，计算机所用处理时间最少。该计算机程序通常需要输入板和核心筒的横截面特征值数据。横截面特征值数据的确定是通过包含计算薄壁墙体横截面特征值的前处理程序。该程序还包含计算所有稳定性构件中单个构件的受弯和受剪应力的后处理程序。

进行稳定性构件设计所用的计算机程序也已开发出来。对于薄壁墙体截面构件，使用程序来设计承受双向弯曲的钢筋混凝土截面是合适的。然而，该程序通常只允许进行双向弯曲设计而不适用于扭转设计。平面为矩形的稳定性构件（如单片剪力墙）可当做柱来设计。

放弃楼盖横隔为刚性的假定概念将大大增加结构分析自由度的数目。仅对于特殊柔性楼盖横隔（如楼板大开洞）的情形，这种更高的计算分析要求才是合理的。在这种情况下才有必要利用通用线性程序来计算三维框架或采用有限元（FEM）程序进行计算。网格程序[61]的缺点是对布置在与加载方向横向的稳定性构件作用不能加以考虑。

2.2.3.2   简化初步设计采用的方程

以下简化规定可用于简化初步设计阶段：

（1）相对于由转动所提供刚度的开口截面，由整个结构系统翘曲刚度主要提供结构刚度时，稳定性构件自身的扭转刚度可忽略不计。依据参考文献［50］，式中扭转刚度 GI_T 理论上对其没有任何影响（h 为建筑高度）：

$$\kappa^2 = \frac{GI_\mathrm{T}}{EI_\mathrm{W}} \cdot h^2 \leqslant 0.25 \tag{2-9}$$

（2）与系统总翘曲刚度相比，如果数个稳定性构件的翘曲刚度 EC_M 值较低，通常可将其忽略。最常见的是稳定性构件被桁架支撑杆件隔开的情形。稳定性结构体系的总翘曲刚度 EI_W 可按下式计算：

$$EI_\mathrm{W} = \sum_{i=1}^{n} E(C_{Mi} + I_{yi} \cdot y_i^2 + I_{zi} \cdot z_i^2) \tag{2-10}$$

（3）与弯曲变形相比，梁的剪切变形较小。因而当包括数个楼层时，刚性楼板的剪切刚度可假定为无穷大。如果刚度和荷载在高度范围内恒定，那么该高度范围内荷载的横向分布也将是恒定的。然而对比计算显示，在粗矮的稳定性结构系统或高层建筑的较低楼层部位，其墙体的剪切变形将导致相当大的剪力重分配。

（4）稳定性构件的主轴可假定为平行或垂直于荷载方向。此处不考虑扭转力矩（I_{yz}）。

以上（1）～（4）的简化规定，意味着依据参考文献［50］得到的方程适用于：

结构总系统的受剪中心 M_0 坐标：

$$\overline{y}_0 = \frac{\sum_{i=1}^{n} \cdot I_{yi} \overline{y}_i}{\sum_{i=1}^{n} I_{yi}}, \overline{z}_0 = \frac{\sum_{i=1}^{n} \cdot I_{zi} \overline{z}_i}{\sum_{i=1}^{n} I_{zi}}$$

弯曲作用效应荷载分配:

$$q_{yj} = \frac{EI_{zj}}{\sum_{i=1}^{n} EI_{zi}} \cdot q_{y0}, q_{zj} = \frac{EI_{yj}}{\sum_{i=1}^{n} EI_{yi}} \cdot q_{z0} \tag{2-11}$$

扭转作用效应荷载分配:

$$q_{yj} = \frac{I_{zj} \cdot z_j}{I_W} \cdot m_{x0}, q_{zj} = \frac{I_{yj} y_j}{I_W} \cdot m_{x0} \tag{2-12}$$

结构总系统翘曲抗力:

$$I_W = \sum_{i=1}^{n} (I_{yi} \cdot y_i^2 + I_{zi} \cdot z_i^2) \tag{2-13}$$

式中 (见图 2.30) q_{y0}, q_{z0}——结构总系统的水平荷载;

m_{x0}——关于结构总系统扭转轴的扭转荷载;

I_{yi}——构件 i 关于 y 轴弯曲的惯性矩;

I_{zi}——构件 i 关于 z 轴弯曲的惯性矩;

y_j, z_j——构件 j 的受剪切中心坐标;

n——稳定性构件的数量。

对称结构适用于这些方程式。当荷载中心通过扭转轴时,计算变得特别简单。值得注意的是,如果在高度范围内刚度分布为恒定,则当计算仅输入弯曲变形或剪切变形时,那么扭转轴只是一条垂直直线。对于预制与现浇混凝土组合的结构体系,扭转中心则位于一条曲线上。因此很明确,以上方程式仅当忽略剪切变形时方可适用于组合结构体系。

2.2.3.3 剪力墙、系列开口剪力墙和框架的相互作用

具有各种不同变形特性的稳定性构件,如剪力墙、分段剪力墙和框架,可设计为共同组合工作,在水平荷载分布可以进行计算之前,其弯曲刚度和剪切刚度之间的关系必须合理组织。当计算机程序用于检查仅允许作为稳定性构件的实心板或薄壁墙截面的建筑稳定性时,必须提前确定框架和分段剪力墙的等效截面。

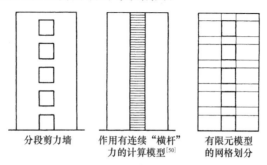

分段剪力墙　　作用有连续"横杆"　　有限元模型
　　　　　　　　力的计算模型[50]　　　的网格划分

图 2.31　分段剪力墙的连续水平杆件("横杆"力)计算模型及有限元模型

1. 分段剪力墙

以下述方式确定结构等效剪力墙,即其在水平荷载作用下的变形应与分段剪力墙的变

形尽可能相匹配。可按如下两个步骤进行计算：

（1）采用手算或计算机计算来确定顶部挠曲变形及挠曲变形的进一步发展。

分段剪力墙[50,62,63]的常用手算方法，是基于用连续成列杆件代替单个横杆的计算方法（图 2.31）。因而，分段剪力墙的抗弯刚度介于实体剪力墙（刚性锚固）和两片独立剪力墙的抗弯刚度之间。对于楼层标高处的横杆，其惯性矩大小参考文献［50］或［63］均有规定。关于剪力墙和高层建筑核心筒的等效框架模型的关键性研究可参考文献［81］。

目前，关于板的专用程序允许平面结构体系使用台式计算机来计算，并且允许考虑几乎所有不规则几何单元：

——开口；

——孔洞；

——单独线性构件；

——不同板厚。

对于所有构件均能输出其内力和设计方案。

（2）根据图 2.32 中的式（1）和式（2），确定等效实心板的未知 I^*（惯性矩）和 A^*（受剪面积）。

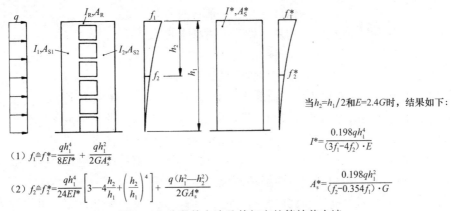

当 $h_2 = h_1/2$ 和 $E = 2.4G$ 时，结果如下：

$$I^* = \frac{0.198qh_1^4}{(3f_1 - 4f_2) \cdot E}$$

$$A_s^* = \frac{0.198qh_1^2}{(f_2 - 0.354f_1) \cdot G}$$

（1）$f_1 \hat{=} f_1^* = \dfrac{qh_1^4}{8EI^*} + \dfrac{qh_1^2}{2GA_s^*}$

（2）$f_2 \hat{=} f_2^* = \dfrac{qh_1^4}{24EI^*}\left[3 - 4\dfrac{h_2}{h_1} + \left(\dfrac{h_2}{h_1}\right)^4\right] + \dfrac{q(h_1^2 - h_2^2)}{2GA_s^*}$

图 2.32　分段剪力墙及其相应的等效剪力墙

2. 大开口墙板

剪力墙开口在较低楼层比较常见，即该区域具有最大剪力。这种开口大大降低了任何一片剪力墙的刚度。图 2.33 为楼盖底层大开口剪力墙示例。

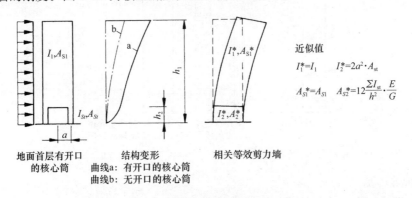

近似值

$I_1^* = I_1$　　$I_2^* = 2a^2 \cdot A_{st}$

$A_{S1}^* = A_{S1}$　　$A_{S2}^* = 12\dfrac{\sum I_{st}}{h^2} \cdot \dfrac{E}{G}$

地面首层有开口的核心筒

结构变形
曲线a：有开口的核心筒
曲线b：无开口的核心筒

相关等效剪力墙

图 2.33　楼盖底层大开口剪力墙

等效剪力墙被划分为不同截面特征值的两个区域。在程序中直接输入等效剪力墙的计算截面特征值即可确定水平荷载的分布。

3. 框架和主梁

当进行荷载分布计算时，框架和主梁可用受剪等效墙板来替代。该受剪等效墙板受剪区域面积的确定，可在水平荷载作用下使其顶部挠曲变形与框架或主梁的挠曲变形保持一致（图 2.34）。受剪等效墙板的弯曲和应变变形设定为零，即理论上受剪等效墙板的弯曲和应变刚度无穷大。

（对于墙板和等效特征截面面积的确定，可根据图 2.32 采用有限元程序进行更精确的计算。）

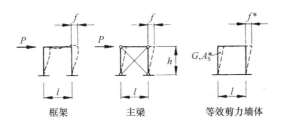

当条件为 $f^*=f$ 时，其等效剪力墙体受剪面积：$A_S^*=l \cdot t^*=\dfrac{P \cdot h}{G \cdot f}$

图 2.34　框架或主梁的等效剪力墙

4. 三维结构体系

仅当相应的平面体系具有可利用对称性时，带系列开口的三维稳定构件才可以采用手算计算。但是有限元（FEM）程序则可用于通用体系。

一种常见情形为多孔空心箱形筒体。如果空心箱形筒体在平面上为轴对称，其弯曲作用效应可以通过平面体系计算得到。然而对于扭转作用效应计算，必须建立一个介于以下两种极限情况之间的实用模型：

——2 片 U 形截面；

——1 个封闭的空心箱形截面筒体（图 2.35）。

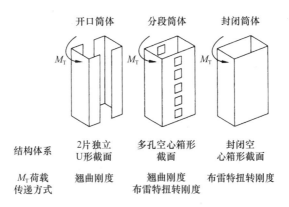

图 2.35　分段空心箱形筒体结构承载模式

在扭转荷载作用下，由于 2 片开口截面的屈服力远不及封闭空心箱形截面的屈服力，所认有必要设计尽可能刚性的横杆，使其受力尽可能接近封闭截面。配置适当的刚性横杆时（刚性锚固），翘曲刚度可忽略不计，尽管这仅代表近似值计算。设计截面的布雷特（Bredt）扭转惯性矩可以通过以下两个步骤进行简单计算：

（1）基于两者板受剪刚度相等的假定，对于厚度为 d 且带有规则开口的墙板，首先可确定其等效的无开口板板厚为 t^*（$t^*<d$）（图 2.36）。就此而言，如果"横连杆"和"立柱墙"的截面高度与原截面尺寸完全不同，则结构体系与弱截面相关的长度 l_1 或 h_1 可依据圣文南（St. Venant）原理进行折减。图 2.37 给出的方程式可以用于计算结构对称的情况。当邻近洞口板的横连杆高度或宽度以及立柱尺寸均较小时，对计算方程式的评估表明，等效墙体厚度很小。

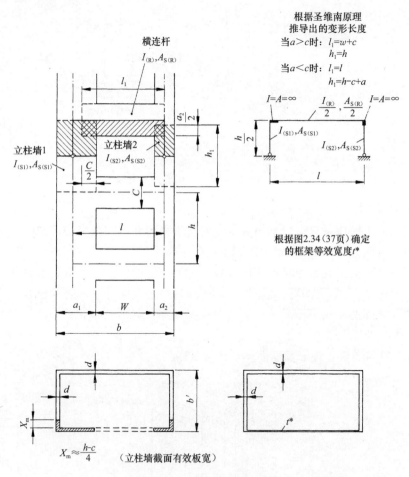

图 2.36　系列开口空心箱体墙等效厚度 t^* 的确定

（2）布雷特（Bredt）扭转惯性矩可按下式计算：

$$I_{T(Bredt)} = \frac{4A^2}{\sum \dfrac{s}{t}}$$
(2-14)

式中　$A=(b-d)(b'-d)$；

　　　s——恒定厚度为 t 的单片墙体长度。

假定立柱墙等效截面的剪力在整个高度范围内是连续分布的，参考文献［64］给出了一种可用于高层建筑多孔墙体设施核心筒，并考虑翘曲刚度影响的通用计算方法。该方法可作为参考文献［65］中计算机分析程序的编制基础，该计算程序允许箱形筒体与其他稳定性构件进行耦合。

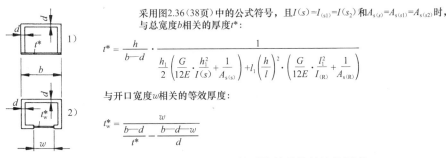

采用图2.36（38页）中的公式符号，且$I_{(s)}=I_{(s1)}=I_{(s2)}$和$A_{s(s)}=A_{s(s1)}=A_{s(s2)}$时，与总宽度$b$相关的厚度$t^*$：

$$t^* = \frac{h}{b-d} \cdot \frac{1}{\frac{h_1}{2}\left(\frac{G}{12E}\cdot\frac{h_1^2}{I_{(s)}}+\frac{1}{A_{s(s)}}\right)+l_1\left(\frac{h}{l}\right)^2\cdot\left(\frac{G}{12E}\cdot\frac{l_1^2}{I_{(R)}}+\frac{1}{A_{s(R)}}\right)}$$

与开口宽度w相关的等效厚度：

$$t_w^* = \frac{w}{\frac{b-d}{t^*}-\frac{b-d-w}{d}}$$

图 2.37　系列开口对称空心箱形筒体的等效墙体厚度

2.2.3.4　预制混凝土构件装配剪力墙

由高度为层高的预制混凝土构件装配成的剪力墙（图 2.38），其刚度与相同尺寸的实体剪力墙相比较低，因为其在水平荷载作用下会产生竖向接缝位移。当然前提条件是横向接缝具备足够的受剪承载力。在确定其刚度时，必须对以下情形进行区分：

（1）竖向连接接缝带预制键槽，并由后续灌浆填充。

（2）竖向连接接缝为光滑表面，单片剪力墙的锚固作用完全通过楼盖楼板层实现（见参考文献［36］）。

（3）剪力墙在竖向接缝处的个别连接点可通过钢板连接。

情形 c）墙体厚度的确定在参考文献［82］中有介绍，情形 a）墙体厚度的确定在参考文献［67］中有详细论述。

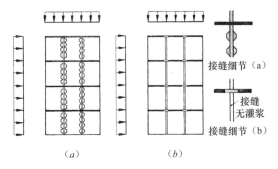

图 2.38　预制混凝土构件装配剪力墙
（a）带剪力键的竖向接缝并灌浆填实；（b）仅由楼盖提供销键作用

然而出于经济原因考虑，预制混凝土构件墙体安装后，节点不再进行灌浆处理——情形（b）。设计过程中，楼盖的锚固效应通常完全忽略，因而墙体钢筋的配筋设计过多。以下算例阐述了一种考虑楼盖锚固效应影响的计算方法。图 2.39 所示为无灌浆的墙体竖向接缝。墙体构件支承于楼盖楼板上，横向接缝采用坐浆或灌浆料填充。然而，竖向荷载通常不足以抵消横向接缝处的受拉应力，这意味着通常有必要在墙板边缘设置搭接并穿过横向接缝的纵向钢筋。

本算例忽略竖向荷载，墙体计算中只考虑给定的水平荷载。该结构系统的作用就像一个通过单个锚固件连接的多层悬臂梁。由于锚固件剪力传递给相邻两片剪力墙，所以通常在锚固件附近会产生严重的变形区域。根据圣维南（St. Venant）原理，变形区域开裂破坏出现在大致等于楼盖横隔高度的剪力传递距离范围内。

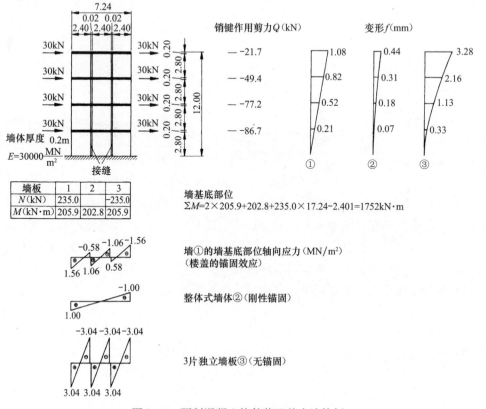

图 2.39　预制混凝土构件装配剪力墙算例

采用计算机程序进行剪力墙设计。图 2.39 显示所选定的构件单元网格。在锚固件附近，构件单元网格细化为边长等于楼板高度的四边形构件网格。超强功能单元也可用于处理此处显示的相当大的构件单元突变过渡。结果表明，在墙体基底处仅约总力矩的 1/3（1752kN·m）以弯矩形式传递到 3 块板上。轴力通过锚固件传递给 3 块板中的外侧板形成的偶合作用承担三分之二的总力矩。

最大锚固力为 86.7kN，可由楼盖楼板的受剪钢筋承担。

依据所掌握的水平变形理论知识，按照前面章节所介绍的内容很容易确定相应等效剪力墙的参数（见图 2.32）：

$$I^* \approx \frac{0.198 \times 20 \times 12^4}{(3 \times 1.084 - 4 \times 0.519) \times 30000} = 2.33\text{m}^4 (37\%)$$

$$A^* \approx \frac{0.198 \times 20 \times 12^2}{(0.519 - 0.354 \times 1.084) \times 13000} = 0.32\text{m}^2 (26\%)$$

等效剪力墙与实体剪力墙的截面特征值之比在括号中给出（$hbd = 12.00\text{m} \times 7.24\text{m} \times 0.20\text{m}$；$I = 6.33\text{m}^4$；$A_s = 1.21\text{m}^2$）。

对于灌浆竖向接缝，其节点刚度假定为 $K = 4500\text{MN/m}^2$，根据参考文献［67］中折减的惯性矩和受剪面积按下式计算：

$$I' = \frac{6.33 \times 0.93}{1 + \frac{2.88}{3 + 0.25}\left(\frac{7.24}{12.00}\right)^2} = 4.45\text{m}^4(70\%) \tag{2-15}$$

$$A' = 1.21\text{m}^2(100\%)$$

如果把楼盖楼板的锚固作用效应或灌浆竖向接缝影响完全忽略，则等效截面等于各个截面相加：

$$I'' = \frac{3 \times 2.40^3 \times 0.2}{12} = 0.69\text{m}^4(70\%)$$

$$A'' = \frac{3 \times 2.40 \times 0.2}{1.2} = 1.20\text{m}^2(100\%)$$

2.2.3.5 水平作用荷载分布算例

采用中心设施核心筒和两端山墙的 2 片剪力墙作为劲性构件的一栋 5 层建筑作为本算例（图 2.40）。首先，假定剪力墙为实体（图 2.40a），然后采用对比的方式在楼盖底层设

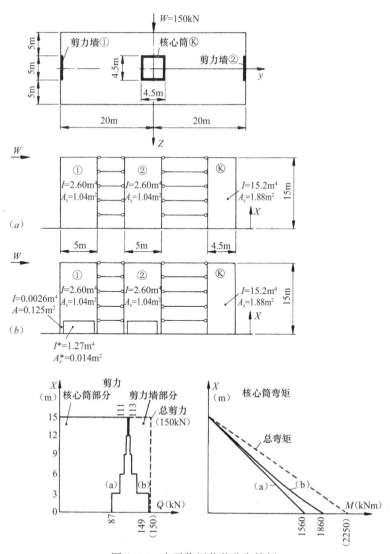

图 2.40 水平作用荷载分布算例

置开口（图 2.40b）。为了阐明水平荷载分布差异，水平风荷载被简化为施加在建筑顶部的单点集中荷载 W。

更进一步的简化是假定构件关于轴线对称布置，这意味着风荷载将不引起任何转动。

借助计算机程序进行水平荷载分布计算。本算例所用建筑层高为 3m，劲性剪力墙厚度为 0.25m。

根据图 2.33 可先确定开口墙体的等效截面特征值。对此建筑结构进行计算时，图 2.40（a）中，外剪力墙剪力所占比例的增长在图表中可以清楚地看到。如果忽略剪切变形，整个高度范围内的剪力分布比例将保持恒定不变。另一方面，图 2.40（b）中，剪力墙底部截面的弱化，意味着几乎所有剪力都分配到核心筒。

2.2.4　建筑稳定性的验证

2.2.4.1　劲性核心筒和墙体稳定性分析

当进行预制混凝土结构稳定性构件分析时，根据本书第 2.2.2 节必须研究以下荷载工况类型：

——风荷载；

——地震荷载；

——垂面外荷载。

根据 DIN 1055-100 标准进行荷载工况组合。就此而言，"永久性和临时性荷载"（风与垂面外荷载）加上"地震"（地震、风及垂面外荷载）设计状态下的工况必须进行验证。有必要考虑因冗余基础转动产生的水平力（即由于核心筒永久性偏心荷载导致的结果）。竖向荷载作用于结构变形体系的影响引起附加水平作用效应（图 2.41）。这可以用二阶理论计算推导。基于二阶理论的通用计算程序，采用前述章节内容确定水平力的分配。

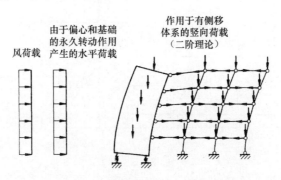

图 2.41　依据二阶理论的计算模型

（1）由于风、地震、基础转动以及作用于稳定性构件（剪力墙、核心筒及框架）的偏心荷载形成的水平荷载分布。

（2）在水平和竖向荷载作用下考虑水平变形的单个稳定性构件分析。此处依据参考文献［50］或文献［68］，可假定 EI^{II} 约等于（55%～70%）EI^{I}。由二阶理论计算得出的附加荷载作用于每个独立的稳定性构件；但是，这忽略了通过楼盖横隔的耦合作用对附加荷载的影响。建筑物的稳定性通过每个稳定性构件的稳定性验证。基础转动影响是通过地面与结构的弹性固定加以考虑的。假定扭转弹簧弹性常数按下式计算：

$$c_\varphi = I_F \cdot c_e = I_F \frac{E_d}{0.25\sqrt{A_F}} \qquad ([71], S.527) \tag{2-16}$$

式中　c_φ——扭转弹簧弹性常数（MNm）；

I_F——基底面积惯性矩（m⁴）；

c_e——次级模数（MN/m³）；

A_F——基底面积（m²）；

E_d——短期荷载的土壤压缩系数（MN/m²）。

当结构体系预先已确认为稳定性体系时，依据二阶理论所进行的分析可以省略。DIN 1045-1 标准制定了结构劲性判别准则（即先前的稳定性系数或其倒数）以简化对稳定性的评估工作。这些可以提供稳定性构件的屈服承载能力信息。但是严格地来说，这些判别准则的应用与进一步的限制条件以及对刚性楼盖横隔的假定有关：

（1）平面上的重心轴线与整个稳定性结构体系的刚度中心轴线相重合（即共轴性）。

（2）稳定性构件为薄壁墙体截面，且在结构高度范围内其性能保持不变。

（3）所有楼层的竖向荷载保持一致，且在平面上沿重心轴线呈纵向分布。

（4）所有楼层的层高高度相同。

（5）基础转动忽略不计。

即使以上所有条件不能全部满足，仍可以对建筑物稳定性进行粗略分析。然而，如果对分析结果持有疑问，则需要进行更精确的分析。

当满足下列公式时，相应地，依据二阶理论的分析不再有必要：

$$\frac{1}{h_{ges}}\sqrt{\frac{E_{cm}I_c}{F_{Ed}}} \geqslant 1/(0.2+0.1m), 当 m \leqslant 3 时;$$

$$\geqslant 1/0.6, 当 m \geqslant 4 时 \tag{2-17}$$

转动稳定性的评估准则在参考文献［69］和［50］中有类似的推导公式。

下列公式适用于稳定性构件高度不对称布置的结构体系或扭转转动不能忽略的情形：

$$\frac{1}{h_{ges}}\sqrt{\frac{E_{cm}I_\omega}{\sum_i F_{Edj}\cdot r_j^2} + \frac{1}{2.28}\sqrt{\frac{G_{cm}I_T}{\sum_j F_{Edj}\cdot r_j^2}}}$$

$$\geqslant 1/(0.2+0.1m), 当 m \leqslant 3 时;$$

$$\geqslant 1/0.6, 当 m \leqslant 4 时 \tag{2-18}$$

当平面上为均布荷载作用时，$\sum_j F_{Edj}\cdot r_j^2$ 值可用 $N\cdot i^2$ 替代，式中：

$$i = \sqrt{(i_x^2+i_y^2)}$$

下式适用于建筑平面为矩形的情况：

$$i = d/\sqrt{12} \cong 0.289d$$

式中　m——楼层层数；

h_{tot}——从基础顶面或无变形基准面起计算的承载结构高度；

r_j——柱子 j 到总体系受剪中心的距离；

F_{Ed}——竖向荷载设计值总和，$\gamma_F=1.0$；

$F_{Ed,j}$——作用于柱子 j 的竖向荷载设计值，$\gamma_F=1.0$；

$E_{cm}I_c$——所有竖向稳定性构件名义弯曲刚度总和；

$E_{cm}I_\omega$——作用于所考虑方向上抵抗转动的所有稳定性构件名义翘曲刚度总和；

$G_{cm}I_T$——抵抗扭转的所有稳定性构件扭转刚度总和（圣文南扭转刚度）。

普通扭转效应计算在参考文献［69］和［70］中有论述，如考虑扭转混合作用和非同轴结构体系计算。结构基础转动可以实质性地改变稳定性判别准则得出的结果。在参考文献［68］中，基底面积惯性矩和地下土层次级模数对结构稳定性条件的影响有进一步叙述。

2.2.4.2　柱和框架稳定性分析

在由核心筒体和楼盖平板提供足够稳定性的结构中，所有柱可视为无侧移构件。DIN 1045-1 标准要求依据无结构变形体系的内力进行柱的标准化设计。对于超过最大长细比的柱需要进行屈曲分析。依据 DIN 1045-1 标准的柱模型分析方法适用于以上结构分析，可以提供各楼层保持恒定值的无侧移柱的截面面积和轴力。

比较普通的情况是很难确定柱模型分析方法所需的柱屈曲长度。作为分析结果的配筋设计计算可能严重过量。这些情形包括：

——自由层高内截面的改变；

——楼层层高内作用相当大的荷载；

——竖向悬臂结构，即有侧移柱；

——钢筋交错布置；

——柱与基础为弹性固定；

——承力铰接柱；

——有侧移框架。

有上述情形时，建议设计人员对结构变形体系进行屈曲分析（也可参见《DAfStb 手册 525》[147]）。这种情况的结构变形、内力、所需要的钢筋量和有效弯曲刚度是相互关联影响的，必须通过反复迭代计算改进，所以采用计算机程序计算通常是唯一的选择。目前，可在个人计算机上应用已有程序进行基于二阶理论的屈曲分析和钢筋混凝土截面设计，同样也可进行柱双向弯曲分析，并且包括运输、吊装以及最终装配施工工况分析。

根据 DIN 1045-1 标准第 8.6.4 节，荷载施加的偶然偏心作用采用下列公式计算：

$$e_a = \alpha_{a1} \cdot I_0/2 \qquad\qquad (2\text{-}19)$$

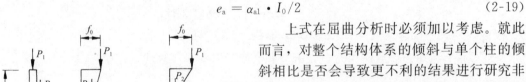

上式在屈曲分析时必须加以考虑。就此而言，对整个结构体系的倾斜与单个柱的倾斜相比是否会导致更不利的结果进行研究非常重要。当考虑整个结构体系时，依据图 2.42 的结构变形图必须加以考虑。

迄今为止的经验表明，即便是极细长的柱和承受荷载较大的柱，徐变对其影响也只很小。当相当大部分的弯矩临界值成为设计作用永久值（即较大的永久性水平荷载和

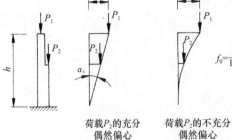

图 2.42　单层厂房阶形柱不同方式的变形

永久竖向荷载的较大预期偏心），才可预期徐变会导致所需钢筋量的显著增加。

当借助计算机程序对有侧移结构体系进行依据二阶理论的屈曲分析，计算由铰接柱或独立柱产生的水平力时，虽然结构体系非常柔软，但柱为刚性连接，均可以在计算机程序

中自动加以考虑。对整个结构体系进行变形分析以避免线性构件柱模型分析方法的不足，可以对结构实际情况进行更好的评估（见参考文献 [72]）。

2.2.5 楼盖横隔结构设计

承力楼盖的单个预制构件必须相互连接以形成楼盖横隔，并且必须与可提供约束的核心筒以及需要受约束的柱相连接。对于具有结构作用效应的后浇混凝土叠合层并配置受剪钢筋的组合楼盖板和双 T 楼盖构件，此类钢筋（设置所有必要连接节点）通常可以不受任何影响铺设在后浇混凝土叠合层内（图 2.43）。

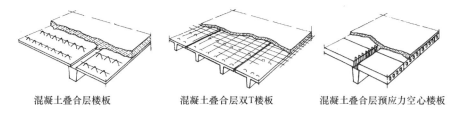

混凝土叠合层楼板　　　　混凝土叠合层双T楼板　　　　混凝土叠合层预应力空心楼板

图 2.43　混凝土叠合层楼盖横隔

依据 EC 2，通过包括厚度为 5cm 的混凝土叠合层且配置焊接钢筋网片——该钢筋网片仅与承重结构周边和中间梁区域相连接——即使不设置受剪钢筋的预应力空心板形成的承力楼盖也可实现整体板作用效应。

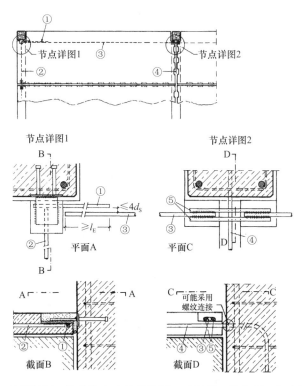

图 2.44　预制混凝土构件装配式楼盖横隔（无混凝土叠合层，但有焊接接缝）

然而，当楼盖横隔完全由预制混凝土构件组成时，除必须形成一个事实上整体连贯的平面单元，还必须通过在接缝处灌注抗压浆体将其相互连接起来。作用在楼盖横隔上的水平荷载由桁架来承担，其必要的拉结钢筋由接缝处或周边构件中的纵向钢筋提供；或当楼板构件生产制作时，将预埋钢筋焊接为整体以形成周边拉结钢筋。后者的缺点是，增加实际生产制作过程中不同定位钢筋的数量（图 2.44）。

　　接缝处的纵向钢筋可作为楼板的拉弯受力钢筋或者桁架模型的拉杆。桁架模型的压力一般通过节点向对角传递。为了传递楼板中的剪力，采用类似铰接作用的接缝方式可以充分满足接缝纵向传递剪力的要求（图 2.45a）。通过设置合适的键槽剪力键来传递剪力；对于荷载非常大的情况，可通过将预埋钢材件接缝边缘焊接为整体的方式传递剪力。如果接缝还需要传递平面外剪力的荷载分布，那么必须在两个方向上设置并形成键槽剪力键（图 2.45b）。为适应随之而来的水平扩张力的传递，同样可以通过横向接缝中的纵向钢筋来满足要求（图 2.46）。

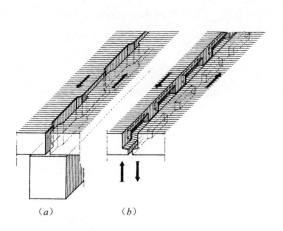

图 2.45　键槽剪力键接缝
(a) 平面内剪力；(b) 平面内和平面外剪力

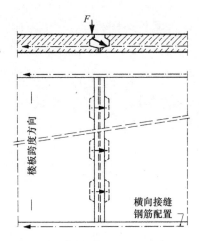

图 2.46　灌浆键槽剪力键结构作用

　　楼盖横隔接缝处的水平推力和剪力的传递也可通过设置于接缝的环形钢筋来实现。然而，构件生产制作过程将十分麻烦，因为环形钢筋要穿过楼板构件单元模具的侧模板，此外，施工现场接缝纵向钢筋穿过环形钢筋十分费力。一种改进措施是采用专门开发的环形钢丝绳连接节点，这种连接节点既可以传递平面内的力也可以传递平面外的力（见本书第3.3 节）。

　　剪力作用效应导致的对角压力的水平分力通过楼盖横隔传递至横向接缝中配置的纵向钢筋。

　　毫无疑问，由单个独立预制混凝土构件组成的楼盖横隔，采用在每个接缝内布置纵向钢筋且必须恰当锚固在边缘构件内的方案，取代仅一根边缘连系筋的方案，可以在承载力和变形能力方面取得更佳的效果。除了拉杆功能，即楼盖横隔的受剪钢筋（"连系筋"或"箍筋"），接缝内的纵向钢筋还需要承受风吸荷载和由于构件偏心产生的平衡拉力。这就是为什么纵向钢筋必须锚固在外围柱内或采用结构柱网内部凸出连接且必须与环形钢筋配合使用。其终极目标是将整个结构构件充分地连接起来以承受偶然荷载作用（如地震或爆炸荷载）。

楼盖横隔的设计基本依赖于其是否通过压力或拉力将水平荷载传递给竖向稳定构件（剪力墙或核心筒），同时取决于在整个楼盖横隔厚度内，力的传递是否连续，或力的传递仅集中在相对狭窄的剪力墙区域。

构件接缝应尽可能窄以有利于剪力的传递。然而，接缝也必须足够宽以满足纵向钢筋布置的必要需求，在搭接接缝处还应允许（低收缩）灌浆浆体易于实现浇筑和振捣密实。图 2.47 为一块预制混凝土承力楼盖板施工情况，其纵向节点钢筋锚固在柱内。其他可用的楼盖板连接方式在参考文献 [74] 中有描述。

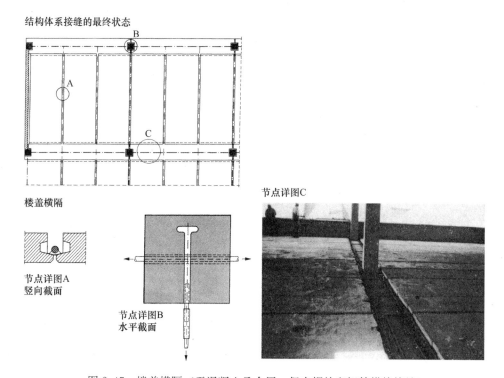

图 2.47 楼盖横隔（无混凝土叠合层，但有螺栓和钢筋搭接接缝）

边缘连系筋和连接接缝配筋的设计尚无统一概念。其设计适合采用桁架作用模型[75]。原则上，当选择合适的桁架作用模型时，必须确保以最小变形来承担设计荷载。因此，设计倾向于通过相对较刚性的桁架进行力的传递。

一般通过环绕楼盖边缘的单独连系筋来承受所有拉力（图 2.48a）。然而，将此连系筋与恰当的钢筋锚固和楼盖角部细节构造合理布置相结合经常不可能实现。将此拉力分布在数条接缝上可能是更好的方案，如图 2.48（b）所示。这种解决方案的优势是支承反力的平衡拉力可以分散作用在不同的位置上。

由于水平力可由柱直接承担，单层厂房有可能完全不设置屋面支撑。如果需要将屋盖平面形成一块整体板，既可通过屋盖本身来实现，也可通过桁架来实现，桁架的弦杆由两个相邻屋架檩条组成（参见图 2.49 和图 2.50）。

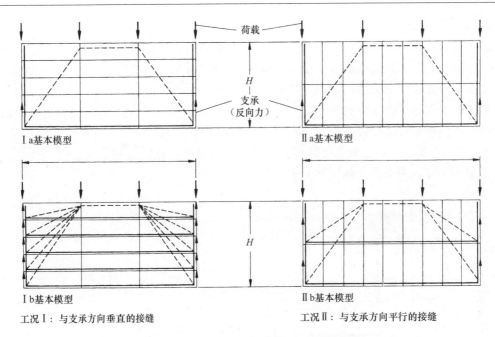

图 2.48　周边支承楼盖横隔的桁架作用模型

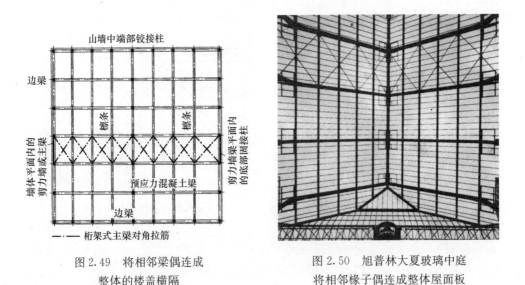

图 2.49　将相邻梁偶连成
整体的楼盖横隔

图 2.50　旭普林大夏玻璃中庭
将相邻椽子偶连成整体屋面板

当屋盖由蒸压加气混凝土条板、浮石混凝土空心板[76]或梯形截面压型金属板组成时，这些产品的批准文件应包含必要的施工构造细节，以保证单个构件组合后可实现整体板效应。

2.2.6　竖向稳定性构件结构设计

提供稳定性的墙和核心筒主要与楼梯、电梯以及服务于各楼层的设备井筒密切相关。从施工角度看，这些竖向井筒通道仅需在楼板上预留孔洞即可。如同承力楼盖预制构件一样，楼梯的上下平台可以支承在梁上。虽然每一层楼盖构成一个防火分区水平终端，对防止火势从一层蔓延到另一层有至关重要的作用，但是建筑法规仍然要求限制竖向构件穿过楼盖以达到适当的防火性能要求。混凝土墙不是唯一可采纳的方案，还可以使用更轻和更便宜的材料（如石膏制品或黏土砌块）。尽管如此，混凝土墙不但能保证结构稳定性，同时也能提供防火功能。设施核心筒通常也适用于卫生设施房间，而且混凝土墙也能确保必要的隔声性能。

当设计布置一个建筑核心筒时，必须考虑各种不同的功能要求。设计阶段必须注意的是，竖向筒体布置通常会与框架体系的模数协调概念冲突。除此之外，在施工阶段以及竣工最终状态前，为结构提供稳定性所需墙板的施工方式对建筑的施工和安装吊装有重要影响。

必须记住，每个竖向井筒都不可避免地需要设置门洞和开口。这降低井筒筒壁的劲性加强效应，并且更重要的是，混凝土墙的每个洞口都会干扰施工从而改变作业流程。因此，制定初步方案时应仅考虑那些不受干扰并延伸至建筑整个高度的混凝土墙。即电梯竖井内可以考虑三到四面墙。层间双跑楼梯通常需要 3～4m 层高，这意味着楼梯井筒的两纵向边墙与中间平台相邻的一面端墙需要考虑。

与四边封闭箱形筒体相比，开口 U 形井筒的扭转刚度相对较低（见本书第 2.2.3.3 节）。此类核心筒在平面上属于偏心布置，因此建议设计人员考虑带有洞口的第四面墙，就稳定性而言，对于建筑稳定性设计所提供的扭转刚度应加以考虑。但是在此条件下，每个洞口的上下"横杆"墙片和两边"立柱"墙片必须具有足够尺寸。设计人员需要权衡施工难度和扭转刚度的增加以做出合理选择（图 2.52）。图 2.51 为一栋采用预制混凝土构件建造的在施工业建筑的现浇混凝土封闭式核心筒。无论何种情况，空心箱形核心筒内的隔墙都很难增加弯曲或扭转刚度，因此应尽可能不用混凝土建造（图 2.53）。

图 2.51　框架构件吊装前现浇混凝土核心筒施工

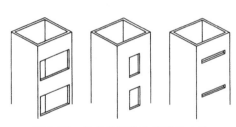

图 2.52　设备井筒作为劲性核心筒

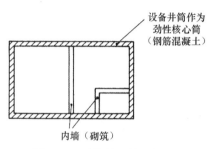

图 2.53　劲性核心筒砌筑内墙

　　提供结构稳定性的墙体和核心筒可以用现浇混凝土或预制混凝土构件来建造（图 2.54）。采用现浇混凝土墙体的核心筒大多使用爬升模板施工（滑模施工仅适用于高层建筑）（图 2.55）。采用这种施工方式时，应尽可能避免支架和牛腿从墙面突出。所需的任何此类支架和牛腿应在核心筒墙体施工完成后再安装。受拉钢筋的安装采用机械式螺纹连接接头，由于接头可旋转，双头螺钉配筋的形式比较理想（图 2.57）。最好的解决方案是将梁或楼板支承于墙体预留洞口内（图 2.56）。

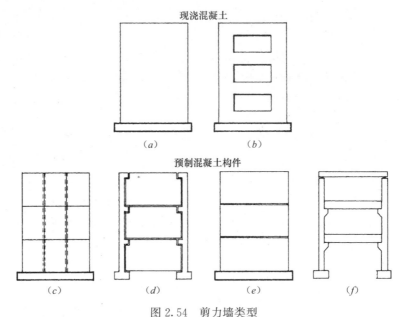

图 2.54　剪力墙类型

（a）实体墙；（b）分段墙；（c）大板拼装墙；（d）墙支框架；（e）拼装墙板；（f）刚性框架

图 2.55　采用爬升模板建造现浇混凝土核心筒

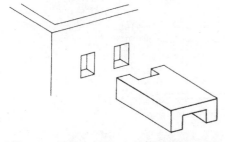

图 2.56　梁托（牛腿）与墙体预留洞口匹配

　　楼梯内部平台板可通过型钢和灌浆节点附加在楼梯井筒墙体上（图 2.58）。

　　根据图 2.54（c），由预制混凝土构件装配而成的剪力墙在大板拼装墙施工中特别常见。此类设计应采用单层层高的预制混凝土构件。接缝节点剪力必须进行计算分析。根据图 2.59，对于墙体总宽度大于楼层高度的情形，满足水平受拉构件剪力劈拉作用和对角受压构件要求所需的设计水平钢筋，可集中布置在楼盖楼板的标高位置。

受剪钢筋（如环形钢筋）分布于接缝全高范围的做法，在参考文献［73］中推荐用于角部（平面上为 L、T、U 形截面）预制混凝土构件之间墙板竖向接缝的连接（见图 2.60）。受剪钢筋集中布置在楼板横隔则不能防止接缝开裂。

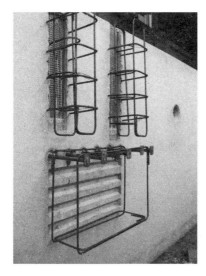

图 2.57　后加混凝土牛腿浇筑

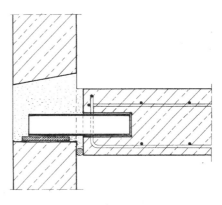

图 2.58　将平台板连接到楼梯井筒墙体

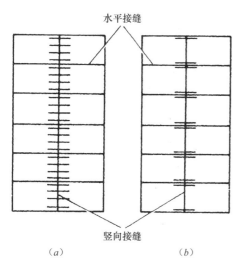

图 2.59　剪力墙水平钢筋的不同布置方式[73]
（a）均布式布筋；（b）集中式布筋

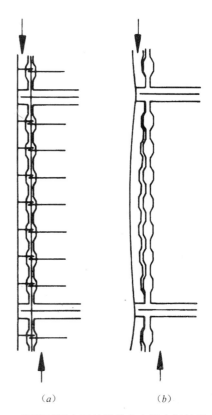

图 2.60　钢筋不同布置的纵横稳定梁之间接缝变形[73]
（a）均布式布筋；（b）集中式布筋

图 2.61 核心筒墙体水平键槽接缝
（高剪力和低轴向力）

预制混凝土墙构件水平接缝最初承受压力荷载。剪力传递通常是通过摩阻作用提供保证。类似图 2.61 所示的键槽在特定情形下必须采用。墙中产生的任何拉力（见本书第 2.2.3.4 节）均可通过焊接节点（图 2.62）、螺纹连接接头（图 2.63）或设计许可预埋件与螺纹连接接头配合使用来传递（图 2.64）。

根据图 2.65 和图 2.66，为框架结构提供劲性的筒体可以用于全装配式结构体系。关于预制混凝土构件装配而成的剪力墙进一步的设计和施工建议见参考文献［77］及其他出版物。

采用框架体系（图 2.54f）来提供结构稳定性通常仅在特殊情况下考虑。一个案例是造纸厂的结构骨架设计（图 2.68）。梁与柱之间的刚性连接节点（节点详图 A）是通过螺纹接头连接并随之压紧后实现的。螺纹连接接头目前可采用标准米制或锥形螺纹加工连接。剪力通过牛腿或更倾向于通过梁

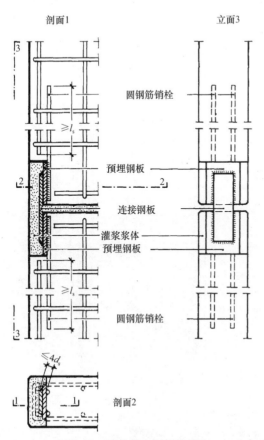

图 2.62 墙构件之间焊接接头

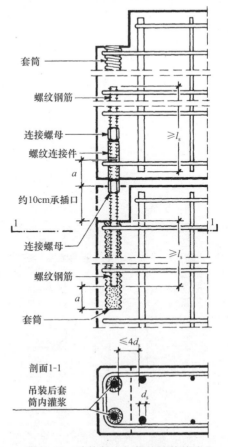

图 2.63 墙构件之间螺纹连接接头

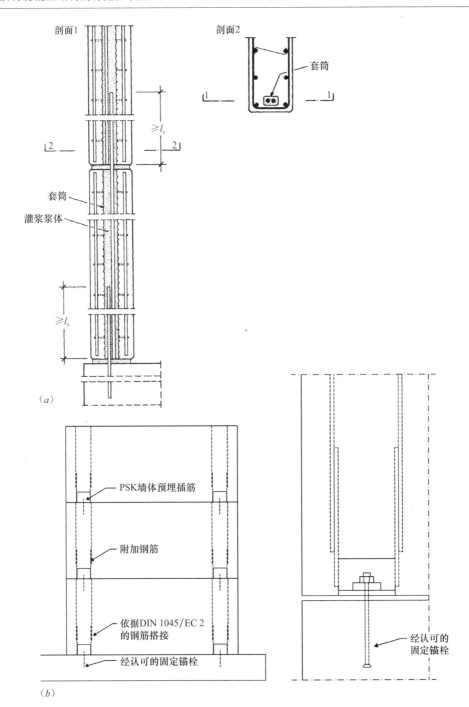

图 2.64 墙构件之间接头

（a）套筒和灌浆；（b）特殊墙体预埋插筋 PSK（Peikko®）

与柱之间的缝隙填充灌浆来传递。节点详图 B 显示的是，屋面梁支承于柱上的铰接节点但有侧向约束支座。此处值得注意的是，竖向支承反力通过预埋氯丁橡胶垫支座传递、水平支撑反力通过预埋受剪连接件传递。氯丁橡胶垫支座允许竖向支承反力在较大面积区域分布。类似节点设计在参考文献［78～80］中有论述。

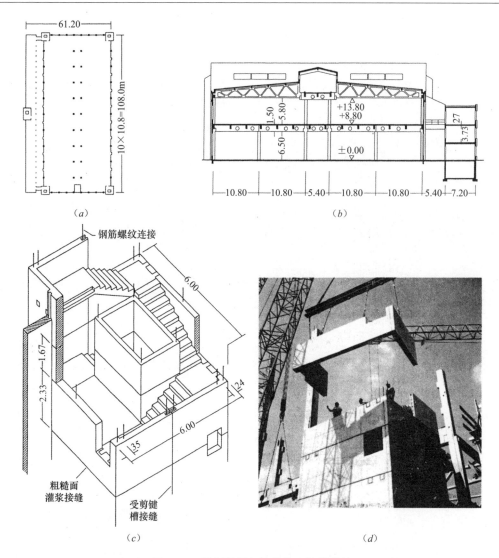

图 2.65　预制混凝土构件装配楼梯井筒

[西门子（SimensAG）生产线建筑；承包商：地伟达（DYWIDAG）]

(*a*) 厂房平面；(*b*) 厂房剖面；(*c*) 楼梯；(*d*) 吊装

图 2.66　预制混凝土墙构件装配核心筒

[巴克南（Backnang）语法学校；承包商：旭普林]

无论是采用预制混凝土构件或现浇混凝土形成的劲性墙或核心筒均应在较早阶段向承包商提出明确要求，因为其对工程计划和建筑施工作业程序有决定性影响。某种程度上讲，预制混凝土构件墙体通常更为复杂，工程计划阶段需要更多的投入，因此其技术工作需要适当提前，当然，提前的时间能够通过快速吊装安装进行弥补。另一方面，现浇混凝土核心筒可以或者必须在预制混凝土构件运抵现场之前建成，即在工厂生产制作预制构件的同时，进行现浇结构的施工。上述计划可行与否，不仅是不同业务分割的问题，而且是一年中何时可以进行建筑施工的问题。这样的决策目标只能在考虑到成本和时间进度表的单个工程基础上来实现。

2.2.7 依据 DIN 1045-1 的边缘连系筋设计

依据 DIN 1045-1 标准第 13.12 节的规定，可以按图 2.67 来设置不同的连系钢筋以实现：

（1）防止结构在冲击或爆炸等偶然作用下产生局部损坏。

（2）在局部破坏的情况下能够改变荷载传递路径。

为了使预制混凝土结构建筑达到以上目标，同设置边缘连系筋一样，需设置内部连系筋并附加柱和墙的水平连系筋。

连系筋截面设计可充分利用其强度特征值 f_{yk}。此外，设计人员可将正常作用效应情况下配置的既有钢筋（参见本书第 2.2.2 节）兼作边缘连系筋使用。

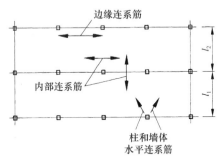

图 2.67 依据 DIN 1045-1 标准
抵抗偶然作用的连系筋

首先，每层楼面必须设置连续的边缘连系筋，其至板边缘距离不超过 1.2m。边缘连系筋应能承受的拉力为：

$$F_{Ed} = I_i \cdot 10(kN) < 70(kN)$$

式中 I_i——边缘连系筋垂直的楼面板（楼盖横隔）方向的端跨跨度（m）。

连系筋的连接可采用搭接或焊接连接。设计搭接长度应为 $I_s = 2 \cdot I_b$，同时应采用抗剪钢筋（如拉结筋、U 形筋等）将其固定。

内部连系筋必须在相互呈 90° 的两个方向上设置，其端部必须与边缘连系筋连接。内部连系筋应能承受的拉力为：

$$F_{Ed} = 20(kN/m)$$

位于预制混凝土构件之间接缝部位的楼面板连系筋，假定每个接缝所能承受力的最小值为：

$$F_{Ed} = (l_1 + l_2)/2 \cdot 20(kN) < 70(kN)$$

（式中 l_1、l_2 单位：m，见图 2.67）。边柱必须与外墙在每层楼面处相连接；尽管每根柱承受的最大作用力不应超过 F_{Ed}=150kN，立面外墙的设计拉力为 F_{Ed}=10kN/m。角柱应在两个方向上进行锚固，此处的外侧边缘连系筋可作为部分锚固钢筋使用。

对于 5 层及 5 层以上的大型板建筑，墙体必须用纵向连系筋相互连接，以防止当下部墙体破坏（例如由于局部爆炸）时，楼面发生坍塌。连系筋应形成"跨越"破坏区域的体系。这些连系筋应延伸到建筑全高，且能承受作用在瞬间倒塌墙体上的楼面荷载设计值。

(a)

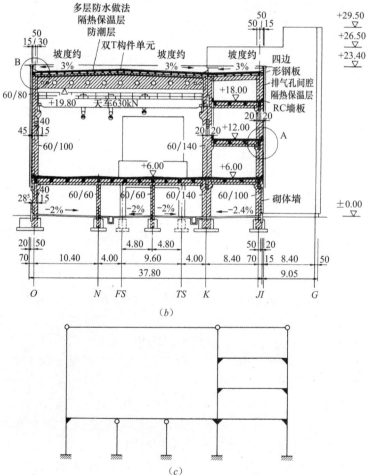

(b)

(c)

图 2.68　框架结构稳定性（霍尔兹曼造纸厂；承包商：旭普林）（一）

(a) 吊装；(b) 剖面图；(c) 结构体系

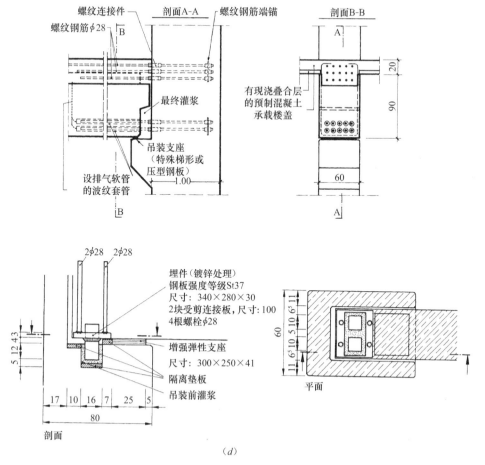

图 2.68 框架结构稳定性（霍尔兹曼造纸厂；承包商：旭普林）（二）
(*d*) 节点详图 A：角部框架节点；节点详图 B：梁支座

2.3 承载预制构件设计

结构预制混凝土构件的设计要求基本上由生产方式决定。预制构件的主要尺寸受运输限制，在本书第 2.1.3 节有介绍。

2.3.1 预制承力楼盖构件

预制混凝土楼盖系统有很多种类，本节所介绍的楼盖系统构件已证明是最经济或最具灵活性的。

图 2.69 所示的是最常用的预制混凝土楼盖系统，实心楼板和空心楼板的截面尺寸如图 2.72 所示。

2.3.1.1 预制空心楼板

空心楼板是最经济的预制混凝土楼板系统之一，利用其完全自动化生产的优势可以进行大批量生产。空心楼板的圆形、椭圆形甚至四边形孔洞不仅节约材料，而且与实心混凝土板相比，质量可减轻 40%。可以将空心楼板区分为预应力混凝土空心板和传统钢筋混凝

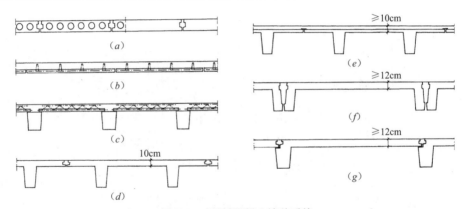

图 2.69 预制混凝土楼盖系统

(a) 空心楼板灌浆接缝，实心楼板灌浆接缝；(b) 预制混凝土底板及现浇叠合层；
(c) 支承于倒梯形梁的预制混凝土底板及现浇叠合层；(d) 双 T 楼盖构件灌浆接缝；
(e) 双 T 楼盖构件及现浇叠合层；(f) 倒槽形截面构件灌浆接缝；(g) 倒 L 形梁楼盖

土空心板两类。

预应力混凝土空心板（图 2.70）中的钢筋完全采用先张预应力钢绞线。这种楼板在长度超过 100m 的预应力台座上利用拉模或挤出机生产制作，可以同步完成成模、混凝土布料和振捣密实混凝土。采用这种方法的混凝土强度可以达到 60N/mm²。混凝土养护完成

楼板类型		自重①	耐火等级	弯矩②	剪力②
截面形式	h（cm）	g（kN/m²）	（一）	M_{Rd}（kN·m/m）	V_{Rd}（kN/m）
⬭⬭⬭⬭⬭⬭⬭⬭⬭⬭⬭	15～16	2.70	F30	76	62
			F90	66	55
◯◯◯◯◯	20	3.30	F30	140	63
			F90	119	60
◯◯◯◯	26～27	4.00	F30	250	75
			F90	242	68
◯◯◯◯	32	4.70	F30	333	91
			F90	333	86
◯◯◯◯	40	5.30	F30	460	126
			F90	460	245

注：① 包括灌浆节点的混凝土空心板自重代表值。
　　② 用于 XC1 级极限状态的承载力代表值。

图 2.70 预应力混凝土空心板

上表：产品范围；下图：空心板吊装（预应力预制楼板专业协会，Fachvereinigung Spannbeton-Fertigdecken e. V.）

后，用机械锯将长楼板切割成单个楼板构件单元（参见本书第4.1节）。这种生产方式只允许预应力筋沿纵向张拉，这意味着预应力空心楼板如果在德国应用，则需要有德国建筑技术研究院（DIBt）授予的国家技术认证。从图2.70的表格中可以看出，空心楼板可以有不同的板厚，当板厚约为40cm时，其跨度可达18m。标准宽度为1.20m。

预应力筋的大偏心会使楼板产生向上翘曲徐变，单个构件的不一致变形会导致连接处产生相当大的问题，特别是对厚度较小的板。构件在存放期间应对这方面问题进行跟踪。作为一种必要措施，以楼板作为实现稳定性目标的横隔时，构件之间的连接节点空间不足会产生问题。这方面要求需要详细设计考虑。支座位置的构件内设置特定的开槽孔以便承受较大的平面内荷载，其中，配置的钢筋当作相邻板间的"销键"（图2.71）。

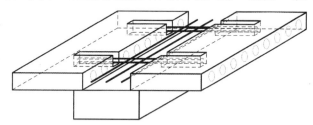

图 2.71　形成楼盖横隔的预应力混凝土空心板节点方案

由于生产工艺要求而取消普通钢筋，这意味着计算时，应在一定程度上考虑混凝土抗拉强度，以获得必要的抗剪强度，特别是在支座支承部位，同时将荷载横向分布。当构件支承在"软"支座（如钢梁）上，应当特别考虑这种情况。梁的挠度引起横向拉应力，这方面已经在进行了首次研究[95]（参见参考文献［95-1］）。

传统配筋空心楼板按所需长度在钢模具内生产制作，其宽度可达2.50m，通常是在特殊的工厂内，将混凝土通过与楼板截面尺寸和几何形状相匹配的矩形模具挤出成型（参见本书第4.1节）。纵横双向钢筋及受剪连系筋都可以配置。板的设计基本上可参照DIN 1045-1标准而无须国家技术认证。传统配筋预制混凝土楼板的结构设计准则在参考文献［94］中有介绍，该准则不同于DIN 1045-1标准规定。

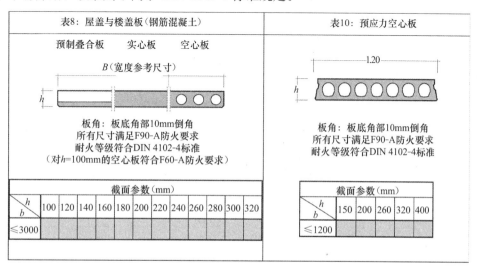

图 2.72　楼板的截面尺寸（引自 FDB）

当荷载值为 $5kN/m^2$，为了达到 $6\sim7m$ 的板跨度，楼板厚度通常在 $14\sim20cm$ 之间。板厚 30cm 时，跨度达 10m 是可行的。必要时，在纵向边缘浇筑设置剪力键，以保证平面内和平面外的力在构件之间的接缝处能够有效传递。空心板的安装通常不需要任何临时支撑。

2.3.1.2　预制带肋楼板

为了承受更大的荷载和达到更大的跨度，无论是传统钢筋混凝土还是预应力混凝土，预制带肋楼板在结构上是需要的。双 T 楼板的应用市场已形成。传统钢筋混凝土楼板使用长线模具生产，预应力混凝土楼板则采用预应力台座生产。

可生产制作的双 T 楼板构件单元宽度可达 3m，厚度 $70\sim80cm$，跨度可达 16m（图2.73）。腹板（即板肋）通常间距 1.20m，其侧面倾斜角度为 1：20，因此，混凝土硬化后构件容易从刚性模具中吊出。模具侧边面板可以调节以适应不同板宽。

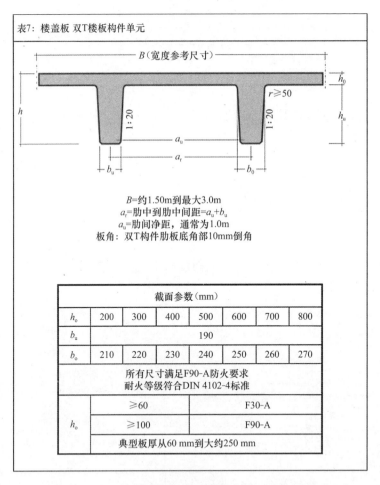

截面参数（mm）						
h_0	200	300	400	500	600	700	800
b_u	190						
b_0	210	220	230	240	250	260	270
所有尺寸满足F90-A防火要求 耐火等级符合DIN 4102-4标准						
h_0	≥60			F30-A			
	≥100			F90-A			
典型板厚从60 mm到大约250 mm						

图 2.73　双 T 楼板构件单元截面参数（引自 FDB）

这种双 T 楼板构件单元通常带有 6cm 厚的翼缘，可作为施工现场现浇混凝土叠合层的永久性模板。为保证"横隔板"效应的钢筋设置在现浇混凝土叠合层中。

单 T 板（即 T 形梁）通常以托梁的形式出现在双 T 构件楼板系统中。但是，单 T 板作为垂直墙板构件也已成功地用于高棚货架仓库（图 2.74）。

双 T 构件的一种变异构件是倒置槽型截面构件（图 2.75），可用于承受更大的集中荷载或用于满足楼面构件的宽度与柱网尺寸相匹配。如图 2.69f 所示，这种形式的楼板的缺点就是楼板肋的侧模板需要做成侧卸式或活动面板的形式。楼板构件单元横向上的更大宽度要求翼缘厚度至少应为 12cm，并且需配置比双 T 构件更多的钢筋。当倒置槽型截面构件支座处的板肋设置成齿形槽时，与双 T 构件的肋与两侧翼缘连接相比，构件的边肋更为不利。

图 2.74　采用 T 形梁建成的高棚货架仓库（旭普林体系）

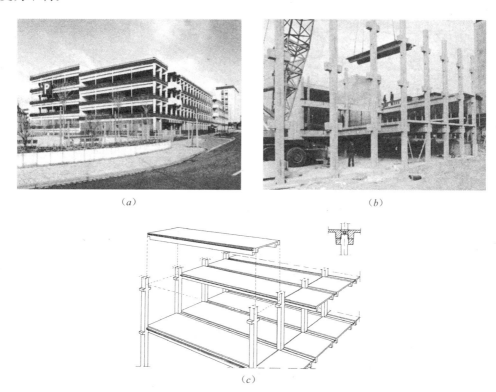

（a） （b）

（c）

图 2.75　采用倒置槽型截面楼板构件的多层停车库（承包商：旭普林）
（a）停车库外景；（b）构件吊装；（c）结构体系

2.3.1.3　预制叠合楼板

预制叠合楼板自 20 世纪 80 年代[84]早期已被大量应用，在当今德国，预制叠合楼板是最普遍的楼板系统。叠合楼板为实心混凝土楼板，预制部分为 5～7cm 厚的预制混凝土板，包含为满足结构性能而布置的底部钢筋，并且可作为现浇混凝土叠合层的永久性模板。为了能安全搬运这种薄板，从预制板顶伸出的劲性配筋组成了格构梁（译注：即桁架钢筋）。

在安装临时状态下，每根格构梁的上弦杆可作为受压构件，而两根下弦杆则可以包括为满足结构性能而布置的底部受拉钢筋。各种不同类型的格构梁均有德国建筑技术研究院 (DIBt) 的国家技术认证。

楼板设计可根据 DIN 1045-1 标准进行。格构梁的斜向钢筋以及预制楼板的粗糙表面保证了其与现浇混凝土层充分结合，这意味着所设计的叠合楼板可视为一次浇筑成型的实心板。

楼板的连续性效应可通过简单方法获得，即在施工现场的格构梁上增加顶部钢筋。同样简单方法，也可设置必要的附加钢筋以实现"水平横隔板"效应。

关于双向楼板的有限元 (FEM) 设计讨论见参考文献 [101] 和 [103]。根据这些研究报告，当满足受扭区域（$0.3L_{min}$）内无接缝（或横向钢筋设置在现浇混凝土层内），且接缝高度不超过楼板总高度的三分之一时，有限元法 (FEM) 也可用于预制混凝土楼面系统分析。现浇混凝土板设计所得的配筋数值可用于与预制混凝土构件跨度方向垂直并连续横跨楼板的钢筋设置，其计算依据楼板结构高度的不同按比例变化。钢筋直径不应超过 14mm，需要承受弯拉应力的钢筋不应大于 $10cm^2/m$。新版 DIN 1045-1 标准内容介绍表明，允许剪应力目前仍限制在 $0.25V_{Rd,max}$。

目前采用支承在独立柱上的叠合楼板也是有可能的（即无楼面梁平板）。但需要特殊的格构梁来抵抗冲切。

对于空心板类叠合楼板，跨度在 5m 以内，安装时不需要任何临时支撑，此时格构梁的单根钢筋上弦杆可使用槽型截面抗屈曲钢板代替，在浇筑预制混凝土底板的同时用混凝土填充（图 2.77）。如果格构梁的增加费用低于设置临时支撑的费用，这种类型承力楼板用于层高较高的情况就特别经济。这种体系（商品名为蒙塔奎克，Montaquick）证明在非静载条件下也适用[96]。

图 2.76　柱部位设置冲切抗剪钢筋的双向叠合楼板（板柱平板）

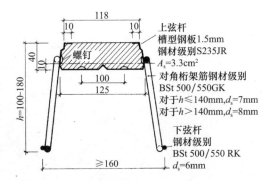

图 2.77　用于加强吊装预制叠合楼板稳定的格构梁[蒙塔奎克，恺撒-欧姆尼亚（Montaquick，Kaiser-Omnia）体系]

楼板安装和浇筑叠合层混凝土时，可以通过使用预应力楼板构件实现不设置临时支撑。为此，在混凝土底板板厚的中心位置附近布置预应力钢丝对混凝土板施加预应力。预应力混凝土板板厚约 8～10cm 时，安装跨度约 8m 是可行的（图 2.78）。设置格构梁时，纵向的热膨胀将引起约束力。因此，受剪钢筋只能配置附加的剪切连接筋。预制混凝土层和现浇混凝土层的剪力连接接缝是通过两者之间设置结合键的方式实现，尽管支座支承部位应当提供受剪连接的确切形式。预应力混凝土叠合楼板的使用需通过特别许可，即通过 DIBt 的国家技术认证。

　　大跨度 T 梁板可采用传统预制钢筋混凝土或预制预应力混凝土梁，其上部预设受剪连接钢筋，与之成 $90°$ 的叠合楼板支撑在梁上（图 2.79）。这种方法可以形成"水平横隔板"效应及横向连续作用。

图 2.78　预应力楼板构件单元
［旭茨公司预制楼板（Schatz Spandec）体系］

2.3.2　预制楼盖梁与屋盖梁

2.3.2.1　预制楼盖梁

矩形截面是楼盖下承式支承梁最简单的截面形式（图 2.79a）。因为需要侧模可拆卸式

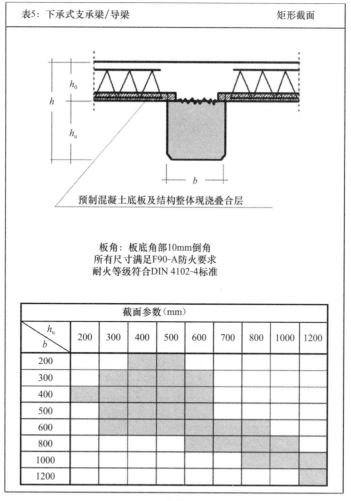

表5：下承式支承梁/导梁　　　　　　　　　　　　矩形截面

预制混凝土底板及结构整体现浇叠合层

板角：板底角部10mm倒角
所有尺寸满足F90-A防火要求
耐火等级符合DIN 4102-4标准

截面参数（mm）								
h_u / b	200	300	400	500	600	700	800	1000	1200
200									
300									
400									
500									
600									
800									
1000									
1200									

（a）

图 2.79　预制梁、下承式支承梁与墙板截面尺寸（引自 FDB）（一）

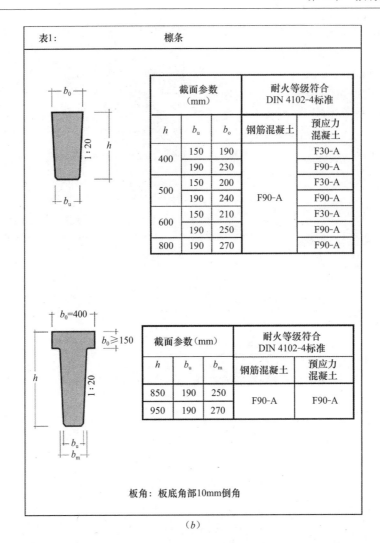

表1:   檩条

截面参数 (mm)			耐火等级符合 DIN 4102-4标准	
h	b_u	b_o	钢筋混凝土	预应力混凝土
400	150	190		F30-A
	190	230		F90-A
500	150	200		F30-A
	190	240	F90-A	F90-A
600	150	210		F30-A
	190	250		F90-A
800	190	270		F90-A

截面参数 (mm)			耐火等级符合 DIN 4102-4标准	
h	b_u	b_m	钢筋混凝土	预应力混凝土
850	190	250	F90-A	F90-A
950	190	270		

板角：板底角部10mm倒角

（b）

图 2.79　预制梁、下承式支承梁与墙板截面尺寸（引自 FDB）（二）

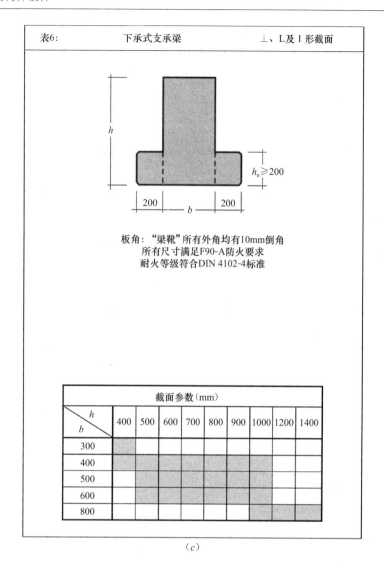

表6：下承式支承梁，⊥、L及I形截面

板角："梁靴"所有外角均有10mm倒角
所有尺寸满足F90-A防火要求
耐火等级符合DIN 4102-4标准

截面参数（mm）									
$\frac{h}{b}$	400	500	600	700	800	900	1000	1200	1400
300									
400									
500									
600									
800									

（c）

图 2.79　预制梁、下承式支承梁与墙板截面尺寸（引自 FDB）（三）

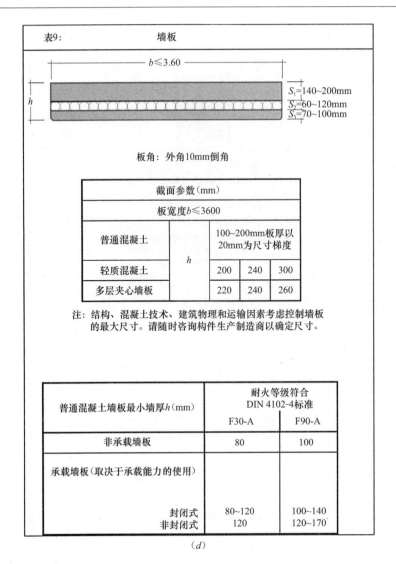

图 2.79　预制梁、下承式支承梁与墙板截面尺寸（引自 FDB）（四）

模具，所以这种截面形式对预制工艺来讲不是最佳选择。因此，只有当建筑方面需要或室内装饰需要解决连接问题时，才采用这种截面梁。通常，几乎所有的檩条（图 2.79b）均采用梯形截面梁，其侧边向外倾斜 1：10 或 1：20 的角度，这样容易将构件从刚性模板中吊出，其底边设计 10mm 的倒角。

为了减小楼盖施工高度，矩形下承式支承梁通常在其两侧底部设计浇筑连续的"梁靴"（图 2.79c）以支承楼板构件单元。这不是最优化的梁的预制制作形式，但很多情况下没有其他适合的选择。这需要相对复杂的模具装拆机构，仅在生产大批量或标准化产品时才值得采用。此外，由楼面传递的荷载必须以"吊挂"方式作用在梁上。"梁靴"处要获得无缺陷的表面通常还需要增加工作量。

"梁靴"截面尺寸不应小于 20cm×20cm，以保证楼板预制构件有足够的支座面积和"梁靴"内钢筋充分锚固，同时应当考虑楼板构件单元不可避免的偏差（见本书第 2.6.2 节）。

根据参考文献［88］和［97］的框架体系（图 2.80），采用倒置槽型截面构件单元作
为楼板的下承式支承梁。只有当倒置槽型截面构
件连同整个体系一起考虑时，这种费用更高的楼
板梁形式才有价值。此处使用的双 T 楼盖构件单
元的腹板在其支座处全截面高度设槽口，因此可
以布置在倒置槽型梁上。所传递的荷载作用在后
者顶部，楼盖总高度不大于带有连续"梁靴"的
梁高。吊挂（弯起）受力钢筋（suspension rein-
forcement）位于双 T 楼盖构件单元的腹板内，可
以作为腹板内纵向钢筋的组成部分（见本书第
2.6.2 节）。柱两侧伸出的牛腿可支撑倒置槽型截
面梁的腹板，梁跨度应满足从一根柱轴线跨越到
另一根柱轴线的要求。即使作为框架边梁，腹板
承受的扭矩也是最小的，根据柱网轴线相对外墙
板的位置，可以选用完整的或一半截面的倒置槽
型截面边梁。建筑设备可以布设在腹板之间的空隙内。

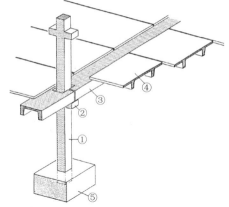

图 2.80 框架体系（旭普林 6M 体系）
①—柱 40cm×40cm；②—牛腿；③—用做梁的
倒槽型楼盖构件；④—双 T 楼盖构件支承于翼缘；
⑤—杯口基础

2.3.2.2 预制屋盖梁

屋盖梁最经济的截面形式是带平行上翼缘的 T 形截面（图 2.81a，b）。过去为了使材
料用量最少，屋盖梁通常用双坡形式，同时将腹板厚度减到允许的最小值。这样就产生了
有下翼缘的 I 字形梁，某些情况下腹板可以加腋（图 2.82a）。

目前，我们倾向于用长模具、预应力台座，有些情况下采用长线法，一个构件接一个
构件预制屋盖梁。只有在采用大跨度屋盖梁（大于 25m）的情况下，需要更宽的下翼缘来
适应必要的钢筋布置。实现屋盖坡度的方法是将屋面梁倾斜搁置形成恰当的坡度，或是檩
条端部设置不同深浅的阶形槽口形成坡度（图 2.82c，d）。

如果必须采用双坡屋盖梁，那么至少应尽可能保持其上翼缘底边是水平的（图 2.82b）。
一般情况下应避免腹板加腋，因为这实际需要在屋盖梁几乎全长范围内增加一倍的模具侧
模板。

通常需要在支撑楼盖梁或屋盖梁的腹板上开孔以布设建筑设备管线。这些孔洞必须从
一开始就在设计方案中统筹考虑。建议为每个建筑都设计一套特定的基本系统，再基于该
系统设计特定类型的梁（图 2.83）。读者可参考参考文献［190］关于带可布设建筑设备管
线开孔的梁腹板设计。

图 2.84 为一栋单层双跨厂房。檩条间距的选择需适应覆盖屋面的要求，檩条一般为
梯形断面金属板或蒸压加气混凝土条板。檩条的经济间距为 5～7.5m。屋盖梁的经济跨度
为 12～24m，但在某些情形下也生产制作跨度达 40m 的屋盖梁（图 2.85）。

2.3.3 预制柱

单层厂房预制混凝土柱的标准截面为矩形，然而多层建筑通常选用方形截面柱
（图 2.86），所有楼层柱截面保持不变是获得统一支撑和连接节点构造的最佳解决方案，特别

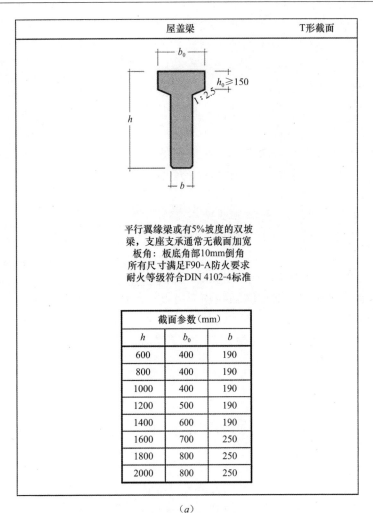

(a)

图 2.81 屋盖梁截面尺寸（引自 FDB）（一）

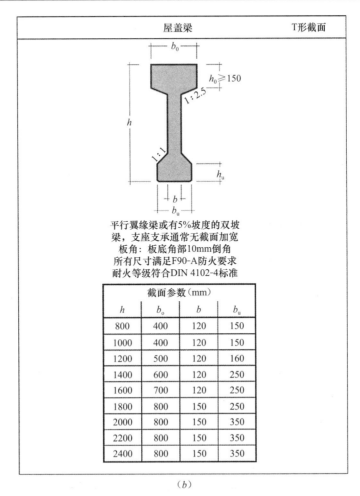

（b）

图 2.81 屋盖梁截面尺寸（引自 FDB）（二）

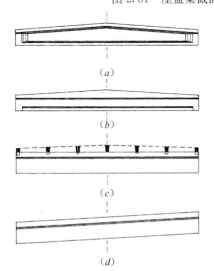

图 2.82 屋盖梁不同找坡方案

（a）平行上翼缘的双坡屋盖梁；（b）平行腹板的双坡屋盖梁；

（c）阶形檩条实现屋盖坡度；（d）屋面梁倾斜搁置

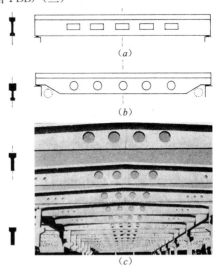

图 2.83 屋盖梁腹板标准化开孔

（a）适用矩形管道；（b）适用圆形管；

（c）应用实例（地伟达，DYWIDAG）

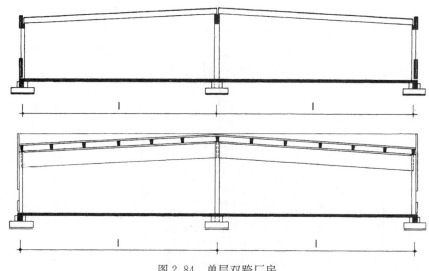

图 2.84　单层双跨厂房

图 2.85　跨度达 40m 的屋盖梁运输（承包商：布莱默 Bremer）

是对于内部装饰有利。5 层高的多层建筑也可采用连续柱。但是，这种长柱不应过于细柔，因为其易弯曲性可能在运输和吊装时导致严重问题。传统建筑中，柱的标准截面尺寸为 40cm×40cm。更高的建筑可采用拼接接长柱，拼接连接位置应分布在不同楼层，以提高吊装过程中的稳定性。

圆形截面柱也是可行的。但是，如果用立模来浇筑制作，只能生产制作单层层高柱，这就增加相当数量的拼接接头。圆形截面柱也能水平浇筑制作，如同超高强度混凝土空心柱那样采用离心成型混凝土方法生产制作，只是这种生产制作方式需要特种设备[93]。

模具设计的最佳解决方案是牛腿位于柱的两个相对面上（图 2.87）。在生产时，顶部增加第三个牛腿也是可行的。四面均设有牛腿只建议用于特殊情况，因为其生产制作难度太大。一个相关例子是利雅得大学采用的预制柱[91,92]，这是一栋设计非常严谨的预制混凝土结构建筑，以至于所有的柱都能用同一种类型的模具生产。一种带有可自动拆卸装置的双钢模具是根据统一设计方案为制作 2600 根柱而开发出来的（图 2.88）。这使得在必要时，牛腿能够设置在柱的四个面上。早些年，学校和大学建筑的单向（unidirectional）结构体系仍为设计目标，设计周围或环形牛腿可用于支承两个方向上的梁（参见参考文献 [3]）。这种类型的牛腿在模具和钢筋配置方面都非常棘手，所以应当避免选用。最近，人们越来越多地尝试生产制作具有特殊建筑效果的混凝土外墙板，当混凝土构件兼有承载功能时，其

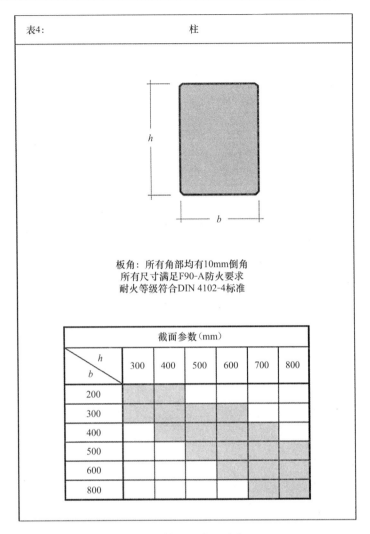

表4:　　　　　　　　　　　　　　　　　　　柱

板角：所有角部均有10mm倒角
所有尺寸满足F90-A防火要求
耐火等级符合DIN 4102-4标准

截面参数（mm）						
<table cell: h \\ b>	300	400	500	600	700	800
200	■					
300	■	■				
400		■	■			
500			■	■		
600				■	■	
800					■	■

图 2.86　柱截面尺寸（引自 FDB）

更具经济性。预制建筑艺术立面柱应运而生，在旭普林大厦的应用即是案例。该工程项目需要相对复杂的模具。但鉴于其简单明了的建筑设计概念，使得所有预制建筑艺术立面柱都能用同一种类的模具生产制作，包

图 2.87　柱牛腿位置设置

括支承 3 层楼板的"耳朵形状"牛腿（图 2.89）。因此，柱只有一到两次拼接接长。每套模具可使用 100 次以上。这两个案例——利雅得大学和旭普林公司大厦——展示了与工程项目相关的预制构件如何拆分以确保切合实际且经济合理，尽管这不同于一般工业化建筑体系的设计原则。

单层层高预制混凝土柱的应用越来越多，尤其是对于预制与现浇混凝土组合结构。原因之一是用于高层建筑时可加快施工速度，例如，根据本书第 3.1.1 节，柱拼接采用简单的平接接头形式。通常，设置柱端连接钢板可用于承受高层建筑中经常遇到的较大荷载。需要特别注意的是柱在楼面层的传力（图 2.90）[104~106]。

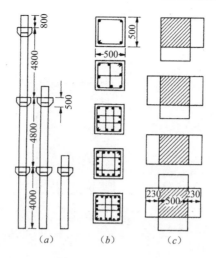

图 2.88　利雅得大学采用的预制柱形式[92]

(a) 1 层、2 层和 3 层柱；(b) 柱配筋；(c) 牛腿位置

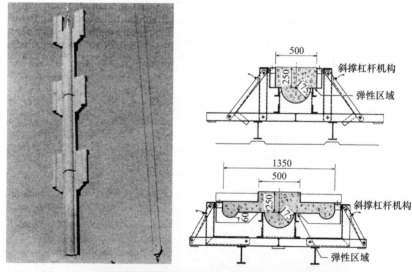

图 2.89　旭普林大厦的标准柱；弹性承载且灵活可调的柱模具[94]

图 2.90　科隆三角塔（Triangel Tower in Cologne）预制混凝土柱之间的平接接头（承包商：旭普林）

2.3.4 预制墙板

预制混凝土墙板是大板建筑施工中典型的承重构件（参见参考文献［90，98］）。本节只论述内墙板构件；外墙板在本书第 2.4 节"预制混凝土外墙板设计"中有涉及。

根据 DIN 1045-1 标准，对于与连续楼板相连的承载预制混凝土墙板，最小厚度 8cm 是足够的。然而，墙板厚度往往取决于楼板构件所需的最小支承尺寸。因而内墙板一般为 14～20cm 厚（参见图 2.79d）。而且，隔声和结构防火的要求是内墙板设计的主要准则。14cm 厚的混凝土墙板可确保充分隔声。这一相同厚度也满足作为防火墙或 F90 耐火等级的要求。此外，鉴于其良好的热容，混凝土内墙板也有助于实现夏季热工性能的要求。

预制与现浇混凝土组合墙板(图 2.91)代表两种施工方式优点的完美结合。花费较高的模板施工转移到工厂，完成后的墙板是两侧均为光滑平整表面的整体式墙板，这种墙板所占市场份额显著，可用于几乎所有的建筑物并在土木工程中应用[107]。鉴于其安装快速，这类组合墙板特别适用于那些现场浇筑时只有一侧需要模板的墙板（例如与既有工程相邻的建筑等）。但是设计荷载值不宜过大，因为可配置在预制墙板"内外叶"之间的钢筋数量受限制。现浇混凝土层至少应为 10cm 厚，加上两侧各 6cm 的预制墙板，因而墙体的最小厚度为 22cm。在特定情况下，薄墙也是可行的，但其混凝土浇筑作业应制定特别详细的计划。

组合墙板也能用于高墙，只是预制混凝土板的重量将会超过起重机允许的起重能力（图 2.92）。

组合墙板一个非常重要的应用是地下室结构。起初只用于内墙板，现在越来越多地用作外墙板，同时也用于防水混凝土地下室结构。DAfStb 指南所包括的防水混凝土专门提到这种体系[108,109]。核心优势是预制混凝土墙板构件之间连接的任何裂缝均受到约束限制。但最终，连接接头的高质量和最小厚度 20cm 的现浇混凝土层是抗渗的关键。鉴于理论与实践之间的差距，且因为产生缺陷的风险以及对其质量高标准要求，目前在一

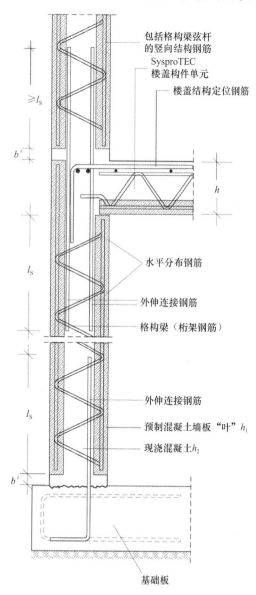

图 2.91 桁架钢筋预制/现浇混凝土组合墙与填充现浇混凝土（SysproPART 体系）

些范围尚有争议[110]。

2.3.5 预制基础

基础很重，因此通常在现场浇筑。但是预制混凝土基础也是可行的。图 2.93 表明这种基础结构形式的"演变"。许多年来通用的带有一个分离的侧面光滑杯口的平板基础，如今已被基础自身带有杯口的杯形基础所替代（图 2.95），这种基础形式更为经济[99]。因为基础埋深能够更浅，所以分离式杯口基础由于其分离制作的模具与钢筋加工价格高，已不再有必要采用了。然而，插入杯口的柱通常需要在柱根处与杯口内壁建立可靠的键槽连接，以通过表面摩擦将柱的轴力传递给基础。在柱模具侧板上安装固定梯形压条相对来说较容易（图 2.94）。很多情况下，基础杯口是利用波纹方形钢板制成的金属管作为永久性模具成型的（图 2.95a）。

杯口的盒式内模具采用特殊未塑化的 PVC 作为角部连接并用螺栓紧固。拆模时将螺栓拧开，只需

图 2.92 预制/现浇混凝土组合墙
应用于超高墙板（SysproPART 体系）

用锤子轻轻敲击就能将四块侧模板与混凝土脱离（图 2.95b）。特定情况下的特定成本构成可以使这种模具形式更加经济。

某些时候将预制混凝土柱和预制混凝土基础一同浇筑完成（图 2.93、图 2.96）。这样省去柱与基础的连接构造，且基础可以与柱一同生产制作。在施工现场，这种预制混凝土构件在灌浆之前安置在垫层上，并采用钢垫片进行校正，基底灌浆的目的在于形成基础底面，与地基土之间的结构相结合。必须在基础内设置竖管以确保灌浆的良好扩散并防止气泡形成。该基础体系进一步缩短建设工期并且埋深较浅。缺点是其庞大的预制混凝土构件（柱和基础）以及昂贵的运输费用。运输限制要求基础一个方向上的尺寸不能超过 3m 宽。不过现场浇筑混凝土可以用来扩大基础尺寸。

在利雅得大学工程项目中，美国工程师根据钢结构常用准则设计了柱连接节点，这种节点在美国普遍应用。柱安装在钢垫板上，并用浇筑在基础中的地脚螺栓固定（图 2.93、图 2.97）。这种体系在德国也越来越常用。

连接节点的高含钢量缺点被基础钢垫板易于制作、基础易于浇筑（不需要杯口等）及基础结构埋深相对较浅的优势所弥补。这对现场施工非常有利，如有较高地下水位的情况。对于柱荷载不大的情况，钢垫板完全可取消而采用分离的锚固部件代替。使用专用模板尽可能准确地给基础预埋地脚螺栓定位，并保护其不受损坏直至柱开始安装是至关重要的。基础预埋地脚螺栓允许产生约 ±5mm 的偏差。如有需要，这种体系允许用来达到柱结构设计所必须的稳定性，但仅仅是安装的临时稳定性。目前，安装时坐浆不再普遍应用，取而代之的是灌浆工艺，即通过管道泵入浆体，同时防止浆体中形成气泡。

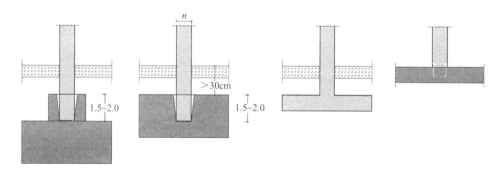

图 2.93　预制基础形式

图 2.94　带键槽的柱基础部分

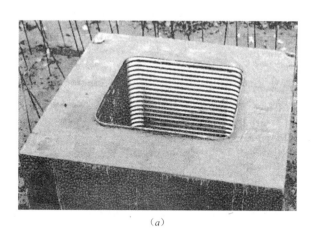

（a）　　　　　　　　　　　　　　　　　　　（b）

图 2.95　柱杯口模板

（a）波纹钢板制成的金属管；（b）带特殊角部连接的盒式内模具

2.4　预制混凝土外墙板设计

　　与结构构件设计主要关注生产制作方面的要求相比，建筑外围护构件设计主要取决于建筑学及建筑物理的需求。由于这种情况的建筑外围护结构不是同材质表面，而是各种构成元素的集合，因此必须对建筑外观、建筑功能、连接节点与连接固定件的施工方面给予

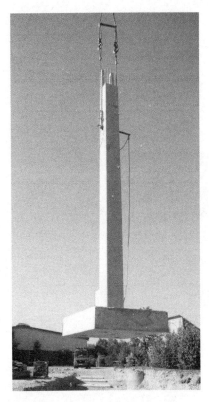

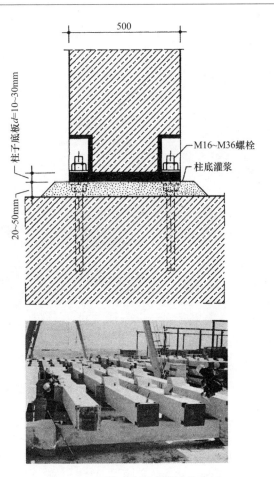

图 2.96　预制混凝土柱和预制
混凝土基础整体浇筑（承包商：Bachl）

图 2.97　图 2.88 所示体系柱底板
与基础连接节点细节[91]

极大的重视。预制混凝土构件组成的外墙板一般在参考文献［7，111，112，134］中有论述，更多新近的建筑学方面的进展在参考文献［9］中有表述。

经过许多年运用钢与玻璃的建筑设计之后，我们正在见证"建筑艺术"外墙板应用的复兴。与常规的混凝土外墙板相比，采用预制混凝土构件作为外墙板不仅仅是建筑外观的目标要求，而且也展现了预制混凝土多样化设计的可能性。另一个有意义的进展是，采用玻璃纤维增强高强混凝土生产制作小尺寸且厚度薄的外墙板用于建筑外围护。

本节将首先论述采用预制混凝土构件生产制作的常规混凝土外墙板，及其必须满足的要求和设计细节，之后介绍建筑装饰外墙板的新进展。

2.4.1　环境影响因素及建筑物理要求

在外部气候对外墙板的影响因素中，首要因素包括太阳辐射、雨和风压以及室外温度。与之对应的内部因素为室温、内部空气湿度和水蒸气压力（图 2.98）。因此，为了抵抗或削弱这些因素的影响，外墙板必须同时具备以下功能：反射层、防雨层、防风膜层、保温隔热层、热容、表面冷凝水吸收层及防潮隔离层等[113,135]。

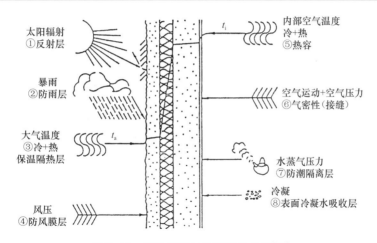

太阳辐射
①反射层

暴雨
②防雨层

大气温度
③冷+热
保温隔热层

风压
④防风膜层

内部空气温度
冷+热
⑤热容

空气运动+空气压力
⑥气密性(接缝)

水蒸气压力
⑦防潮隔离层

冷凝
⑧表面冷凝水吸收层

t_i

t_a

图 2.98 气候因素与外墙墙体功能[113]

除保温隔热外，混凝土是一种能够满足上述所有条件的理想材料。而且混凝土外墙板还具有较好的隔声和防火功能，同时其高强度也能满足结构承载的需要。

特别是工厂化生产可提供更多的选择，使得混凝土实际上可建造成任意形状，且具有种类繁多的表面面层做法和色彩，还可以制作成带有砖砌体、石材或金属类面层的外叶墙板。由于具有这些优势，预制混凝土外墙板不仅应用于预制混凝土建筑，同时也可应用于现浇混凝土和钢结构建筑的挂板就不足为奇了。

混凝土外墙板常以三层夹心墙板的形式出现，包括外叶板、保温隔热层和承载内叶板，夹心墙板按一套工艺加工制作并整体吊装（图 2.99a）。保温隔热层通常采用聚苯乙烯（PS）或聚氨酯（PU）制成的硬质泡沫板制作，应布置在外墙板尽量靠外侧的位置。传统的预制混凝土多层墙板包括隐藏在表面抹灰涂层后的保温隔热层（图 2.99b），或置于中间的保温隔热层及较薄的混凝土外叶饰面层（图 2.99a），或带有抹灰涂层的高密度轻质混凝土单叶外墙板（图 2.99d），代表日常室温范围为 $19 \sim 22°C$ 且室内湿度范围为 $50\% \sim 60\%$ 建筑（即办公和住宅建筑，包括厨房和浴室等）良好的解决方案，同时也能符合针对水汽扩散的最低保温隔热要求。对于这类建筑，防潮隔离层不是必须设置的。对于有特殊要求的建筑（如冷藏库和游泳池等），必须对其建筑物理要求给予特殊考虑。对于冬季热工性能而言，墙体的水汽扩散性能必须进行验算（图 2.100）。

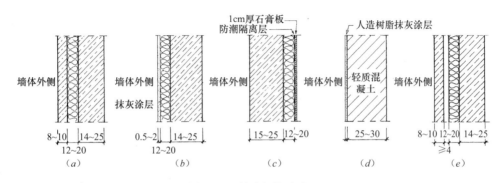

图 2.99 外墙板构造类型
(a) 夹心墙板；(b) 外保温隔热；(c) 内保温隔热；(d) 单叶墙体；(e) 带通风空腔的双叶墙体

　　相比之下，有保温隔热层和石膏板隔层的内保温混凝土墙体（图 2.99c）通常不能满足保温隔热要求，因为水汽过多地凝结在较冷的内表面上且不能正常干燥。这种情况下，在保温隔热层内侧，即在保温隔热层和石膏板隔层之间设置一道防潮隔离层（如铝箔）是必要的。在采用较厚的外叶墙板时，这样的防潮隔离层也可能是必须的。

　　水汽扩散也可通过采用有通风空腔的外墙板进行改善，即在外叶墙板和保温隔热层之间设置空气层（图 2.99e），取代夹心墙。空气层至少需要 4cm 的厚度，能让水汽扩散到外部大气中。这种施工形式允许使用更高密度的外叶墙板，如瓷砖甚至金属板。

　　由于生产制作要求的原因，如果要求与保温隔热层（如矿物纤维保温隔热材料）相邻处设置隔离层，这时就只能将其布置在保温隔热层温度较高的一侧。当然，是否需要采用更贵的矿物纤维保温隔热材料作为保温隔热层毕竟是另一个问题。聚苯乙烯是一种更廉价、易于加工制作且不受水影响，但可燃的材料。因此，窗四周要求采用不燃材料以防止火势蔓延。作为一般原则，预制构件边缘必须采用不燃的保温隔热材料或防火构造细节来处理。

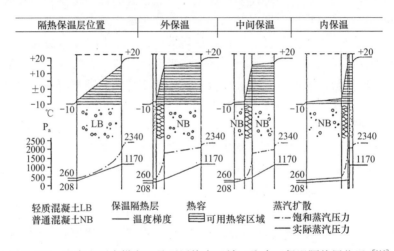

图 2.100　温度和压力梯度以及可用热容区域（取决于保温隔热层位置）[116]

　　混凝土外墙板的声学性能基本上是由窗控制，而非预制混凝土构件本身。这部分内容在此不再展开介绍。

2.4.2　外墙板设计

　　除了实现建筑物理功能外，外墙板必须为窗提供外框。图 2.101 展示的是外墙板窗和连接接缝分割的基本形式。简约的水平条形外墙板可以采取不同方式变换组合（图 2.101左侧）。带窗孔外墙板是大型墙板施工的典型形式。然而，在德国很少遇见承载外墙板延伸至建筑物全高度，但在美国却正好相反，这表明德国建筑师还没有充分探索采用这种类型外墙板的可能性（图 2.102）。

　　外墙板可支承在楼板边缘，或以 L 形承载墙板的形式自身跨越支承在柱与柱之间，同时支承楼板，或以带内牛腿的承载墙体形式构成外墙板的承载结构。图 2.103（a）展示的外墙板为有窗竖框但无节点交叉的水平条形板。图中连续的承载柱同时也兼作为外墙设计元素，窗间墙板以承载 L 形梁的形式跨越支承于柱之间，该构件在预制工厂中加工制作时

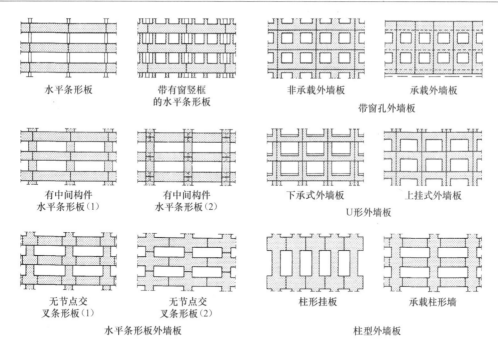

水平条形板　　带有窗竖框　　非承载外墙板　　承载外墙板
　　　　　的水平条形板　　　　带窗孔外墙板

有中间构件　　有中间构件　　下承式外墙板　　上挂式外墙板
水平条形板（1）水平条形板（2）　　　　U形外墙板

无节点交　　无节点交　　柱形挂板　　承载柱形墙
叉条形板（1）叉条形板（2）
　水平条形板外墙板　　　　　　柱型外墙板

图 2.101　依据窗和连接接缝的外墙板拆分

将

图 2.102　承载外墙板[119]

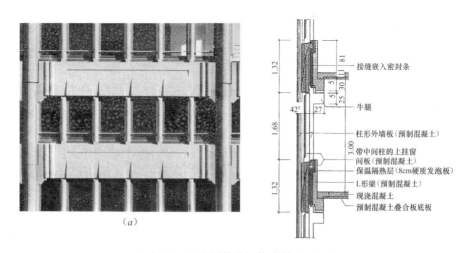

（a）

图 2.103　不同外墙板构成做法（一）

（a）斯图加特，旭普林大厦（建筑师：布姆）

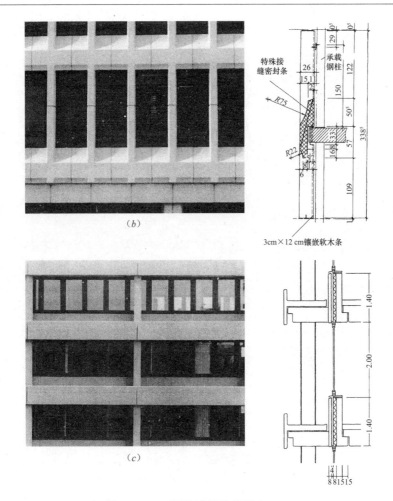

图 2.103 不同外墙板构成做法（二）

（b）圣加仑，出版署办公楼（建筑师：Danzeisen/Voser/Foore）；

（c）慕尼黑，地伟达（DYWIDAG）办公楼（建筑师：贝格和施塔尔梅克）

保温隔热层同步附着安装。窗间墙板的外叶墙板在后续施工工序中安装（也参见图 2.116，图 2.125）。图 2.103（b）中的外墙板同样没有出现节点交叉条形板。图 2.103（c）展示的是包含有火灾逃生阳台的水平条形板外墙板。

在美国，延伸至建筑全高度的承载外墙板在高度达到 3 层的建筑中特别流行，同样，在多层建筑中也普遍采用宽度较大且单层层高的承载板。在大多数情况下，仅用于符合脱模、运输和吊装所需的钢筋即可足够满足结构承载的目的。预制构件生产、运输、吊装方面的限制条件将多层墙板高度局限在约 12～14m 之间。美国已经采用承载外墙板建造了高达 20 层的建筑[119]。

芝加哥一幢 12 层的医院建筑采用 2 个楼层层高的承载外墙板，为防止出现连续的水平接缝，相邻墙板之间上下错开一个层高的高度。当外墙板还能提供建筑稳定性功能且其加强肋与建筑设计概念相吻合时，采用承载外墙板就特别经济。因为承载外墙板的保温隔热层需要附着在板的内侧面，所以这也带来了相关缺点。

将承载结构布置在建筑外围护结构的保温隔热层以内总是更为合理的（见图 2.104 和

参考文献［120］）。设计人员应牢记：窗必须安置在承载结构上，或者夹心墙板中的承载内叶墙板上，而不能安置在承受变形影响的外叶板上。只有采用带窗孔的外墙板时，才能把窗安置在外叶板上。对于窗四周的防水密封和避免热桥效应的问题必须给予应有的重视。

一个仍被严重忽略的领域是有关气候适应性能和老化性能的预制混凝土外墙板设计问题。过去，由此造成的不少事故给预制混凝土施工带来不佳的名声。这当然可归因于德国建筑设计师与他们的美国同行相比，对于混凝土外墙板施工接受程度较低。这导致大量的设计选择方案未被采纳，因此也未能包含在大学课程中。显而易见的是，对于石材外墙板，我们不能防止外部气候对其表面产生影响。而气候因素对预制混凝土外墙板的影响与石材或砖砌体建筑类似。

然而在小尺寸类型的砖块或石块上，灰尘和污垢堆积的可见性通常要低于更大块且表面平滑的混凝土外墙板[119]。

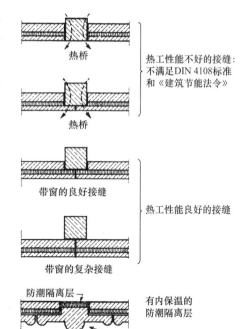

图 2.104　夹心墙板：保温隔热层在柱处的位置

因此，目标应该获得"高贵的老化"———一种中世纪建造大师的技巧———通过选择合适的外墙板结构、外墙板拆分和细节设计来实现。尘土覆面是难以避免的，而经常性的清洗又价格不菲。所以，我们应该把获得均匀尘土覆面作为目标，有可能并希望成为外墙板的结构使用底线。其次我们要谈到铜绿现象。为获得这一目标，我们必须考虑到外墙板潜在的水流排出走向（图 2.105）[121]。水流几乎总是导致令人不悦的尘土覆面产生的唯一原因。因此，必须利用表面结构构造对水流进行疏导或者"掩饰"。混凝土表面决不允许水在上面留存，因此，必须始终留有足够的排水坡降以便将水排走。对于建筑物的每个立面，雨水量、雨水速率以及落下角度都是不同的，也随着建筑物的高度变化而变化。因

图 2.105　均匀的尘土覆面仍可以接受；外墙板的结构使用底线或与即有阴影重叠[121]

此，与其他类型结构相同，我们不能期望预制混凝土建筑的各部分可表现出相同的老化程度。

当考虑施工细节构造时，我们必须特别注意有关斜面、凸出部位、滴水槽、女儿墙、屋檐和滴水瓦，还有表层纹理和颜色，窗开口和接缝设计。

图 2.106　窗檐上口的
滴水槽细节

尤其要对玻璃进行保护，以免被混凝土表面流下的水污染，随后带来的氢氧化物（高 pH 值碱性物质）在空气中会刻蚀玻璃表面。依据图 2.106 的滴水槽必须设置在外叶墙板内的水平或缓斜坡窗檐上口部位。有足够粗糙表面纹理的外墙板和深嵌入外墙板结构中的玻璃表面通常表现出均匀的尘土覆面效果。

平屋顶需要通过设置具有最小悬挑尺寸的女儿墙，以防止风把雨水吹过屋顶并流进外墙板。女儿墙的上边缘必须向屋面后方弯下，必须设置一个金属薄板顶盖且至少伸出外墙板 15mm 以形成一个滴水槽。金属薄板顶盖接缝应始终与女儿墙构件上的真假接缝保持位置一致，以免在外墙板上出现难看的条纹。

混凝土构件表面做法和初始外观对于老化性能的影响同样重要。平面混凝土表面刺目且不美观，而且下雨期间很快会产生条痕。尽管露骨料混凝土表面有更多灰尘累积，但是这种外观仍然是可以接受的。骨料颗粒阻断并分散了雨水水流，因此避免了不好看的条状痕迹。外立面表面结构的竖向肋有助于保证雨水水流有序地沿竖向流下，防止无序和侧向漫流。灰尘和污垢累积在构件肋之间的凹槽内，从而突出了带肋结构（图 2.107 ~ 图 2.109）。

所有这些表面设计当然应考虑到生产制作的要求，以保证外墙板的经济性。

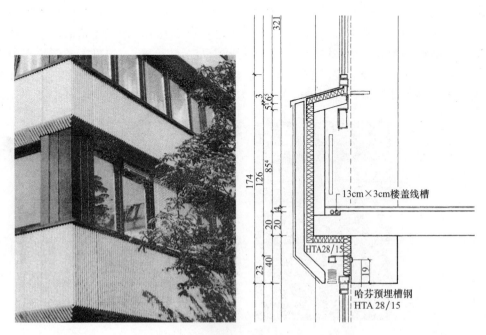

图 2.107　慕尼黑的办公楼（辛特艾格）

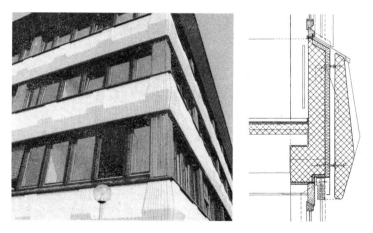

图 2.108 慕尼黑的办公楼（海尔德和弗兰克）

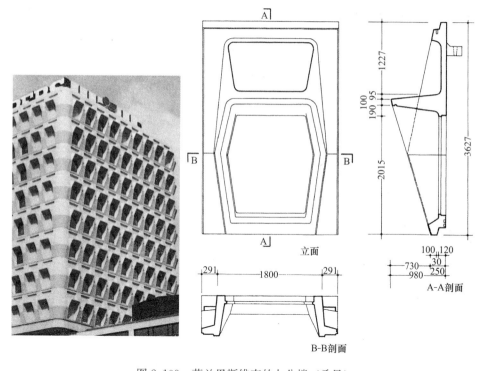

图 2.109 荷兰里斯维克的办公楼（希贝）

　　设计应将最大允许运输尺寸和吊装质量利用到极限。预制构件越小，其数量就越多，相应地，导致加载、卸载和吊装时的操作越多，固定点和接缝越多，成本就会越高。如果建筑要求减小大块外墙板的尺寸，那么对策就是采用假缝设计（图 2.110）。

　　能够做到将外墙板构件从刚性模板中直接脱模，可获得经济化的预制构件生产制作，这意味着所有边缘和开口应有最小斜率为 1：10 的渐变。对于单块构件有多个开口或带肋墙板板块，此渐变最小斜率应增加至 1：5。所有与模具接触的棱角都需要倒角。同样地，从板肋到墙板主体的过渡区应该尽可能圆弧过渡以防止裂缝产生（图 2.111）。

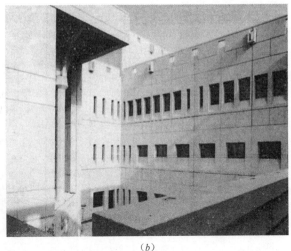

(*a*)   (*b*)

(*c*)

图 2.110　沙特阿拉伯利雅得大学

(*a*) 外墙板吊装；(*b*) 学院建筑；(*c*) 在刚性模具中浇筑外墙板

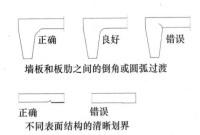

图 2.111　外墙板构件细节

2.4.3　接缝设计

外墙板构件之间的接缝是整个建筑物外围护结构中固有的部分（详见参考文献 [112～125] 以及《FDB手册第 3 册》关于预制混凝土外墙板设计-仅有德文版）。

对于整个墙体的防水性和气密性而言，接缝是最薄弱的连接环节。因此其简洁的设计和施工构造对于生产制作和吊装来说非常关键。接缝的宽度应不仅仅从外观角度来确定，而更应按适合于构件尺寸、生产制作偏差、接缝材料材质以及接缝点的侧面功能情况来设计。

不建议通过减小构件尺寸来降低接缝处的位移。相反，更好的设计方案是尽可能布置更少的接缝，这样当然更加经济，维护成本也会更低。

接缝防水必须满足下列要求 [122]：

• 接缝构造细节必须能够适应由于温度和湿度变化引起的位移，包括可能的下沉，而不会发生破坏。

· 接缝防水必须满足建筑物理关于保温隔热、隔声、湿度控制和防火方面的要求（DIN 4108 标准、DIN 4109 标准、DIN 4102 标准）。

· 接缝必须能够补偿调节生产制作和吊装的偏差。

· 接缝防水必须在不考虑天气的条件下安装。

· 接缝的防水性能必须是持久的。

· 接缝必须满足建筑功能和经济的要求。

对混凝土外墙板可预设由于温度和湿度变化引起的位移量，合计约为 1mm/m 墙宽。

通常将混凝土外墙板接缝的防水做法划分为以下 4 种：

（1）依据 DIN 18540 的弹性密封材料接缝防水（如 Thiokol 型）（图 2.112）

密封材料接缝在确定接缝宽度尺寸时，要考虑到密封材料不能被过度拉伸的事实，即 $\Delta b/b < 25\%$。图 2.112 的表格中列出了供方案设计采用的名义（公称）值和根据 DIN 18540 标准规定已完成结构的接缝宽度最小值。

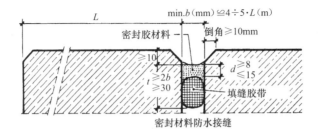

密封材料防水接缝

	+10℃ 条件下接缝宽度 $b^{1)}$ 的名义尺寸（mm）	最小尺寸 b（mm）	密封材料厚度	
			$d^{2)}$（mm）	允许偏差（mm）
≤2	15	10	8	±2
>2，≤3.5	20	15	10	±2
>3.5，≤5	25	20	12	±2
>5，≤6.5	30	25	15	±3
>6.5，≤8	35	30	15	±3

注：1）允许偏差±5mm。
2）表中给出数据对最终条件有效，密封材料的体积收缩必须加以考虑。

图 2.112 依据 DIN 18540 标准表 2 的建筑接缝宽度设计和允许最小接缝宽度建议值

这类接缝几乎适用于任何部位，并且对墙体结构施工无任何特殊要求。但是这类接缝对较大偏差变化很敏感，且只能在特定的室外气温下安装（5℃＜T＜40℃，且墙体边缘保持干燥），例如，其不能适用于中东地区，且其耐久性有条件限制。图 2.113 显示的是夹心墙板之间的接缝。墙板的承载内叶墙板水平缝以水泥砂浆填充。外层密封材料安装在预先塞入的闭孔泡沫矿棉填缝带上。

（2）排水接缝

在此类接缝中，密封功能实际上是靠墙板边缘的形状来实现的。水平方向的接缝功能类似于"门槛"，这个"门槛"足够高，能起到挡住大风雨的止水屏障作用，即阻止风将雨水吹过接缝的较高处。根据 DIN 4108-3 标准关于最高湿度承载强度分组（译注：似为降雨强度）的要求，最小"门槛"高度为 10cm（适用于沿海地区和阿尔卑斯山脉的山脚地区，亦适用于高层建筑），其他所有情况的最小值为 8cm。排水接缝宽度应为 1.0～1.5cm，"门槛"前表面角度应大于 60°，最好为 90°。除此之外，接缝还应防风，可通过在墙板之间填塞矿棉填缝带或砂浆填料来实现。

图 2.114 所示的竖向接缝为压力平衡型（即内外联通式）接缝。PVC 槽预埋嵌入混凝土墙板中，安装过程中插入一块挡板从而形成一个遮雨板。嵌入的预埋槽同时可充当压力平衡空间，雨水能够在此汇集并向下排出，在下一个水平节点处顺利流到外部。根据图 2.114，在通过整个墙体结构的节点接缝和通过承载内叶墙板的节点接缝中，风屏障是必不可少的。

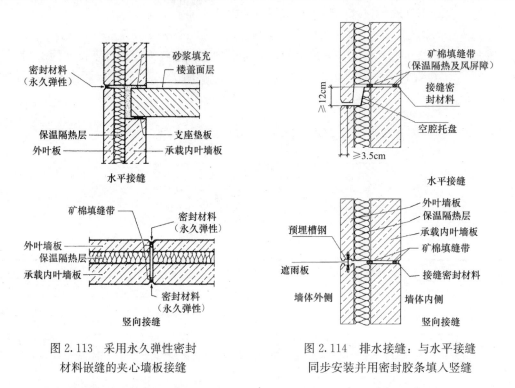

图 2.113　采用永久弹性密封
材料嵌缝的夹心墙板接缝

图 2.114　排水接缝：与水平接缝
同步安装并用密封胶条填入竖缝

上述排水接缝节点通常不受偏差变化以及由于沉降甚至地震造成的不可预见的节点变形影响。

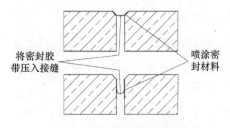

图 2.115　接缝两侧均采用
弹性密封材料粘结密封环嵌缝

这类接缝可在不考虑天气条件下进行安装。当订单数量足够大时，遮雨挡板不仅耐用，而且可以按 RAL 色系中的任意一种颜色供货。图 2.116 非常清晰地展示了一种非常精细的建筑设计方案，即利用构件边缘的半圆形加强截面为遮雨挡板嵌入的凹槽形成空间[126]。

（3）防水密封胶带（图 2.115）

近年来，覆盖着由多硫化物、聚氨酯或硅树脂制成的弹性胶带的接缝防水得到了发展。首先，将与密封胶带材质相同的密封材料喷涂在接缝侧面，随后将密封胶带压进密封材料里，这样能使密封材料形成一个轻微的粘结密封环带。形成粘结密封环带的好处在于，由温度变化导致的接缝侧面变形位移不会使密胶封

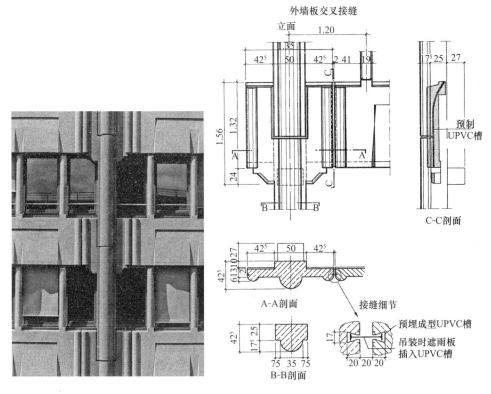

图 2.116　旭普林大厦外墙板交叉接缝的预埋成型槽密封

带或者粘结密封料承受拉力和剪力。当选用的接缝材料与外墙板其他部位的颜色相匹配时，这类接缝也能符合建筑美学上的需求。

（4）采用预压缩密封胶条的防水接缝（DIN 18542：2009）（图 2.117）

这类防水接缝包括：在安装下一块外墙板之前，将浸渍聚氨酯泡沫制成的预压缩密封条粘接在前一块外墙板节点接缝一侧；或之后将其塞入已完成的节点接缝处。随后预压缩压力释放，密封胶条在设计预定的偏差范围内将节点密封。因此预压缩效应非化学作用而是纯物理作用。预压缩压力的释放在温暖天气下较快，而在寒冷条件下相对较慢。

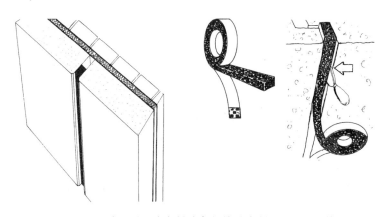

图 2.117　采用预压缩密封胶条的接缝密封（illmod 系统）

2.4.4 外墙板的连接固定件

提到外墙板的连接固定（参考文献［127］和［128］以及《FDB 手册第 4 册：关于预制混凝土外墙板的连接固定方法》——仅有德文版），现对如下两种功能进行区分：

——在夹心墙板或带通风空腔的外墙板内外叶墙板之间连接采用的固定锚件；

——外墙板构件和建筑承载结构之间的连接固定件。

由于采用有缺陷连接固定件的外墙板会对公众造成巨大的风险，因此这两种类型连接固定件所用的材料必须符合很高的技术规定标准（见《FDB 手册第 2 册：关于预制混凝土构件隐蔽钢连接固定锚件的腐蚀保护》——仅有德文版）。外墙板安装后，其大部分隐蔽于结构内的连接固定件都难以进行维护和修理，最好的情况也只能是在耗费大量的人力、物力和财力后，才能实现。

如上所述，建筑外围护的所有构件都直接暴露在气候和温度的变化作用之下。这些就是外墙板连接固定件应满足主要要求的原因，即连接固定件必须由永久性抗腐蚀材料制成，并设计为能够适应由温度变化而产生的结构位移，但不会产生疲劳破坏。

有特殊性能的不锈钢可以强制用于带有保温隔热和防水功能的承载内叶墙板的外侧作为连接固定件。只有钢材级别为 1.4401 和 1.4571 且符合 DIN EN ISO 10088 标准和 DIN EN ISO 3506 标准才能采用（也可参见德国建筑技术研究院认可文件 Z 30.3-6 关于不锈钢制作的固定件和相关零件）。著名制造商的规定型号 V2A 不锈钢不能满足要求，仅 V4A 不锈钢可以满足要求。进行型式检验的连接固定件通常包括关于钢材"在钢筋混凝土结构施工中的锚固性能验证"。当设计和加工不锈钢时，要始终遵守相关许可文件给出的信息，因为这些信息有时会与普通结构钢材有很大的不同。

2.4.4.1 夹心外墙板的固定锚件（Retaining anchors）

固定锚件（译注：夹心墙拉结件）的功能是把夹心墙板的 3 层连接在一起并同时承载出现的所有外力。这些外力是由于墙板的自重（从脱模到吊装的每个位置作用效应不同）、由于温度变化导致的长度变化和变形以及风压及风吸效应所引起的。图 2.118 所示为固定锚件的基本设计布置方案。依据此方案，一个支承式锚件的布置位置应尽量接近墙板的重心，钉子形状固定锚件分散布置在其余区域，可起到定位固定作用并通过其弹性抗弯能力来适应墙板变形。

市场上有很大范围的固定锚件系统可供选用（图 2.119），这些产品通常具有型式检验试验结果。外叶墙板的自重以偏心荷载的方式作用在承载内叶墙板上，对于有通风空腔的外墙板，偏心值随着空腔的宽度（通常为 4cm）而增加。对于特定的固定锚件系统，考虑如下情况非常重要，即当外墙板脱模时，其自重荷载可能以与最终状态成 90°的方向作用在固定锚件上，因此固定锚件可能不得不承担附加粘结应力。某些情况时可能必须采用特殊的固定锚件来解决这种问题。应尽可能避免外叶墙板平面内的偏心荷载。在必须满足由偏差、开洞或施工吊装荷载所引起的非预期偏心荷载时，通常需要设置受扭锚件。固定锚件型式检验试验的风荷载通常基于 DIN 1055-4 标准；新的 2005 年版本中，建筑物角部位置的较高风吸系数需进行设计咨询。当外叶墙板悬挑部分超过承载内叶墙板时，通常需进行特别研究。

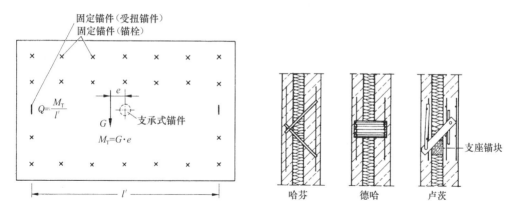

图 2.118　固定锚件布置示意[122]　　　　图 2.119　不同制造商的固定锚件支承锚固原理

均匀的温度变形可以引起固定锚件内产生弯矩，根据 DIN 18515 标准"外墙装饰挂板"，通常情况下应允许±50K 的温度变化值。

在外叶墙板绕过建筑转角部位时，在构件生产制作阶段应该留设一个适当的间隙空腔以允许外叶墙板能够不受约束地变形（图 2.120）。角部较短的外墙装饰挂板，其转动支点在角部，类似间隙空腔则不必设置。

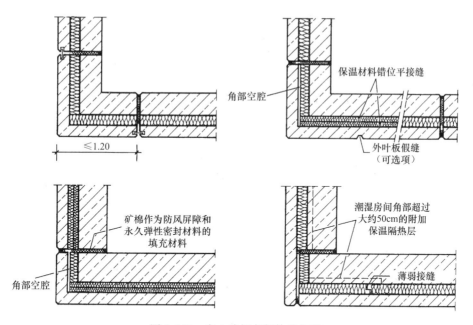

图 2.120　夹心墙板角部构造细节

沿外叶墙板厚度方向存在温度梯度 ΔT，且每天发生若干次，因此引起外叶墙板弯曲变形（图 2.121），以及固定锚件中随之而来的拉力或压力，力值随着外叶墙板厚度的增加而增加。因此，对于更大尺寸的露骨料混凝土成形外墙板，外叶墙板的厚度不应超过 8～10cm。有通风空腔外墙板的温度梯度更大，因为其不能像夹心墙板那样，在保温隔热层前面帮助积累热量。如果不能用一个 4 点固定锚件系统获得最小的约束锚固，那么就需要进行附加计算[129~131]。

外叶墙板的配筋通常由单层最小配筋量构成，但通常还需要在支承式锚件邻近处设置附加钢筋。建议在外墙板周边和窗洞口周围设置附加钢筋以便控制裂缝[122]。在每个窗角

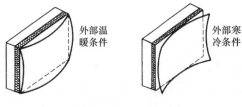

图 2.121 温差 ΔT 作用下的
无约束外叶板变形[122]

使用一根 45°附加斜钢筋来控制裂缝通常不可行，因为 3.5cm 厚的混凝土保护层应视为最小值。固定锚件通常为圆形钢质螺栓，应当尽可能均匀地分布在表面并最好成正方形网格排列。可能有必要沿边缘设置附加固定锚件以便满足脱模要求。但是也应避免使用超过绝对需要数量的固定锚件，因为固定锚件对于热阻性能会起到负面作用[132]。

对于外墙板的生产制作来说，合适的混凝土配合比与低收缩混凝土都是重要的考虑因素。充分养护对于所有超出承载墙板以外的外叶墙板（因为处于双面暴露状态）来说都很重要（见本书第 4.3.1 节）。

表面光滑的外叶墙板应限制其长度在 5～6m，在参考文献［120］中确实也推荐长度 3.5m 的墙板。对于特别结构化形式（译注：表面深度装饰）的外墙表面，构件长度可以更长一些，此时微小的且不易看见的裂缝可以接受或可以通过在预定开裂点处设置假缝方法来处理。与夹心墙板中的外叶墙板相比，在通风空腔前端自由上挂并无约束的外叶墙板能够采用更长的长度且不设缝。

可借助 40mm 厚的专用镶板或安装聚苯乙烯板（约 4 片/m²）形成通风空腔。当具备大批量生产条件时，可采用木条隔离板，即构件脱模后可以再次将其拆除(图 2.122)[127]。参考文献［133］是有关采用填砂方法形成通气空腔的方法。

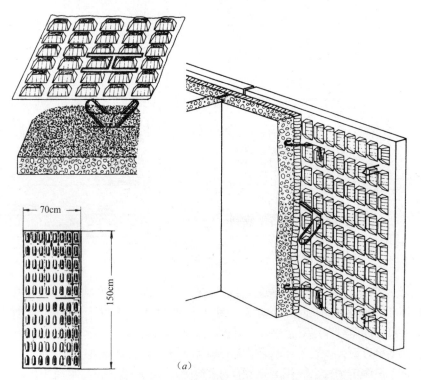

(a)

图 2.122 预制带有通风空腔的外叶墙板（弗雷米达）（一）
(a) 内外叶板之间采用隔离板

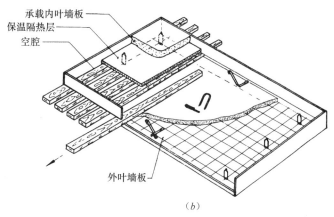

图 2.122 预制带有通风空腔的外叶墙板（弗雷米达）（二）

(b) 采用木条隔离板

2.4.4.2 连接固定外墙板

外墙板中的承载内叶墙板和窗间墙板的连接固定必须按照恒载来设计，还可能包括地震区域的额外荷载以及风压和风吸力。由约束收缩产生的作用力和由外墙板和结构之间无规则相对运动可能产生的摩擦力必须给予特别注意。

外墙板要么由下部支承，要么由上部悬挂（图 2.123、图 2.126）。两种情况下，它们都仅需侧边支承连接固定。偏心支承情况引起的倾覆弯矩必须考虑，如支承在牛腿或"靴梁"上。当外墙板由下部支承时，任何上部外墙板荷载也需要考虑；而当外墙板由上部悬挂时，钢筋设计必须满足至少能承受其自重的要求。不过，无论何时都不能超过混凝土的开裂荷载。

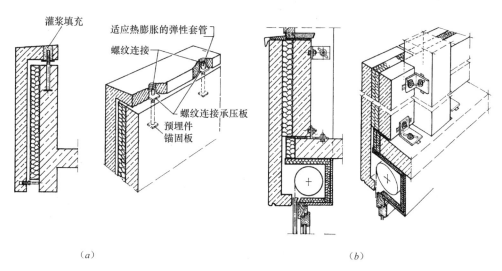

图 2.123 外墙板的连接固定

(a) 外墙板上挂方式；(b) 承载内叶墙板下支承方式

连接固定件必须能够适应最小 $\pm 2.5 cm$ 的安装偏差。连接固定件应该按以下方式设计，即安装阶段只占用起重机很短时间，一旦外墙板从起重机挂钩上松开，可以立刻进行最终的调整和连接固定。吊装专业人员应不需要特别的脚手架，且在构件定位和连接固定阶段也不应暴露在不必要的危险情况下。用于紧固的连接固定件具有足够的腐蚀防护性能是必要的（见《FDB 手册第 2 册：关于预制混凝土构件隐蔽钢连接固定锚件的腐蚀防护》——仅有德文版）。

市场上有多种用于外墙板的连接固定件可供选用。根据其相关参数和承载外力方式，可以将其划分为特定的基本类型。当然每种类型都有其特有的优势和劣势[133]：

（1）采用预埋钢筋连接，外墙板和楼板之间形成整体连接（图 2.124）。

优点：具备较大的偏差调节选择方案，防腐蚀性好，耐火性好，生产制作经济。

缺点：安装时需要临时固定锚固件，因而对总体经济性能有明显的不利影响。

（2）焊接连接固定。

优点：现场施工非常易于调整。

缺点：外墙板不能相对承载结构发生变形，焊缝边缘附近存在可能开裂的风险，在指定时间需要经过培训的焊工到建筑施工现场作业，设计需解决连接固定处具备足够耐火能力的问题，安装阶段占用起重机时间过长。

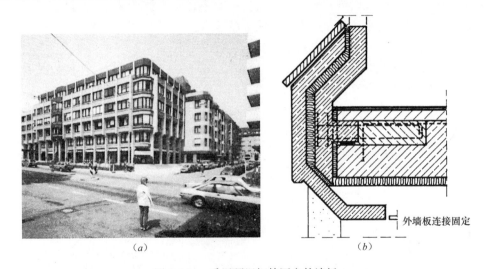

图 2.124　采用预埋钢筋固定外墙板
(a) 斯图加特作为办公室和零售店的建筑（承包商：旭普林）；(b) 预埋钢筋外墙板细节

（3）"靴梁"与牛腿。

连续"靴梁"（图 2.123a）或单个牛腿（图 2.125）。当预期变形位移较大时需具备专门垫片。连接固定主要通过将预埋螺栓穿入"靴梁"、牛腿，随后进行灌浆的方式来实现。塑料套管可有助于获得一定程度的水平变形能力，"靴梁"、牛腿可置于顶部或底部，也可以采用预埋钢构件的形式。

优点：简单快速的连接固定方式，可在没有昂贵起重机的情况下进行后期调整，具有良好的抗腐蚀性，足够的耐火性，可适应有限的偏差，但是当楼面板施工时最初只预留一个螺栓孔，随后螺栓穿过外墙板和楼板预留孔，然后进行现场灌浆的情况下，则上述工作量加倍。

缺点：易于在"靴梁"、牛腿处生成热桥，允许足够变形方面存在一定困难。

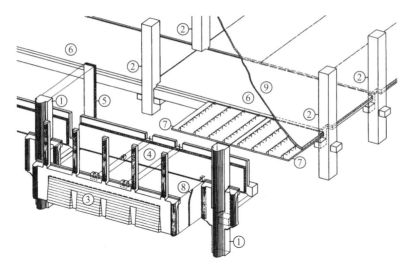

图 2.125 外墙板上挂于分离式牛腿（旭普林大厦）

①—柱式外墙板；②—内柱；③—窗间板外叶；④—带保温隔热层的 L 形梁；⑤—柱的保温隔热层；
⑥—楼盖构件单元倒槽形截面；⑦—预制混凝土叠合板底板；⑧—预成型接缝密封胶条；⑨—现浇混凝土

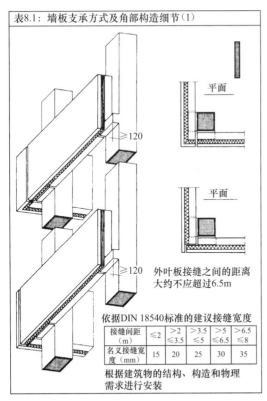

表8.1：墙板支承方式及角部构造细节（1）

外叶板接缝之间的距离大约不应超过6.5m

依据DIN 18540标准的建议接缝宽度

接缝间距（m）	≤2	>2 ≤3.5	>3.5 ≤5	>5 ≤6.5	>6.5 ≤8
名义接缝宽度（mm）	15	20	25	30	35

根据建筑物的结构、构造和物理需求进行安装

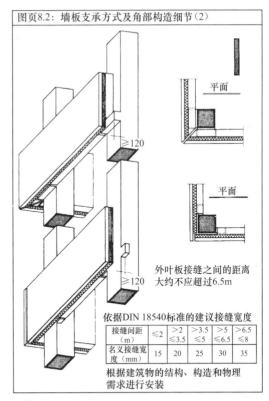

图页8.2：墙板支承方式及角部构造细节（2）

外叶板接缝之间的距离大约不应超过6.5m

依据DIN 18540标准的建议接缝宽度

接缝间距（m）	≤2	>2 ≤3.5	>3.5 ≤5	>5 ≤6.5	>6.5 ≤8
名义接缝宽度（mm）	15	20	25	30	35

根据建筑物的结构、构造和物理需求进行安装

图 2.126 支承于柱牛腿的外墙板（引自 FDB）

（4）上挂式锚固件。

以上连接固定方式都有一个共同的缺点，即在适应收缩及温度变化时很难不引起约束反力。为了克服这个缺点，连接固定件仅被安装在结构有保温隔热防护部位的承载叶板上。对于在通风空腔前部的外叶墙板，只有通过铰接式上挂式锚固连接才能获得零约束支

承（图 2.127）。

优点：热桥效应很小，无凸出牛腿或"靴梁"的平坦外墙板更有利于储存和运输，易于偏差调节，用于带通风孔的上挂外墙板效果更好。可以进行后续工艺螺栓连接紧固，且在空间三个方向上调节。

缺点：采用不锈钢而成为较昂贵的施工构造形式，难以获得足够的耐火性能。

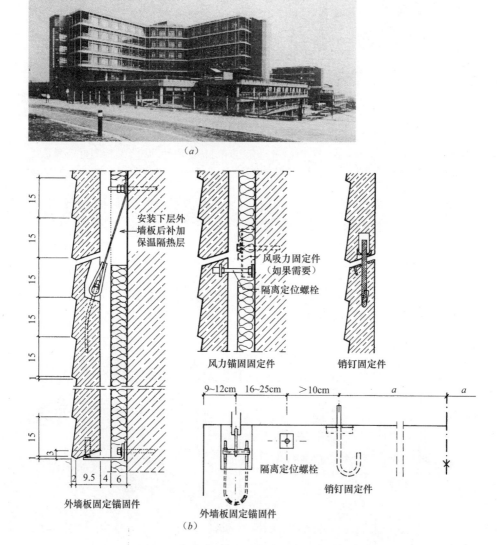

图 2.127　采用上挂锚固件的外墙板固定
(a) 图灵根大学（承包商：旭普林）；(b) 外墙板构造细节

2.4.5　建筑装饰（艺术）外墙板

2.4.5.1　采用预制混凝土构件的装饰外墙板

近年来，采用预制混凝土构件的建筑艺术外墙板已得到了发展与应用。这类艺术外墙板仅在某些情况下赋予其承载构件的功能。大多数情况下，艺术外墙板建筑的建筑学效果占据重要地位。鉴于混凝土这种建筑材料及其工厂化生产制作的优势，如优良的质量品质，艺术外墙板中建筑效果的多样性选择就充分发掘出来了。建筑效果和功能选择体现在如下方面：

——混凝土几乎无限制的可塑性；

——混凝土不同颜色的可能性；

——混凝土的承载能力；

——高强混凝土的高耐候性。

高强度和自密实混凝土的发展为良好的耐久性和优良的表面成型效果提供了条件，这只有与工厂化生产制作相结合才能完美实现。

采用此类建筑艺术外墙板的 3 个最新应用案例在下文中给出。施工构造细节与前述使用限制条件基本一致，因此不再对细节进行探讨。本节内容仅以揭示其主要应用特点为目的。

费诺科学中心，沃尔夫斯堡[136]（图 2.128）

该工程大面积的外墙板由预制混凝土构件建构而成并安装在钢结构框架上。采用预制混凝土构件的主要原因是满足表面建筑效果技术指标的要求。保温隔热层、防潮隔离层及石膏板内衬附加在每一块预制混凝土构件的内侧。批量化生产制作实际上是预制混凝土构件的最大优势之一，但是在这个项目中却与之无关。该项目 39 块预制构件的每一块自重达 10t，且都是独一无二的。

瓦赫宁恩大学，实验楼[137]（图 2.129）

与上述费诺科学中心采用的外墙板不同，该工程建筑的蜂窝型外墙板不但考虑了结构作用，而且设计考虑了为预制混凝土构件工厂化生产制作的要求。标准化的预制混凝土构件赋予建筑物一种独特的外观，并可以通过预埋锚板和钢梁承担楼面荷载。楼面梁进行保

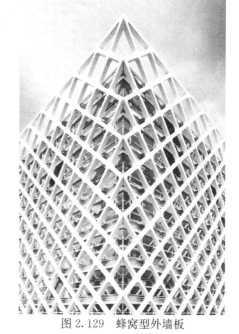

图 2.128 曲折外墙板的吊装

（沃尔夫斯堡，费诺科学中心；建筑师：扎哈·M·哈迪德）

图 2.129 蜂窝型外墙板

（荷兰，瓦赫宁恩大学试验楼；建筑师：拉斐尔·维诺里）

温隔热处理以防止产生热桥效应。除了构件使用的高重复率之外，构件截面从内向外逐渐变小，这样易于在不需拆卸侧模板的情况下从模具中吊出。在 B65 级白色自密实混凝土中掺入二氧化钛以力图产生预制构件的自洁效果，这样可以避免难看的雨水条纹和污染的构件边缘。外墙板伸缩缝设置在建筑角部。

曼海姆-诺伊赫姆斯海姆社区中心[138]（图 2.130）

该社区中心的外墙板由单层预制混凝土构件建构而成。外墙板承担屋面荷载并且预制混凝土构件和"隔热断桥"玻璃幕墙之间的较宽空隙沿建筑周围形成一个带顶盖走道。外墙板和屋面之间的连接接缝进行恰当的保温隔热处理（图 2.130b）。看似随机无规律的外墙板预制混凝土构件实际上只用 2 套基本模具生产制作。外墙板不规则设计布置是通过将一些构件上下颠倒及借用不规则空间来实现的。

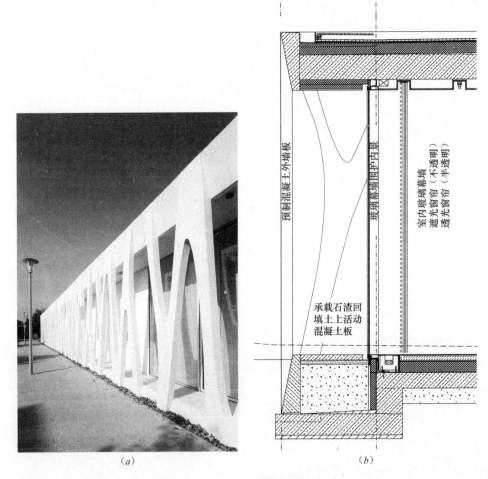

(a)　　　　　　　　　　　　(b)

图 2.130　预制混凝土外墙板

（曼海姆-诺伊赫姆斯海姆社区中心；建筑师：网络建筑师；预制混凝土承包商：海灵建筑）

2.4.5.2　高强与玻璃纤维增强混凝土外墙板

新近有关薄外墙板的开发应用可以划分为以下 2 类：

——超高性能混凝土制作的外墙板；

——织物纤维增强高强度细骨料混凝土制作的外墙板。

实际上，采用超高性能混凝土制成的外墙板应归类为超高性能混凝土（UHPC）板，因为其价值体现不在于高抗压强度，而在于其抵抗环境影响的优越耐久性能。在德国，这种材料还没有被批准作为普遍使用，只能结合单项许可用于特定项目。然而在法国已经完成了大量工程项目：最大面积 4.4m²、厚度仅为 20mm 的外墙板应用在位于奥贝维利埃的罗地亚公司研发中心（图 2.131a）；以及（法国）巴黎独立运输公司（RATP）公交车站外墙板表面装饰面层（图 2.131b），让人联想到乐高（LEGO）艺术砖！后者的外墙板预制构件厚度为 30mm。

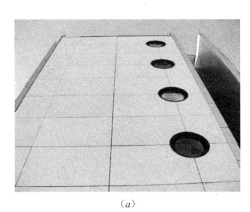 

(a)　　　　　　　　　　　　　　　　　(b)

图 2.131　超高性能混凝土制作的外墙板

(a) 法国奥贝维利埃罗地亚公司研发中心；建筑师：JF Denner；

(b)（法国）巴黎独立运输公司公交车站，法国赛斯；建筑师：ECDM 埃马努尔·康巴德·多来尼克·玛瑞

采用玻璃纤维织物筋和高强度细骨料混凝土的外墙板随着织物纤维增强混凝土（TRC）的产生，逐步从研究开发中进入实际建筑应用。TRC 发展于 20 世纪 90 年代，有关其承载性能和设计原理已经从无到有，这意味着进一步的工程应用现在成为可能。参考文献［139］为纤维增强型外墙板技术应用提供了深入了解的窗口（图 2.134）。

纤维织物是由工程高性能纤维生产制造的，包括耐碱玻璃（AR）纤维，碳纤维或塑料纤维材料。单独的纤维称为纤维丝，其直径范围在 $10\sim 30\mu m$。在生产制造过程中，成百上千的纤维丝粘结集成在一起形成所谓的纤维纺织物。以编织或纺织形式生产制造的工程纤维就是采用这些纤维纺织物制作而成的（图 2.132）。

TRC 的生产制造成本仍然比传统的钢筋混凝土要高，但是从这方面来说，耐碱玻璃纤维代表

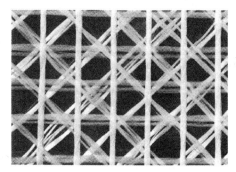

图 2.132　纤维织物编织二维筋[139]

着最为经济的选择方案。考虑到没有配置钢筋因而不需要一定厚度的混凝土保护层来提供防腐保护的事实，TRC 外墙板最主要的优势当然是其很薄的厚度。这种外墙板可加工制作为 15～30mm 厚的墙板，其质量非常轻，因此就相应地节省了连接固定件费用。特别是由于外叶墙板或上挂式外墙板较大的偏心作用，以及近年来保温隔热层的加厚，给连接固定件系统增加了实质性荷载。

采用最大骨料粒径为 1～2mm 的细骨料混凝土配合比，不但使高品质清水混凝土表面成为可能，而且可以形成锐利边缘部分和复杂建筑轮廓，这就给建筑师提供了巨大的设计自由度。众所周知的传统混凝土能够实现的表面装饰效果和色彩仍然可以继续在 TRC 上使用。对于大型预制混凝土构件和狭窄的连接接缝宽度情形，必须考虑相对较高的混凝土收缩率。

TRC 外墙板可用于夹心预制构件外叶墙板和上挂式外墙板。这两种类型都已经获得单项批准并应用于 RWTH 亚琛工业大学的建筑中（图 2.133）。

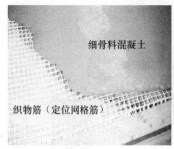

图 2.133　夹心墙构件（浇筑混凝土过程和成品预制构件)[139]

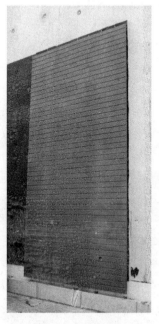

图 2.134　采用毕图舍尔（betoShell®）制作的外墙板（海灵建筑)[139]

TRC 外墙板用于上挂式外墙板并已获得国家技术许可[140]。其中一个关键因素当然是这些非常薄的混凝土构件的连接固定件——墙板仅有 20mm 厚！采用了专门的预埋式锚固连接固定件[141]。这类外墙板能以极高精度进行加工制作，且最大尺寸可达 120cm×60cm，而仅需很窄的连接接缝，其宽度约为 3mm。

参考文献［142］描述了织物纤维增强外墙板的一个独特应用案例。与传统的预制构件批量化生产不同，德国腓特烈港（Friedrichshafen）集会场所的外形设计为模仿一块鹅卵石（图 2.135）。相应地，共生产制作了 124 个不同深浅的煤黑色预制构件，最大尺寸达 4.0m×5.30m，墙叶板厚度为 25mm。一个原尺寸的泡沫塑料模型作为其生产模具。这些部件的制造和安装均依据单项许可，以预埋钢埋件的方式与钢结构框架连接。

以上案例展现了对于新型混凝土和组合材料的

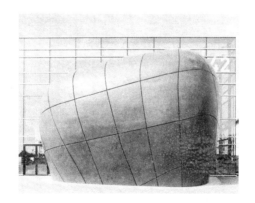

图 2.135 卵石状集会场所的正视图

（承包商：施密特，巴尔特灵恩，鲁道夫，维勒-斯米尔博格）

研究，因此带来了外墙板结构施工领域崭新的发展前景，即对钢-玻璃幕墙替换选择的新变革。大量涌现的建筑艺术可选方案，为建筑师们持续设计新型混凝土外墙板提供了广阔的创造性机会。

2.5 预制连接设计

预制连接设计非常有必要，目的在于将独立的楼板构件单元、梁、柱、墙或外墙板能够组合起来以形成荷载承力结构。完成预制连接设计时，考虑生产制作和吊装的需求以及结构和施工方面的需求都是同样至关重要的。除了建筑艺术和建筑物理要求之外，所有的预制连接设计也必须考虑到建筑服务设施的布置线路。在框架结构体系中（图 2.137），梁与内柱的连接以及梁与边柱连接节点细节共同出现，因此结构布置中梁可能与外墙板平行或成 90°。对于外墙板本身来说，也有必要划分与内角柱和外角柱的连接节点（图 2.136）。

预制构件连接对整个框架体系可能产生显著影响，特别是当内部装修模数轴线网格与结构模数轴线网格不一致时，或当有维护设施或外墙板前面有火灾逃生阳台时（图 2.138）。上述预制构件连接必须针对标准楼层、抬高的地面首层、屋盖顶层进行设计。关于采用预制混凝土构件建造的建筑和单层厂房的特定内部装修构造细节，可参见参考文献［8］。

通常只有通过团队合作才有可能对各种各样限制条件考虑周全，才能获得具有优化指标的优化设计方案。这类在建筑师、结构工程师、建筑服务设施咨询顾问、预制混凝土制造商、运输和吊装承包商之间的合作应尽早展开进行。

以下将给出一些预制混凝土构件连接方式的实例，其中一些在参考文献［6］中也可见到（见图 2.148）。如图 2.139 给出了梁与内柱通过仅两侧设置牛腿的连接方式以及不同的梁截面类型。

由于下承式梁几乎完全按静定支承条件的单跨构件设计，相应地，此类梁需要较宽的受压区。采用倒置槽形截面梁可以提供这种优势。倒置槽形截面梁的另一个优势是其腹板可以跨过柱的两侧伸出，因此可以为建筑服务设施管线提供空间区域（见图 2.141）。此外，倒置槽形截面梁也能够不借助于柱牛腿而从端部柱的三个侧面悬挑出去（见图 2.147）。对于外侧带牛腿的多层柱，倒置槽形截面梁的端部腹板跨过柱两侧时，梁构件

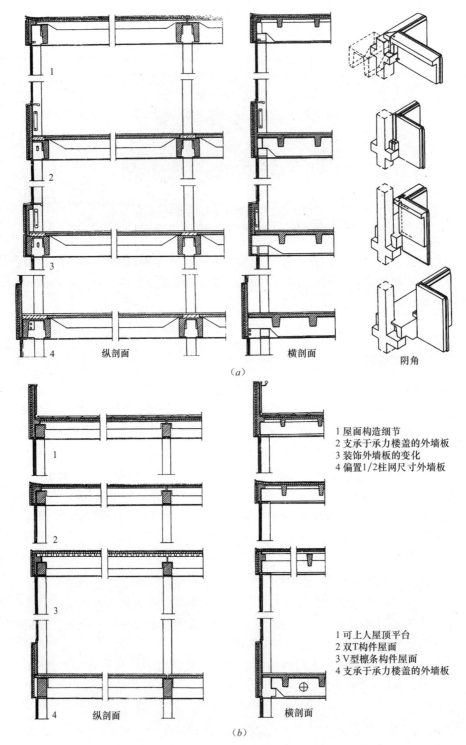

1 屋面构造细节
2 支承于承力楼盖的外墙板
3 装饰外墙板的变化
4 偏置1/2柱网尺寸外墙板

1 可上人屋顶平台
2 双T构件屋面
3 V型檩条构件屋面
4 支承于承力楼盖的外墙板

图 2.136　摘录自工业化建筑系统目录（旭普林 6M 体系）[97]

(a) 倒槽形截面梁承力楼盖结构布置；(b) 矩形截面梁承力楼盖结构布置

吊装不能从上部落下就位（横梁保持水平落下），因此建议将倒置槽形截面梁的翼缘切掉一部分（图 2.139b、图 2.139d）直至梁可以水平就位放置，但是梁与柱之间应有一个角度，随后梁通过转动就位。如果这种方案不可行，那么将梁以一个倾斜角度（即对角斜拉方法）从上部落下来安装就不可避免了。

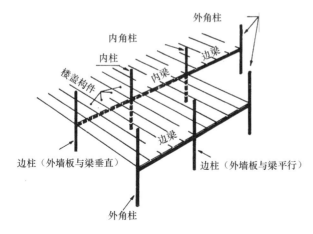

图 2.137 框架体系中的连接节点

图 2.138 设有火灾逃生阳台的建筑物角部构造细节

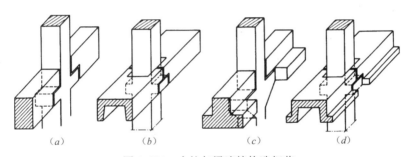

图 2.139 内柱与梁连接构造细节

矩形梁应与楼盖楼板相连接，例如按设计要求，叠合楼盖楼板通过预留搭接钢筋可以形成 T 形截面梁。

对于在梁底下表面之下有密集服务设施管线（如中央空调建筑的通风管道）的楼盖，需要有一个相当大的结构高度。对于这种情况，最经济的解决方案是支承楼板和梁不设置阶形槽（图 2.140a）。然而，对于仅有楼盖楼板下部少量服务设施管线的建筑，通常优先选择在楼盖楼板和梁端设置阶形槽，以尽量减少楼盖结构高度从而减少楼层建筑总高（图 2.140b）。如双 T 形楼盖构件可在其腹板的整个高度内设置阶形槽。此外，双 T 形或倒置槽形截面楼盖构件的端部腹板可设置带角度阶形槽梁端，从而为建筑服务设施管线提供使用空间（图 2.142）。这种情况下，梁内设计钢筋应遵守受力分布以一个角度继续向上延伸，并必须进行相应锚固（见本书第 2.6.2 节）。图 2.143 所示为双 T 形楼盖构件单元与不同形式梁可能的连接方式。

建筑服务设施的开洞尺寸必须满足如下要求：

燃气 5cm

电气 5~7cm

水　　　　　　7.5cm

热力　　　　　15cm

排水　　　　　25～50cm（坡度 1∶50～1∶100）

通风管道　　　0.50～1.50m² （高度 40～60cm）

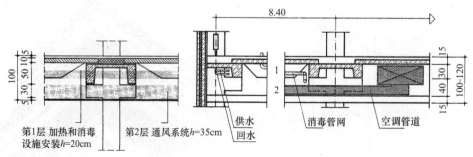

空调系统（新风处理设施）
安装图——按2层布置

(a)

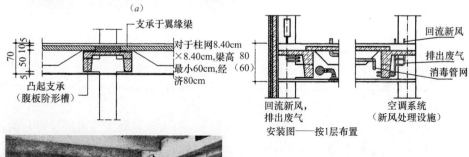

安装图——按1层布置

(b)

图 2.140　楼盖设计和建筑服务设施

(a) 服务设施密集建筑；(b) 服务设施较少建筑

图 2.141　建筑纵向服务设施
的预留空间

图 2.142　适应建筑服务设施
的带角度阶形槽梁端

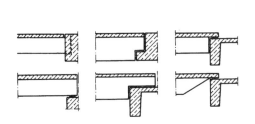

图 2.143　双 T 楼盖构件与不同梁的连接

图 2.144　吊装后双 T 楼盖构件 10cm 厚翼缘钻孔

图 2.145 表示承载构件中或相邻的建筑服务设施布置方案原则。

在与柱相邻的楼盖楼板上开洞（如非标准洞口），可采用钻芯方法在已施工完成的结构骨架上进行（图 2.144）。通常在结构工程师没有书面批准之前，此类钻孔不能进行。在预制工厂加工制作中留置孔洞意味着，楼板或者有时甚至是梁的大批量生产工艺会受到间断。构件生产制作过程中较容易留置并形成这类孔洞，因此对生产制作来说不是问题，但对于生产组织和技术作业来说是一个问题。在总布置图中，这类预制构件只会以不同的数字来标明；孔洞仅在各独立构件设计制作详图中表示。除此之外，有各类不同孔洞的预制构件必须在吊装开始前同时进行生产制作、储存和供货，这就会导致相当大的管理组织投入。

住宅和带有自然通风系统独立办公室的办公建筑内不需要设置天花板吊顶。这种情况下，楼盖楼板的平坦底面很有必要，可通过叠合楼盖楼板和空心楼板来实现。天花板吊灯的连接盒可在预制构件加工制作阶段留置在叠合板底板内，尽管这意味着连接电缆线路必须在混凝土顶部现浇叠合层铺设钢筋时同步铺设。

图 2.146 给出了传统的钢筋混凝土空心板楼盖体系和下承式梁或墙体之间的连接构造方式。空心板的孔洞也能用来铺设建筑服务设施管道，同时在孔洞空腔区域可以进行宽度或直径达 15cm 的钻孔而不需要附加结构加强措施。

图 2.147 给出了不同的外墙板布置以适应供热系统管道布置的实例。

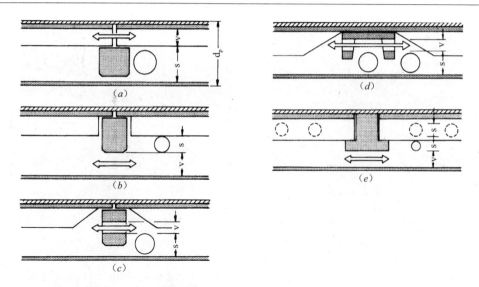

图 2.145　承载构件中或相邻的建筑服务设施布置方案

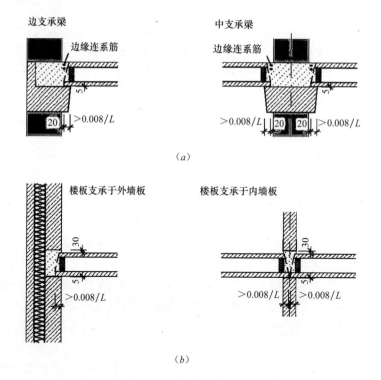

图 2.146　空心楼板的连接构造细节

(*a*) 框架结构；(*b*) 大型墙板结构

　　图 2.149 中给出了旭普林大厦的连接构造详图。在该建筑中，外墙板是结构的组成部分，即柱是承载结构，同时也是装饰预制构件。现浇叠合楼盖楼板由 L 形边梁支承，装饰性外墙板通过其他分离式连接固定工艺上挂在边梁上。采用这种设计方式，建筑物理方面的要求成为外墙板设计的关键因素。窗间墙板内的保温隔热层在预制工厂内就附加安装在每个 L 形边梁的外部，但在柱位置的保温隔热层则布置在柱内侧（并设置合理的防潮隔离

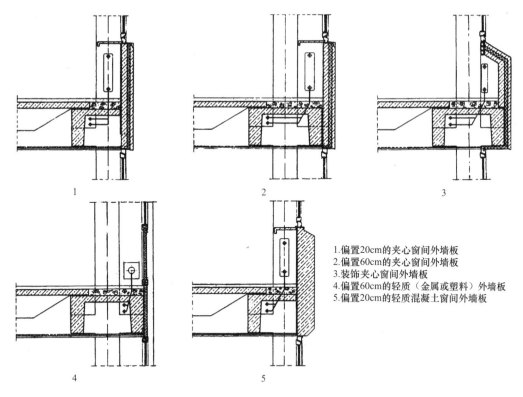

1.偏置20cm的夹心窗间外墙板
2.偏置60cm的夹心窗间外墙板
3.装饰夹心窗间外墙板
4.偏置60cm的轻质（金属或塑料）外墙板
5.偏置20cm的轻质混凝土窗间外墙板

图 2.147 外墙连接的设计图例（旭普林 6M 体系）

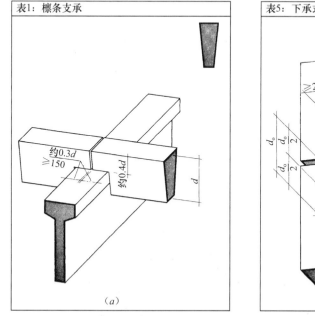

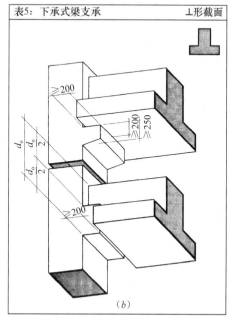

图 2.148 连接节点构造（引自 FDB）（一）

（a）、（b）、（c）、（d）满足结构与施工要求的连接节点构造设计

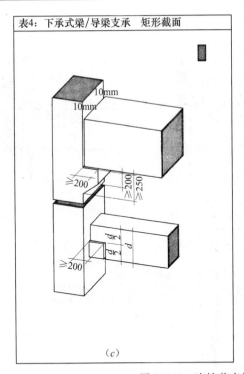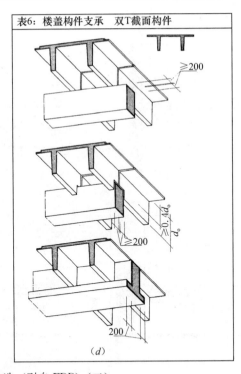

图 2.148　连接节点构造（引自 FDB）（二）

（a）、（b）、（c）、（d）满足结构与施工要求的连接节点构造设计

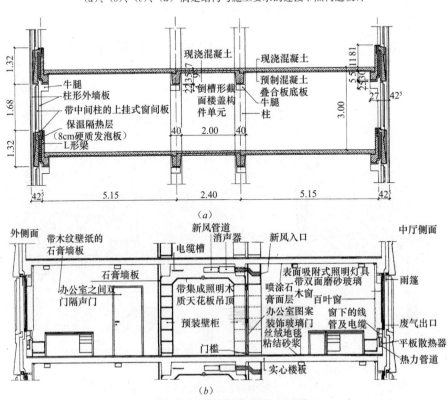

（a）

（b）

图 2.149　旭普林大厦施工原则

（a）结构整体剖面；（b）标准楼层内装与设施细节

层，见图 2.104），之后在现场安装这部分保温隔热层。在这种情况下，柱牛腿处仍有热桥就没有太大问题，因为这是一个面向室内的牛腿，不会像面向室外的"靴梁"那样导致冷肋效应。

该建筑现浇叠合板楼盖楼板支承在中开间跨的倒置槽形截面构件上，倒置槽形截面构件位于走廊上部，并可以为建筑服务设施管道提供使用空间（服务设施管道隐藏在天花板吊顶内）。此建筑办公室内没有天花板吊顶。在预制叠合板底板的工厂制作阶段即嵌入表面安装灯具的连接盒。其他所有电力设施通过窗台下的管道提供安装空间，电源开关与轻质走廊墙在装修阶段合并安装。因连接节点产生的施工构造问题将在本书下一节中进行更为深入的论述。

2.6 现行预制设计专题

2.6.1 组合截面及叠合楼盖

许多情况下，矩形梁与楼板组合从而形成 T 形梁（例如参见图 2.150）。类似情况，为了获得平整的楼面，预应力双 T 板构件一般在顶部设置大约 7cm 厚的混凝土叠合层。

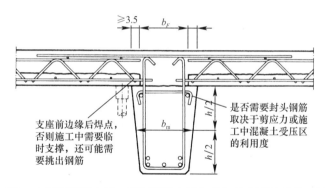

图 2.150 由预制混凝土梁、预制混凝土板和现浇叠合层组成的 T 形梁板

DIN 1045-1：2001 标准[143] 要求对所有施工缝节点，即所谓的剪切节点进行结构验算。这项规定适用于预制混凝土梁与现浇混凝土之间节点，也同样包括楼板构件单元与现浇混凝土叠合层之间的平板节点。但是近年来，标准的多次变化导致了使用中的不确定性[145]。为阐明现行设计要求，下文将对 DIN 1045-1：2001 标准和 DIN 1045-1/A1：2008 标准相关条款进行概述。DIN 1045-1/A1 标准给出的分析方法再次进行了大幅度修改，以使其与 EC 2 中的方法相似。更详细的信息请参见参考文献 [195，197]。

所有对剪切节点验算的方法都是基于三个传递剪力作用承载分量的总和：

——附着力（粘结力）；

——摩擦力（由外部轴向应力引起）；

——钢筋承载力（剪切摩阻理论）。

（也可参见图 3.30）

此外，还有销栓作用、扭折效应（斜对角受拉效应）等承载机制，未包括在本书分析中。

　　节点出现裂缝以前，由粘结力分量起主要作用，而随着裂缝的开展，钢筋才开始承担大部分荷载。因此 DIN 1045-1：2001 标准认为，在任何特定状态下只能假设两种效应中的一种。当作用剪力不超过下式计算值时，可不必设置钢筋：

$$v_{\mathrm{Rd,ct}} = (0.042 \cdot \eta_1 \cdot \beta_{\mathrm{ct}} \cdot f_{\mathrm{ck}}^{1/3} - \mu \cdot \sigma_{\mathrm{Nd}}) \cdot b \tag{2-20}$$

　　这里，只能采用新旧混凝土的实际节点计算接缝宽度（见图 2.151b）。由于混凝土的粘结力通常不足以承担实际剪力，尤其是梁上的剪力，所以必须按下式计算所需钢筋：

$$v_{\mathrm{Rd,ct}} = a_{\mathrm{s}} \cdot f_{\mathrm{yd}}(\cot\theta + \cot\alpha) \cdot \sin\alpha + \mu \cdot \sigma_{\mathrm{Nd}} \cdot b \tag{2-21}$$

　　其中斜压杆的倾斜角应满足下式：

$$1.0 \leqslant \cot\theta \leqslant \frac{1.2\mu - 1.4\sigma_{\mathrm{cd}}/f_{\mathrm{cd}}}{1 - v_{\mathrm{Rd,ct}}/v_{\mathrm{Ed}}} \tag{2-22}$$

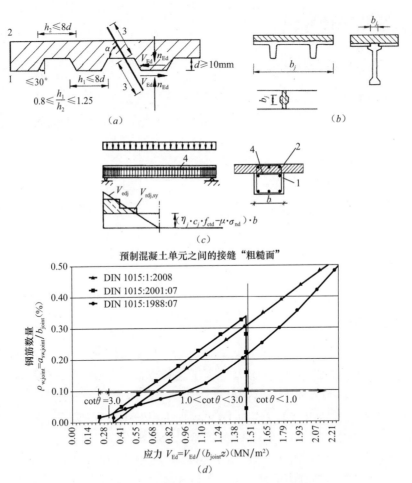

图 2.151　依据 DIN 1045-1 标准受剪接缝设计

1—第一次混凝土浇筑；2—第二次混凝土浇筑；3—钢筋锚固；4—接缝

(a) 含抗剪键（齿形或槽形接缝）；(b) 接缝宽度定义举例；(c) 显示接缝所需配筋的剪力图；(d) 设计结果对比

　　粘结系数、摩擦因数和表面条件应从 DIN 1045-1 标准第 10.3.6 节中选取。为了考虑与节点设计质量相关的复杂情况，尤其是平滑节点的情况，DIN 1045-1 标准限制斜压杆与水平方向的夹角小于 45°。当夹角大于 45°时，该节点不能获得通过，必须修改节点设计。

与 EC 2 类似，当按照 DIN 1045-1/A1：2008 标准[145]设计时，假定所有承载分量同步作用。去除斜压杆角度的限制意味着，现在即使平滑节点也可以通过适当配筋得到实现。

尽管如此，应当指出关于平滑节点的试验结果是为数不多的（极平滑节点的更少），也就是说对此种节点应给予适当的关注[146]。

作用于混凝土面层与预制混凝土构件之间的剪力设计值由下式计算：

$$v_{Ed} = \frac{F_{cdj}}{F_{cd}} \cdot \frac{V_{Ed}}{z} \qquad (2-23)$$

式中　　V_{Ed}——剪力设计值；

$F_{cd} = M_{Ed}/z$——所考虑的翼缘截面纵向内力；

　　　　F_{cdj}——附加截面纵向力分量；

　　　　z——内力臂。

允许剪力设计值按下式计算：

$$v_{Rdj} = [\eta_1 \cdot c_j \cdot f_{ctd} - \mu \cdot \sigma_{Nd}] \cdot b + v_{Rdj,sy} \leqslant v_{Rdj,max} \qquad (2-24)$$

允容许剪力设计值由以下部分组成：

——粘结力 $\eta_1 \cdot c_j \cdot f_{ctd}$，其中 c_j 可由表 2.8 查得，混凝土抗拉强度设计值 $f_{ctd} = f_{ctk,0.05}/\gamma_c$，其中对于素混凝土，$\gamma_c = 1.8$；当节点受拉或者受动荷载时，可不考虑粘结力。

——摩擦力 $\mu \cdot \sigma_{Nd}$，其中摩擦系数 μ 可由表 2.8 查得，σ_{Nd} 是作用于受剪接缝处的轴向应力（受压为负值），仅当 $\sigma_{Nd} \leqslant 0.6 f_{cd}$ 时采用。

——由所谓的剪力摩阻理论得到的配筋（也可参见图 3.30）。

该理论假设节点开裂，各混凝土部分产生相对位移时，由于节点的粗糙不平使穿过节点的钢筋受拉，这导致接缝处的压应力增加。所以，原则上钢筋发挥与在接缝表面垂直施加外部压应力时相同的作用。由于此处钢筋的销钉作用对这种节点的抗剪承载力贡献相对很小，因此不予考虑。

依据 DIN 1045-1/A1 标准剪切节点设计系数　　　　　　　　　　　　表 2.8

项目	依据 10.3.6 (1) 节点表面特性	柱	1	2	3
			c_j	μ	v
1	抗剪键（键槽）		0.50	0.9	0.70
2	粗糙面		0.40	0.7	0.50
3	光滑面		0.20	0.6	0.20
4	极光滑面		0.00	0.5	0.00

$$v_{rdj,sy} = (1.2 \cdot \mu \cdot \sin\alpha + \cos\alpha) \cdot a_s \cdot f_{yd} \qquad (2-25)$$

式中　　α——穿过节点的钢筋角度。

为避免斜向短柱破坏，允许剪应力上限值由下式计算：

$$v_{Rdj,max} = 0.5 \cdot v \cdot f_{cd} \cdot b \qquad (2-26)$$

不过，允许剪应力上限值也必须视节点的粗糙程度而定，因为另一方面对所有节点，不论有多么光滑，只要配置足够的钢筋，都可以被加载至剪力有效值。

根据 DIN 1045-1/A1 标准第 10.3.6 节，剪切节点按接触面的粗糙程度被划分为如下几类：

- 极光滑面——预制混凝土接触面由钢模或光滑木模浇制。
- 光滑面——采用抹平法或者滑模、挤压成型制作的表面。
- 粗糙面——浇筑混凝土后用耙子做拉毛处理（凹凸 3mm，间隔约 40mm），或暴露骨料，或采用其他方法获得足够的承载性能；也可参见《DAfStb 手册 525》[147]（仅有德文版）对表面粗糙度的定义。
- 抗剪键（键槽）——必须采用图 2.151a 所示的形式，或采用骨料粒径 $d_s \geqslant 16$mm 且暴露出至少 6mm 的深度。

当浇筑混凝土面层或者后浇节点时，接触面必须避免水泥浮浆、木屑、冰和油，也应避免表面干燥。现浇混凝土的稠度应为柔软或有流动性，并必须仔细压实。表 2.8 列出了粘结力系数、粗糙度系数和短柱破坏系数。

图 2.151（d）对比了所需剪切钢筋数量和最大允许剪力之间的关系。

原则上，通过设置抗剪连系筋形式的钢筋可以实现保证组合性能的抗剪连接。不过，举个例子，专用格构梁通常被用于平面型抗剪接缝，由于其特殊性能，需要具备国家技术许可（也可参见本书 2.3 节）。

当设计用作加强组合性能和抗剪能力的格构梁时，要考虑到此情况下不超过以下剪力值非常重要：

$$V_{Ed} < 0.30 \cdot V_{Rd,max} \tag{2-27}$$

对于更大的荷载，应提供至少承担 50% 剪力的抗剪连系钢筋。

格构梁（译注：用于叠合板桁架筋）本身可以发挥保证组合性能的增强作用。所以，受剪缝和格构梁上弦之间至少应留有 2cm 间距。

2.6.2   预制牛腿和阶形梁端

位于柱上或墙上与阶形梁端相连的牛腿，代表着目前预制混凝土框架结构中最常见的节点形式。

柱牛腿所受剪力通过一个斜向立柱体直接向下传递到柱上，通常按照图 2.152 所示的对角撑模型进行设计。

与受弯梁相比，牛腿表现为一个极短悬挑梁的特殊状态。试验研究[156]已经揭示，与受弯梁相比，牛腿有可能承受高很多的荷载。其原理是对角撑直接传向牛腿根部被牢固约束的支承构件。具有标准外形尺寸和合理配筋的牛腿，破坏时首先在牛腿和上部柱间的内转角处开裂，然后与下部柱相连的支撑区面积将逐步减少，直至完全破坏。

DIN 1045-1 标准的 2001 年版序言已经明确，可采用线性构件模型进行设计。图 2.153 给出了对角撑力学模型及其设计步骤。参考文献 [194] 和 [195] 中有算例。

欲对此模型进行归纳和简化，必须保证设计结果的安全性。实际上，参考文献 [156] 的研究表明，牛腿底部转角受压区的减小程度比采用此模型所预测的高出很多。因此，根据图 2.153 进行设计时，尤其对于宽矮型牛腿，受荷载较大的情况下（图 2.155），需要提高所需的受拉钢筋数量。施坦勒[158]的试验表明，由于破坏时受压区面积减少，牛腿内部出现一个长度为 $0.95d$ 的杠杆臂。因此，为使设计足够准确，可假设一个长度为 $z = 0.85d$ 的内部杠杆臂，采用以下公式对上部受拉区进行设计：

$$T_1 \cong \frac{a_c}{0.85 \cdot d} \cdot F + H > 0.5 \cdot F$$

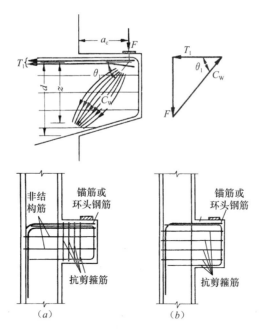

图 2.152 牛腿的传力流、对角斜撑模型和典型配筋

(a) $a_c/d > 0.3$；(b) $a_c/d \leqslant 0.3$

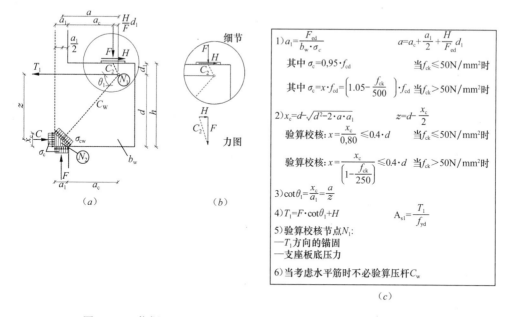

1) $a_1 = \dfrac{F_{ed}}{b_w \cdot \sigma_c}$ $a = a_c + \dfrac{a_1}{2} + \dfrac{H}{F_{ed}} d_1$

其中 $\sigma_c = 0.95 \cdot f_{cd}$ 当 $f_{ck} \leqslant 50 \text{N/mm}^2$ 时

其中 $\sigma_c = x \cdot f_{cd} = \left(1.05 - \dfrac{f_{ck}}{500}\right) \cdot f_{cd}$ 当 $f_{ck} > 50 \text{N/mm}^2$ 时

2) $x_c = d - \sqrt{d^2 - 2 \cdot a \cdot a_1}$ $z = d - \dfrac{x_c}{2}$

验算校核 $x = \dfrac{x_c}{0.80} \leqslant 0.4 \cdot d$ 当 $f_{ck} \leqslant 50 \text{N/mm}^2$ 时

验算校核 $x = \dfrac{x_c}{\left(1 - \dfrac{f_{ck}}{250}\right)} \leqslant 0.4 \cdot d$ 当 $f_{ck} > 50 \text{N/mm}^2$ 时

3) $\cot\theta_1 = \dfrac{x_c}{a_1} = \dfrac{a}{z}$

4) $T_1 = F \cdot \cot\theta_1 + H$ $A_{s1} = \dfrac{T_1}{f_{yd}}$

5) 验算校核节点 N_1:
 —T_1 方向的锚固
 —支座板底压力

6) 当考虑水平筋时不必验算压杆 C_w

(c)

图 2.153 依据 DIN 1045-1∶2001 标准采用对角撑模型设计牛腿[194]

如果未采用滑动支座，应认为牛腿结构有一个最小水平力 $H = 0.20F$。

对深梁型牛腿限制其拉力不低于 $0.5F$，实际上代表着限制传力支撑相对于水平面的角度 θ 不超过 60°。对于特高深梁型牛腿，要求主筋不仅配置在牛腿顶面附近。

假设压应力限制为 $\sigma_{cw} \leqslant 1.0 f_{cd}$，参考文献［156］中的对角撑设计按下式确定最小牛腿高度：

$$\min d \geqslant \frac{3.58 \cdot F_{Ed}}{f_{cd} \cdot b_w} \qquad (2\text{-}28)$$

　　此值不依赖 a_c/h 的变化，只要按悬臂梁抗弯设计不需要更大高度，则该值将起控制作用。此限制大概对应于 $a_c/h = 1.1$。

　　当 $a_c/h > 1.1$ 时，可按照图 2.153 进行设计，不过该图中也包括长牛腿，应直接转换为悬臂梁抗弯设计。

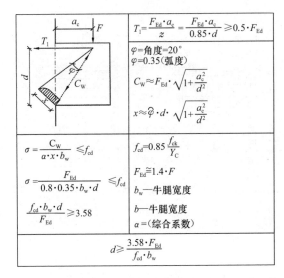

图 2.154　确定最小牛腿高度（根据参考文献［156］）

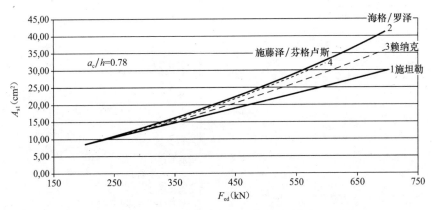

图 2.155　设计方法比较[156,194～196]

　　然而，比准确配筋重要的是一个合理设计、符合工程实际的牛腿详图。设计人员应始终牢记，这个构件的细部尺寸是如此重要，即便很小的误差和偏离都会导致实际设计中边界条件的巨大变化。因此，原则上应该限制材料利用率，钢筋不能太省，仔细执行设计和质量控制工作。其潜在的风险与钢筋或混凝土所能节省的数量是不成比例的。

　　必须考虑以下设计准则：

　　（1）通过确定牛腿高度限制应力大小。

　　（2）通过确定牛腿长度，保证受拉钢筋具有足够的锚固。

（3）将支座尺寸和布筋设计相结合。

（4）钢筋布置详图设计（比例图）。

尤其是抗剪筋必须格外仔细进行设计。原则上，抗剪筋通过抵抗张拉劈裂力阻止内部支撑过早破坏。对于宽矮型牛腿，水平抗剪筋应能提供以下力值：

$$F_{wd} = 0.2 - 0.5 \cdot F \tag{2-29}$$

当牛腿的高厚比增加时，竖向抗剪筋就变得更为关键。图 2.156 显示了钢筋建议数量随牛腿高厚比变化的关系。

牛腿具备良好性能的前提当然是其内部受拉钢筋有足够的锚固能力。为此，对于大直径钢筋最好采用焊接锚板（参看本书第 3.2.1 节）或焊接接头。对于现浇牛腿，为了满足受拉钢筋位置的误差许可，推荐在通常最小混凝土保护层厚度的基础上，再指定一个最大混凝土保护层厚度。

若以水平环头筋形式提供足够的锚固，以下要点很重要（后面将要涉及的梁端部在此情况下应作类似的考虑，且假设支座压力 $\sigma \geqslant 0.2 f_{ck}$）。

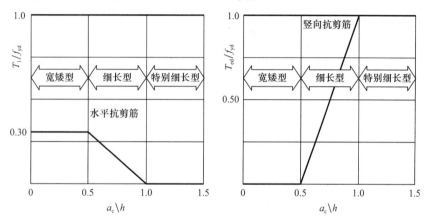

图 2.156　推荐采用的牛腿受剪钢筋（根据参考文献 [195]）

为了使常规情况下与环头筋平面呈 90° 方向的混凝土保护层足够厚，环头筋（也称为发夹状钢筋）应受到支座压力的强力挤压。这时，当钢筋直径 $d_s \leqslant 16mm$ 时，弯钩直径 $d_{br} = 15 d_s$（当采用连续连接型钢筋，即两个弯钩之间有平直段时，弯钩直径取 $d_{br} = 4 d_s$）是可以的（或者当 $d_s \geqslant 20mm$ 时，$d_{br} = 7 d_s$）。

阶形梁端部钢筋（如有必要）应锚固于支座前边缘之后。根据 DIN 1045-1 标准采用以下公式：

$$I_{b,dir} = \frac{2}{3} I_{b,net} = \frac{2}{3} \alpha_a \cdot I_b \cdot \frac{A_{s,erf}}{A_{s,vorh}} \tag{2-30}$$

$\geqslant 6 d_s$，对于连续连接型受剪钢筋（$d_{br} \geqslant 4 d_s$）；

$\geqslant 0.3 \cdot \alpha_a \cdot l_b \geqslant 10 d_s$，对于环头筋（$d_{br} \geqslant 15 d_s$）。

式中，根据 DIN 1045-1 标准，对于连续连接型受剪钢筋（DIN 1045-1 标准表 26），$\alpha_a = 0.7$，对于 $d_{br} = 15 d_s$ 以及满足以下条件的环头筋，$\alpha_a = 0.5$：

$$I_b = \frac{d_s}{4} \cdot \frac{f_{yd}}{f_{bd}} \tag{2-31}$$

通常只有在所配钢筋多于实际需要数量的 2~3 倍时，才可采取最短支座长度 $l_{b,dir} = 6 d_s$。

类似地，在持续的支座压力作用下，柱牛腿中的钢筋必须从支座后边缘一直向前锚固至牛腿端部超过 $l_{b,dir}$ 的距离。

由此导致了图 2.157 中给出的牛腿和阶形梁端部最小尺寸。这里，Δl 尺寸必须考虑梁和柱之间的最大可能误差。对于滑动支座，必须包括可能产生的滑动量。另外，必须保证支座板具备一定柔性，每个接触面上的不平衡力都能被吸收而不会由梁承担。例如，仅位于支座底面（可能是预应力弧形梁）或者仅位于支座顶面。为考虑非恒定支座反力情况，两种环头筋（梁和牛腿）弯钩至少应从支座轴线开始，目的是取相同弯钩直径时，在平面图上可以形成一个整圆（图 2.157）。而且，支座边缘不应超过各自环头筋轴线向内返混凝土保护层厚度 $c_1/2$ 的距离：这一距离不能太大，以保持环头筋受到强力挤压；也不能太小，以使相对的环头筋始终充分重叠。

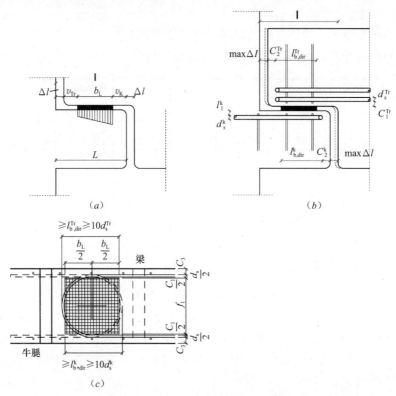

图 2.157   当 $\sigma \geqslant 0.2 f_{ck}$ 时的最小牛腿长度

由此，最小牛腿长度取决于所需支座尺寸 b_L 牛腿或梁各自的端距 v，以及最大允许误差 Δl：

$$l = b_L + v_{Tr} + v_K + \max\Delta l \tag{2-32}$$

式中
$$v_{Tr,K} = \left(\frac{c_1}{2} + \frac{d_s}{2} + c_2\right)_{Tr,K} \tag{2-33}$$

在此情况下，如果锚固长度 $l_{b,dir}$ 不能满足，则必须加大支座尺寸以及牛腿尺寸。有必要指出，钢筋和支座板的施工允许定位误差以及构件尺寸的施工允许误差在实际中往往倾向于处在规定值上下，因此，在充分利用的（小）尺寸上面，应通过质量控制手段严格保证尺寸要求。

同样地，牛腿宽度是所需支座宽度 t_L 加上两端附加宽度 $\left(\dfrac{c_1}{2}+\dfrac{d_s}{2}+c_3\right)$ 的总和：

$$b_w = t_L + c_1 + d_s + 2c_3 \tag{2-34}$$

读者可参考本书第2.6.5节，了解牛腿尺寸为满足防火要求所需的必要信息。

本书第3.1.2节有关于支座的更多做法，本书第3.2.6节讨论了后加牛腿（译注：通过预埋件后安装的牛腿）问题。

关于钢筋优化方面有很多新的进展。特别是双头螺钉的使用已经缓解了钢筋正确锚固的难题。

双头螺钉（图2.158）能使预埋锚固件恰好位于支座下部。为减少锚固长度而引起的偏保守设计不再是必须的，这通常意味着所需的钢筋更少。试验研究已证实牛腿底部的常见破坏是由于受压区面积减少导致，因此其承载能力与传统配筋的牛腿是等同的。已经为一项产品颁发了国家技术许可[148]。

双头螺钉的一个实际优势是，有可能在后期增大牛腿尺寸。这种带螺纹钉也可以降低模具的复杂性，同时提供了一个抗剪键，意味着可认为牛腿和柱之间是一个整体节点。这样，有效结构高度应从柱高范围内最低的一个抗剪键算起。

钢结构工程中常见的支架体系方案最近作为牛腿出现在预制混凝土结构领域(图2.159)。牛腿预埋部分与混凝土面紧密结合，在施工现场与钢支架共同组装成型，形成一个完全隐蔽的暗牛腿。通过节点灌浆保证其防火性能。设计应依据生产厂商的技术规程进行。

图2.158 带双头螺钉的牛腿（哈芬体系）

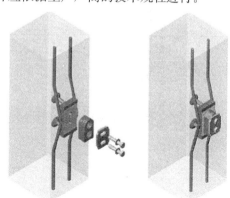

图2.159 钢牛腿（佩克体系）

参考文献［157，158，193～195］中详细说明了阶形梁端（notched beam ends）的设计。根据这些出版物，图2.160给出的2种桁架作用模型可用于设计。应注意保证钢筋具有足够的超过桁架模型节点的锚固量。阶形梁端部的工作性能类似于正弯矩作用下的框架角部节点。这两种情况下，一般都把用于限制未开裂状态下高缺口应力导致的裂缝扩展的斜向钢筋作为控制缺口处内角点常见极早期开裂的最有效手段。经常地，最合适的方法是（从施工角度）采用一种联合桁架作用模型。实际上，对于中等荷载经常选择桁架作用模型 (a)，对于更大的荷载则选择上述两种的联合模型。作者建议向每种模型分配 60% 荷载并按两种结果的总和配筋。

阶形梁端最小厚度可通过限制支柱体来进行估算：

$$\min d_k \geqslant \frac{4 \cdot A_d}{b \cdot f_{cd}} \tag{2-35}$$

然而，控制阶形梁端厚度通常由所需的锚固长度和必要的放置钢筋空间所控制。

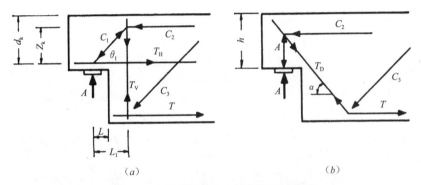

图 2.160　阶形梁端的 2 种桁架作用模型

　　阶形梁端的设计同样以参考文献 [75] 中的桁架作用模型为基础。关于在桁架作用模型 (a) 中是否 $T_v = A$ 即能使支撑处钢筋设计足够的问题，读者可参考文献 [157] 中所述的试验，该试验测量了竖向和斜向悬吊钢筋的钢材应力。

　　所有实施的试验中，吊挂内力都小于支座反力 A（图 2.161）。对此，给出的原因是

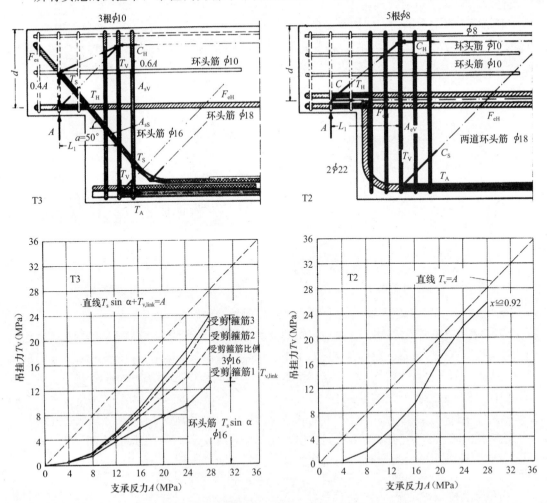

图 2.161　实测吊挂力值（数据引自参考文献 [157]）

图 2.162 所表示的潜在附加拱承载效应。当然，对于桁架作用模型（a）来说，重要的是梁端突出部分的底部承担 T_H 拉力的钢筋不在第一根斜向短柱 C_3 之前截止，而是从与此短柱相交交点处向梁中心锚固。这样的话——试验中已显示——只用支座反力 A 对 T_v 进行设计验算就足够了，不需放大考虑。对 T_H 进行锚固引起的附加横向力将由内部远处的抗剪钢筋承担。对这些抗剪钢筋进行常规的抗剪设计即足够。根据桁架作用模型（b），斜向吊挂力为 $T_D = A/\sin\alpha$。

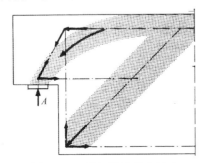

图 2.162 附加拱的承载效应 　　图 2.163 承受重荷载梁端部的钢筋布置

在桁架作用模型（a）中，水平拉力 T_H 按下式计算：

$$T_H = \frac{A \cdot L_1}{z_K} + H \tag{2-36}$$

式中　L_1——支座中心至吊挂钢筋重心之间距离；

$z_k = 0.78 \cdot d_k$。

L_1 和 z_k 的取值应仔细进行估算，因为理论锚固点取决于选定的钢筋布置，同时也必须考虑到生产和装配的误差。

如果选择受剪键或者任何其他类型的能够传递约束力的部件，那么与牛腿类似，水平力 T_H 应随 $H = 0.20 \cdot A$ 同步增大。

当只有受剪连系筋形式的吊挂钢筋时，最好以相对于阶形梁端一个角度来摆放这些钢筋。这种布置形式比竖向抗剪连系筋有很多优势：可以减小梁端部突出部分内力 T_H，对于锚固力 T 可在梁最底端桁架节点处获得更大的锚固长度。

作为参考文献 ［157］梁端部节点研究的后续工作，对图 2.164 所对应的两榀梁进行

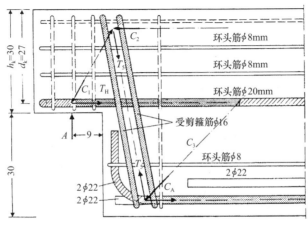

图 2.164 阶形梁端部的受剪箍筋

深入研究，揭示了其在正常状态下和极限荷载下具有良好性能。不过，梁底钢筋端部最好是直线形，锚固时最好提供具有合理搭接长度的附加水平环头筋（与图 2.163 相似）。倾斜的受剪箍筋会比竖向筋稍长，因此在钢筋布置图中必须给出它们自己的编号。也因此可以采用较大直径的钢筋，目的是减少阶形梁端内角点附近所需的受剪箍筋数量。

对梁端部突出部分高度特别小的阶形梁端，尤其是针对组合形式施工，已提出专门的解决办法，即采用预埋钢构件做为梁端头突出部分。图 2.165 给出了一个带这种钢制梁端突出部分支座节点如何设置的实例。承担剪力的吊挂钢筋由受剪箍筋和一个双头螺钉提供，它们将力传向悬臂钢梁，钢梁将荷载传至支座。设计工作根据生产厂商的技术规程和批准文件进行。如图 2.165 所示，钢筋布置情况必须进行详细设计。

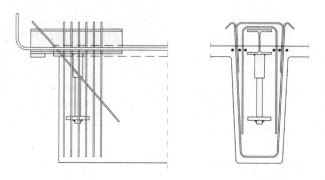

图 2.165　特制钢梁突出端头（费福尔 Pfeifer 体系）

目前，只会偶尔采用带角度的阶形梁。此时重点是选取理论上几乎没有剪应力出现的角度值，这意味着在腹板有角度的部分不再需要抗剪钢筋。当其成为建筑设施通道时（见本书第 2.5 节），这种类型支座节点具有优势；当梁直接承受上部荷载，且荷载不需要从上部经底部的一个连续"靴梁"悬挂传力时，则具有更大的优势。不过从施工的角度看，由于小角度桁架传力的原因，保证拉弯钢筋有极其可靠锚固非常重要。大部分情况下，为保证良好的锚固必须提供预埋锚固板。

连续"靴梁"和独立牛腿常与倒 T 形梁和 L 形边梁结合使用（图 2.166）。对于这类梁，靴脚上的荷载必须吊挂在梁腹板范围内。当两侧都有靴脚且荷载对称分布时（均匀荷载），实际工程中常常配置除受剪所需钢筋以外承担作用于底部全部荷载的吊挂钢筋。

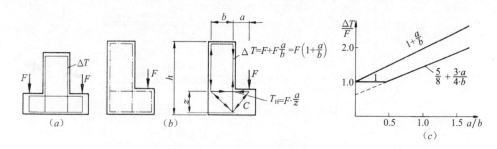

图 2.166　作用于梁底部的荷载

不过除了零剪力点附近，通过桁架作用模型进行全面详尽的分析之后，对于得到的剪力"偏置"放大效应也可以考虑的情形,附加钢筋承担 50% 吊挂荷载即可满足设计要求(见参考文献 [75])。

承担均布荷载的单侧靴脚代表了类似情况。此处,假设有一个附加作用力 ΔT 通常处于良好的安全状态:

$$\Delta T = F\left(1 + \frac{a}{b}\right) \qquad (2\text{-}37)$$

在此情况下,在截面抗剪和抗扭设计时已经考虑部分内力这一事实同样被忽略了。为了简化起见,图 2.166b 忽略了一部分扭矩是由等效空心截面上闭合剪力流形成的一对水平力所抵抗的事实。参考文献 [159] 讨论了这种影响,但是为了简化而假定等效空心截面的形心线同抗剪钢筋中心轴线相同。此处,对于截面抗剪和抗扭设计的附加力 ΔT 按下式确定:

$$\Delta T = F\left(\frac{5}{8} + \frac{3a}{4b}\right) \geqslant F \qquad (2\text{-}38)$$

此值适用于 $z/h \to 0$ 的深 L 形梁的极限状态情况(图 2.166c)。对于其他 z/h 比值,处于偏安全状态。

独立牛腿或靴脚上的集中荷载在处理时应区别对待。这种情况必须考虑荷载作用的宽度,"吊挂钢筋"应分布在有效荷载区域附近。总的悬挂荷载可取为:

$$\Delta T = F\left(1 + \frac{a}{b}\right) \qquad (2\text{-}39)$$

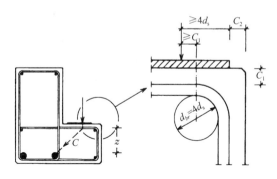

图 2.167　带连续靴脚的边梁(支座压力 $\sigma_k < 0.08 f_{ck}$)

此取值偏于安全。不过,在钢筋分布的有效区域,不必额外计入所考虑荷载的剪力和扭矩分量引起的抗剪钢筋。

对于此类靴脚,认识到通常的钢筋布置与前面给出的阶形梁端设计原则在某些方面不一致很重要(图 2.167)。例如,通常不在支座板下部设置水平环头筋,而是设置竖向连系筋;而且支座板或支座条放置在距离靴梁边缘仅 c_2 的位置上。最大支座压力约 $\sigma_k < 0.08 f_{ck}$ 时是允许的。但必须将支座反力(考虑可能的误差)的合力作用在"靴梁"上部纵向钢筋范围内,以使得连系筋弯折点之前保持有大约 c_1 大小的净距。此外,腹板连系筋的弯折方向与阶形梁端部对吊挂钢筋的要求是不一致的。这意味着"靴梁"中的斜向压力 C 是由腹板底部纵向钢筋承担,相应地,必须确定一个较小的内部杠杆臂 z。对于梁底边缘处重荷载作用的独立牛腿,不可避免地应按照图 2.157 在支座板下部牛腿中配置水平环头筋,以及在腹板内吊挂荷载的附加环头筋。

对于楼板，例如双 T 单元类型楼板，如果在最终状态时边梁内需要避免出现扭矩，楼板必须与边梁按图 2.168 所示进行刚性连接。上部受压接触区通过灌浆实现，下部拉力通过周围被环头筋包围的销钉，或者在重荷载作用下采用将埋入双 T 单元和靴脚内部的预埋件焊接在一起，或者螺纹连接器实现。销钉预埋入靴脚内部，嵌入双 T 单元腹板的波纹管内，波纹管内部在安装完成后灌浆填实。当采用倒置槽形截面楼板单元时，受拉筋可放置在灌浆接缝处，通过螺纹连接器锚入圈梁。

当在梁底部设计靴脚时，有必要考虑梁在施工中必须进行临时支撑的情况，除非已对其进行了抗扭设计。

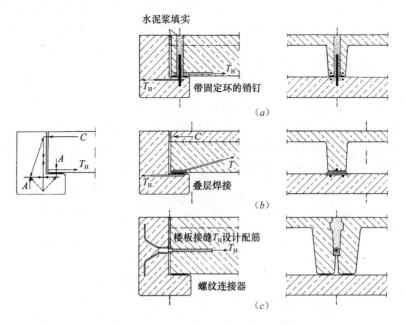

图 2.168　楼板和边梁之间的刚性连接节点

2.6.3　侧向屈曲

预制混凝土结构单层厂房屋盖中广泛使用细长的梁或屋椽构件，侧向屈曲必须进行验算，即验算在脱模、储存、运输、安装，以及结构最终状态下构件受压翼缘的侧向稳定性。参考文献［161］包含了分析侧向屈曲实用方法的详细总结和评价。

基于该文献，表 2.9 列出了对于理想弹性材料，钢筋混凝土或预应力混凝土结构施工中常见的矩形、T 形或 I 形截面这类有一个或两个对称轴及 $I_y \ll I_x$ 情况下侧向屈曲弯矩的基本公式。该表中，荷载作用点均接近于剪力中心。对于细长屋面梁，恒载作用点相对于质心的实际关系或附加荷载作用在上翼缘将造成取值分布在以上公式计算结果的 ±10% 误差范围内。假定以下公式取值 0.4：

$$\frac{G}{E} = \frac{1}{2(1+\mu)}$$

即泊松比取 $\mu = 0.25$，该取值适用于预制混凝土结构施工中通常采用的高质量混凝土。

双坡屋面梁的临界屈曲荷载与同类等高度的梁相比，应予以折减。在简化计算范围内可采用表 2.10 中的折减系数[163]。

理想弹性材料矩形、T 形或 I 形截面具有一个或两个对称轴及 $I_y \ll I_x$ 情况下
叉式支承梁（译注：凹形有侧向约束支承）的侧向屈曲弯矩 表 2.9

$$M_K \approx \frac{k_1}{l} \sqrt{EI_y \cdot GI_T} \approx \frac{k_1 \cdot E}{l} \sqrt{0.4 I_y I_T}$$

荷载类型	最大弯矩 M	k_1	$\xi = \dfrac{k_1}{\pi}$
$M \overset{\curvearrowright}{\triangle} \qquad \overset{\curvearrowleft}{\triangle} M$	M	π	1.00
$\overset{\text{↓↓↓↓↓↓↓↓}}{\triangle \qquad \triangle} q$	$\dfrac{q \cdot l^2}{8}$	3.54	1.12
$\triangle \overset{\downarrow P}{\qquad} \triangle$	$\dfrac{P \cdot l}{4}$	4.23	1.35

确定双坡屋面梁侧向屈曲荷载采用的折减系数 η[163] 表 2.10

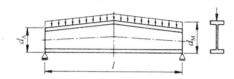

截面类型	不同 d_A/d_M 取值时采用的折减系数 η			
	1	0.75	0.5	0.25
矩形，任意 d/b 取值	$\eta = 1$	0.87	0.74	0.61
I 形截面，双轴对称	$\eta = 1$	0.96	0.82	0.73

吊装屋面梁时，通常吊装带必须与两个中间点连接（见参考文献 [3]）。当吊装悬挑长度增加时，侧向屈曲的风险也随之降低。最好的做法是大致支承在梁 1/4 跨度部位，因为此时侧向屈曲几乎很难发生。但必须记住，吊装带的伸缩性意味着只有折减吊装悬挑长度才有效。

对于钢筋混凝土梁和预应力混凝土梁，如果：

——应力与应变关系呈非线性关系；

——弯曲及扭转刚度取决于外荷载，尤其是处于向开裂状态过渡时；

——梁浇筑制作时存在初始缺陷。

意味着前面所述公式必须与一定安全系数结合使用，通常可取 $\gamma = 4.0 \sim 5.0$。

根据史蒂格拉特（Stiglat）所著文献 [166]，理想弹性材料梁的侧向屈曲荷载 M_k 应

在表 2.9 的基础上按以下公式折减为：

$$M'_\mathrm{k} = \frac{\sigma_\mathrm{T}}{\sigma_\mathrm{k}} \cdot M_\mathrm{k} \cdot \sigma_\mathrm{T} W_0 \tag{2-40}$$

式中　$\sigma_\mathrm{k} = \dfrac{M_\mathrm{k}}{W_0}$；

$\quad\quad W_0$——截面上部受压区的抵抗矩；

$\quad\quad \sigma_\mathrm{k}$——非开裂状态下 M_k 引起的截面上部受压边缘应力；

$\quad\quad \sigma_\mathrm{T}$——与屈曲梁具有相同长细比 λ_v 的理想柱的屈曲应力。

λ_v 为相对长细比，按下式计算：

$$\lambda_\mathrm{v} = \pi \cdot \sqrt{\frac{E_\mathrm{b}}{\sigma_\mathrm{k}}}$$

式中　E_b——DIN 1045∶1988 标准中的混凝土弹性模量特性值。

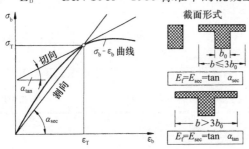

图 2.169　史蒂格拉特（Stiglat）侧向屈曲分析[166]：
对多种截面形式采用切线弹性模量 E_f 的方法

而实际工程中，由混凝土应力应变曲线可看出，弹性模量是与外荷载相关的。根据参考文献［167］所给出的实测数据，基于该实例所取得的切线模量绘出 σ_T 应力曲线（图 2.169、图 2.170）。通过同时期开展的大比例缩尺钢筋混凝土及预应力混凝土梁试验[179]，史蒂格拉特（Stiglat）证实了他的简化方法具有足够的准确性，所以，考虑取总体安全系数 $\gamma = 2.0$ 即足够富余[181]。

库尼西和保利（König 和 Pauli）[179]通过其所做的大比例缩尺试验总结出一种计算方法，在参考文献［180］中进行了详述。由于大部分计算机设计程序皆起始于该方法，故在下文中解释其主要概念。

下文中的方法证实了变形体可能的平衡状态。在此过程中，计算时采用初始变形 v_0 两倍的数值用来简化代替徐变变形。

（1）极限状态考虑：梁可能发生的扭转被绕截面弱轴所提供的弯矩限制。

$$\vartheta_\mathrm{Biegung} = \vartheta_\mathrm{ges} - \vartheta_0$$

$$\vartheta_\mathrm{Biegung} = \frac{M_{z,\mathrm{Rd}}}{M_{y,\mathrm{Sd}}} - \vartheta_0 \tag{2-41}$$

（2）极限状态考虑：梁可能发生的扭转被不考虑钢筋时所提供的最大扭矩限制，该扭矩同开裂弯矩一致。

$$\vartheta_\mathrm{Torsion} = \int_0^1 \frac{M_\mathrm{T}(X) \cdot \overline{M}_\mathrm{T}(X)}{GI_\mathrm{T}(X)} \mathrm{d}x \tag{2-42}$$

式中

$$\max M_\mathrm{T} = M_\mathrm{T,Riss} = f_\mathrm{ctm} \cdot W_\mathrm{T}$$

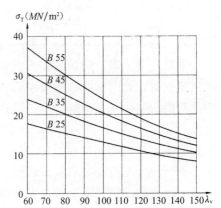

图 2.170　史蒂格拉特（Stiglat）侧向屈曲分析[166]：τ_T 和 λ_v 值

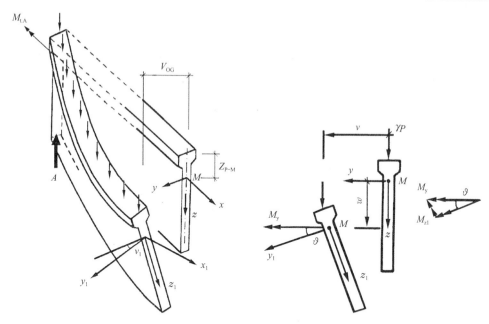

图 2.171　变形结构体系的平衡　　　　　　图 2.172　梁的变形位置

梁可能发生的极限扭转包含由以下两部分所组成的截面变形量：

$$\vartheta_{\text{grenz}}(x) = \vartheta_0 + \min \begin{cases} \vartheta_{\text{Biegung}}(x) \\ \vartheta_{\text{Torsion}}(x) \end{cases} \tag{2-43}$$

该值同外荷载引起的实际变形相比。

如果该值此时小于截面所能提供的极限变形值，则认为防止侧向屈曲的稳定性能够得到保证。

在库尼西和保利（König 和 Pauli）的出版文献［179］中，他们仔细研究了 EC 2-1-1 第 4.3.5.7 节所给出的公式，该公式提出当以下条件成立时，防止侧向屈曲的稳定性是足够的：

$$l_0 \leqslant 50b$$
$$h \leqslant 2.5b \tag{2-44}$$

式中　l_0——侧向支承的间距；

　　b——受压翼缘宽度；

　　h——梁高。

研究结果显示，当采用二阶理论的双向弯曲承载力与主弯矩作用下的允许极限弯矩相比降低超过 10% 时，梁就可视为存在侧向屈曲风险。由此理论可推导出以下经验公式：

$$b \geqslant \sqrt[4]{\left(\frac{l_0}{50}\right)^3 \cdot h} \tag{2-45}$$

（参见图 2.173；以及 DIN 1045-1 标准第 8.6.8（2）节）。作为此次研究工作的成果，DAfStb 对 EC 2 第 1 章的应用导则中已将前述条件降低为：

$$l_0 \leqslant 35b$$
$$h \leqslant 2.5b \tag{2-46}$$

曼恩（Mann）（参考文献［168］和［169］）试图将细长的钢筋混凝土屋盖梁的侧向

屈曲问题归因于上翼缘在压弯作用下的屈
曲，此时侧向稳定性的具体校核就限定为极
限状态下梁安全性的补充分析问题。梁上翼
缘宽度 $\bar{b}=\omega b$（ω 为折减系数），其值取决于
理想长细比 $\bar{\lambda}$，理想偏心值 $\bar{e}$，以及受压翼
缘的配筋 μ_0，可采用细长受压构件的设计表
格，或借助合适的计算机程序之类进行
设计。

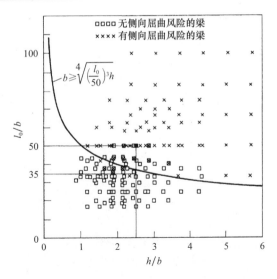

图 2.173   考虑侧向屈曲风险梁
的计算数据统计[180]

    读者可查阅参考文献 ［161］ 及其引用
的大量参考文献，了解拉夫拉、罗德尔、梅
尔霍恩（Rafla 或 Röder 或 Mehlhorn）进行
的关于钢筋混凝土梁侧向屈曲分析的具体内
容，这些内容实际应用起来非常复杂。梅尔
霍恩、罗德尔和舒尔茨（Mehlhorn，Roder
和 Schulz）在文献 ［176］ 中描述了一种借

助针对双轴受弯承载极限状态分析的近似方法，文中，他们给出了根据欧洲规范采用分项
安全系数的算例。这种方法以文献 ［177］ 为基础发展而来，在参考文献 ［178］ 中还同另
一种求解方法进行了对比。在参考文献 ［170］ 中可以看到，拉夫拉（Rafla）尝试寻求一
种足够精确的防止侧向屈曲的稳定性粗略验算方法。马特海斯（Mattheiß）在文献 ［186］
中阐述了一种估算侧向稳定的受压翼缘宽度的方法。

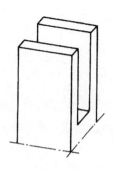

图 2.174   防止侧向屈曲的非刚性叉式支承

图 2.175   过窄的上翼缘导致失稳

    可按照图 2.176（a）和图 2.177（a）给出的框架结构典型节点制作梁的叉式支承。
采用图 2.176（b）和图 2.177（b）中的节点形式，由于弹性支座缺乏抗剪能力，需要增加
抗剪件来抵抗水平力。因此水平力易于集中在上部剪切面周围，设计节点时必须考虑此因
素。采用图 2.174 中的侧向约束形式时，必须按照参考文献 ［171］ 考虑叉式结构的弹簧刚

度。按照 DIN 1045-1 标准第 8.6.8 节的规定，叉式结构设计时应进行如下承载扭矩计算：

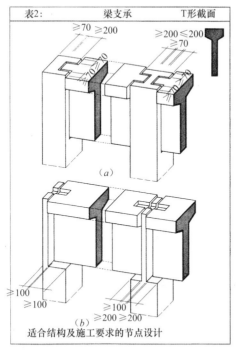

图 2.176 T形截面梁的支承
节点细节（引自 FDB）

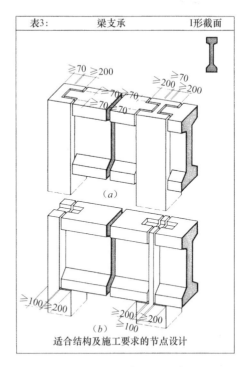

图 2.177 I形截面梁的支承
节点细节（引自 FDB）

$$T_d = T_{sd} \cdot \frac{l_{eff}}{300} \tag{2-47}$$

式中 V_{sd}——支承竖向设计剪力；

l_{eff}——梁的有效支承宽度。

参考文献 [187] 研究了叉式结构刚度对侧向屈曲行为的影响情况。必须对梁端抗剪件及纵向钢筋锚固进行合理设计，以满足传递扭矩的要求。此外，应记住必须对扭矩进行分析，直至其传至结构基础。

2.6.4 平板基础

参考文献 [3] 和 [189]（也参见参考文献 [190]）对杯口基础进行了描述，但此处仅介绍因经济性显著而近年来应用日益广泛的平板基础（图 2.178）。在柱脚及杯壁合理设置的抗剪键使平板基础的受力性能如同与柱整体浇制一样。这一点已在试验中得到验证（参见参考文献 [172] 及参考文献 [99]）。

柱在基础中的埋入深度至少应为 $t=1.5c$。基础在柱下部的厚度取决于基础结构深度的要求，或因施工期间临时情况对基础底部进行的抗冲切分析，即杯内还未进行灌浆的情况。杯口宽度应等于 $c+2d_f$。为适应误差以及使现浇混凝土柱及砂浆能够顺利施工，柱周围灌浆空间应约有 7.5cm 的宽度，因此最终的杯口宽度为 $b_{pocket}=c+15cm$。抗剪键可采用波纹深度大于 1cm 的永久性波纹钢板模板制作，也可采用符合图 2.179 要求的木板条

（图 2.95）制作（可参见图 3.34）。

　　计算柱中钢筋平直段插入基础的锚固长度时，粘结应力设计值可增加 50%〔参见 DIN 1045-1 标准第 12.5（5）节〕。此时抗剪件所在边必须保证有混凝土覆盖，钢筋所在平面 90°方向必须存在横向压力。

　　根据 DIN 1045-1 标准第 12.4（2）节，对于水平浇筑柱截面 $c \leqslant 50 \text{cm}$ 的情况，可以认为粘结条件良好。

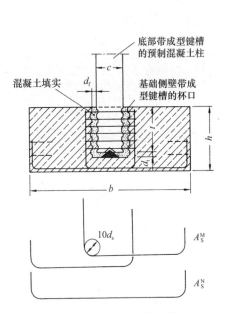

图 2.178　平板基础及其钢筋布置

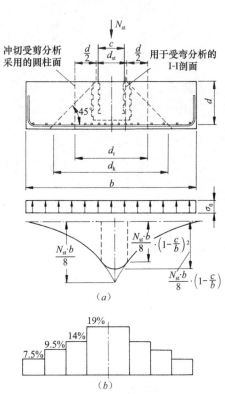

图 2.179　弯矩分布图和轴向荷载下的钢筋分布
（a）基础设计受弯及冲切受剪采用的临界截面位置；
（b）沿基础宽度方向的钢筋分布

　　在轴力和弯矩荷载分量作用下的基础标准设计可分别进行。柱边截面处轴力分量的设计可按下式进行（图 2.179）：

$$M_\text{N}^\text{Bem} = \frac{N_\text{St} \cdot b}{8} \left(1 - \frac{c}{b}\right)^2 \tag{2-48}$$

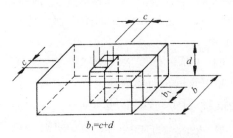

图 2.180　平衡柱弯矩的等效梁宽

　　上式已被试验证实，而且同样适用于独立基础。当基础宽度较小时，轴力分量作用下的抗弯钢筋可沿宽度方向均匀布置。但当 $b > c + d$ 时，抗弯钢筋应按弯矩分布图变化布置。弯矩分量 M_St 引起的弯矩在设计时依靠"等效宽度" $b_1 = c + d$ 提供抗力（图 2.180）。

　　计算得出的钢筋数量 A_s^M 在宽度 $b_2 = 0.5 b_1$ 内

布置，在基础杯口后部弯起，起到竖向伸出钢筋的作用。所需的水平钢筋由于平衡的缘故，是完全相同的，即取决于对基础钢筋弯起的补偿和柱中的受拉钢筋：

$$A_S^H = \frac{a}{l} \cdot A_S^M \tag{2-49}$$

式中　a——竖向伸出钢筋和柱中纵向钢筋之间的距离；

　　　l——埋入深度和锚固长度之间的差值（图 2.181）。

这是另一种类型的框架角点，两个框架构件截面尺寸不同，其外围节点必须合理连接。

根据参考文献［172］，依照 DIN 1045-1 标准，灌浆硬化后的状态可按独立基础进行抗冲剪分析。以 34°方向作为冲切锥体；按照《DAfStb 手册 525》，对于低矮基础，这一角度应增加至 45°。这种情况下，作用在此圆形截面上 100% 的基底压力可从冲切荷载中扣除。同样地，抗剪承载力 $V_{Rd,ct}$ 也将因为圆形截面 $u_{crit,1.5d}/u_{crit,1.0d}$ 而增加。

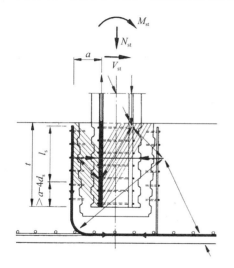

图 2.181　杯口附近区域的桁架作用模型

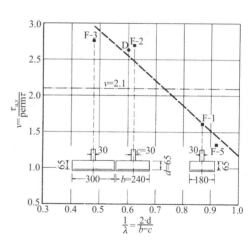

图 2.182　有效极限剪应力同底板
长细比之间的关系曲线[172]

但是，通过试验已揭示对于满足以下条件的低矮基础，不能保证必要的安全性：

$$0.75 \leqslant \left(\frac{1}{\lambda} = \frac{2 \cdot d}{(b-c)} \right) \leqslant 1.0 \tag{2-50}$$

其原因是作用于剪切节点 1/3 处的下部横向压力。竖向剪力面最初从上至下出现在非常低矮的基础中，仅在一定深度上发展为斜向剪切裂缝。因此建议设计人员在满足以上细长度范围的基础抗冲剪分析中，对抗剪承载力 $V_{Rd,ct}$ 按系数 2.2-1.7 （$1/\lambda$）予以折减。

作为施工过程中的临时工况，必须单独对杯口底部进行柱自重作用于底板上的抗冲剪分析。

参考文献［172］给出了一种偏心荷载作用下验算抗冲剪的简化方法（图 2.183）。据此方法，剪应力按照板内承受荷载最大的 1/4 区格确定。计算剪力等于按一定角度切出的应力体总和减去相关的 1/4 区格内冲切锥体面积的基底压力。根据 EC 2 标准，允许对周边柱将其临界剪力乘以系数 $\beta=1.4$ 放大，基础设计时，将其视为荷载作用在基础中心，

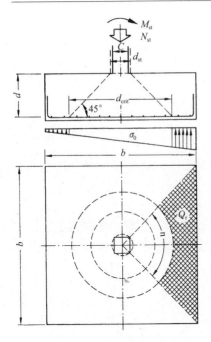

图 2.183　偏心荷载作用下
的冲切受剪分析

作为考虑荷载偏心作用时的近似方法。关于抗冲剪设计，读者可参考文献 [173] 和 [192]。

2.6.5　防火设计

按照 DIN4 102-4 标准，考虑防火目标确定预制构件尺寸时，可进行火灾工况计算（热力学分析）或采用简化比较数据。前者可借助 DIN EN 1992-1-2：2006 标准进行。目前，有许多自动执行热力学分析的计算机程序正处于开发阶段。参考文献 [198] 包含了根据 DIN 4102-4 标准对于现行有效法规和最小尺寸的最新综述。

根据 DIN 4102-4 标准，通过比较尺寸进行核算的方法是近年来在实践中采用的标准方法。然而，DIN 1045-1 标准涉及建筑法规的内容要求 DIN 4102-4 标准作必要调整，主要因为安全概念和设计水平的变化，有时要求材料的高利用率和考虑高强混凝土等级提高到 C80 或 C95 级[199]。因此，制定了 DIN 4102-22 标准来提供一个所谓的应用标准。

由于德国和欧洲标准的大幅调整，目前防火设计中的构件尺寸正在发生变化，在大量规范和出版物中可看到这种趋势已是一个事实，在未来数年内还将发生更多重大变化。

下文列出了 DIN 4102-4 标准中对预制混凝土构件防火较为重要的若干条款，同时也考虑到 DIN 4102-4/A1 标准和 DIN 4102-22 标准修订的要求：

钢筋混凝土或预应力混凝土预制构件暴露在火灾中的力学行为，即防火等级，主要取决于以下因素：

（1）预制构件尺寸（截面、长细比、钢筋轴线至边缘的距离）。

（2）在火中暴露的形式（单侧或多侧）。

（3）建筑材料（钢材种类、混凝土骨料）。

（4）结构体系（静定或非静定支承形式、单轴受荷还是双轴受荷）。

（5）支承、连接与节点（接缝）施工构造。

（6）混凝土和钢材强度的利用程度。

（7）附加保护方式（抹灰、石膏、外挂包覆材料、天花吊顶、衬砌层）。

对于典型多层建筑，即多于 2 层但不属于高层建筑的建筑，当建筑材料满足不低于 B2 等级（可燃），且分隔建筑间墙体的节点以及外立面隔热材料满足 B1 等级（难燃）时，通常已经足够。另一方面，墙、柱、地板及楼梯这些具备承载及稳定性功能的构件通常必须满足 F90-A 的防火等级。对于少于 2 层的建筑，满足 F30 等级通常已足够，而高层建筑必须满足 F120 等级，至于超过 200m 高度的高层建筑必须满足 F180 等级。

伸缩接头处的节点必须满足 A 级标准（不燃）。根据参考文献 [45]，对于那些预制混凝土构件通常采用静定支承条件的建筑，其弹性支座采用 B2 级是被允许的。对非承重、空间封闭的外墙（也包括拱脊或外饰板）要求采用不燃材料或阻燃形式的构造（F30-B）。

因而 F30-A 等级和 F90-A 等级是最常用的建筑权威要求。

对于防火墙及多层分隔墙的设计与施工必须给予特别重视。对后一种情况，要求墙体在暴露于来自左侧或右侧的火源，同时还遭受风荷载、支撑力以及撞击引起的水平力情况下，应能保持稳定[200]。

一般情况下，按照 DIN 1045 标准进行设计的钢筋混凝土构件能够满足 F30-A 等级的要求。为了达到 F90-A 等级，还必须满足一定的最小截面尺寸和钢筋中心至混凝土边缘之间的距离 u。因此，下文给出的最小边距始终指钢筋中心和构件表面之间的距离，而非指混凝土保护层，后者度量的是钢筋表面至混凝土表面之间的距离。对于框架结构中的典型构件，本书第 2.3 节给出了针对每种构件满足 F30 等级和 F90 等级的最小尺寸。

必要的话，钢筋混凝土构件的防火性能可通过采用与混凝土间具有优良粘结性能的适宜的砂浆或石膏保护层得到提高，这种做法对于楼板来说尤其具有优势。

预制混凝土梁（图 2.184）一般具备静定支承条件。表 2.11 总结了处于三面临火情况下，钢筋混凝土及预应力混凝土梁满足不同防火等级时所要求的最小宽度和最小钢筋边距。由于预应力钢筋对火荷载通常更为敏感，钢筋束布置应该更靠近构件中心，而传统钢筋混凝土构件中的普通钢筋是沿构件周围布置。当混凝土保护层厚度超过 50mm 时，应在保护层内配置附加钢筋。

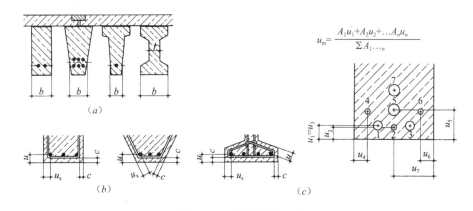

图 2.184　预制混凝土梁
(a) 梁尺寸定义；(b) 边距 u 和 u_s；(c) 多层配筋梁 u_m 的计算规则

依据 DIN 4102-4 标准钢筋混凝土和预应力混凝土梁的最小宽度和最小钢筋边距 表 2.11

	防火等级			
	F 30-A	F 60-A	F 90-A	F 120-A
无外包覆材料层的钢筋混凝土梁拉弯区最小宽度 b（mm）	80	120	150	200
无外包覆材料层的预应力混凝土梁[1)]拉弯区或受拉预压区[2)]最小宽度 b（mm）	120	160	190	240

续表

	防火等级			
	F 30-A	F 60-A	F 90-A	F 120-A
无外包覆材料层梁拉弯区或受拉预压区[2] 最小腹板厚度 t (mm)	80	90	100	120
对给定梁宽 b (mm), 无外包覆材料层钢筋混凝土梁单层配筋时, 受拉钢筋的最小边距 u 和 u_s (mm)	$b=80$ $u=25$ $u_s=35$	$b=120$ $u=40$ $u_s=50$	$b=150$ $u=55^{4)}$ $u_s=65$	$b=200$ $u=65^{4)}$ $u_s=75$
	$b=160$ $u=10$ $u_s=20$	$b=200$ $u=30$ $u_s=40$	$b=250$ $u=40$ $u_s=50$	$b=300$ $u=50^{4)}$ $u_s=60$
对给定梁宽 b (mm)[3], 无外包覆材料层预应力混凝土梁[1] 单层配筋时, 受拉钢筋的最小边距 u 和 u_s (mm)	$b=120$ $u=30$ $u_s=40$	$b=160$ $u=50$ $u_s=60$	$b=200$ $u=60^{4)}$ $u_s=70$	$b=240$ $u=70^{4)}$ $u_s=80$
	$b=160$ $u=25$ $u_s=35$	$b=200$ $u=45$ $u_s=55$	$b=250$ $u=55^{4)}$ $u_s=65$	$b=300$ $u=65^{4)}$ $u_s=75$

注：1. 预应力钢丝或钢绞线符合国家技术许可 (National Technical Approval)。
　　2. 受压区或压弯区或支座处受拉预压区必须考虑 DIN 4102-4 标准表 4 的要求。
　　3. 已考虑到 DIN 4102-4 标准表 1 中钢绞线或钢丝的 Δu 值 ($\Delta u=15$mm)。
　　4. 混凝土保护层厚度 $c>50$mm 时, 根据 DIN 4102-4 标准第 3.1.5.2 条, 必须在保护层内配置附加钢筋。

标准的、非连续的钢筋塑料定位器不会对防火等级造成影响[201]。另一方面, 预埋槽型钢有可能对钢筋混凝土构件的受火反应有影响。必须根据试验证明检验所要求的 u 值。

图 2.185 给出了牛腿和阶形梁端所要求的最小截面面积和边距。可以忽略宽度 $a\leqslant 30$mm 的构件间节点, 将构件处于节点区的表面视为没有暴露在火中。在腹板端部开口区, 剩余的受拉翼缘面积应大于 $2b_{min}^2$。直径小于 100mm 的端部开口区可以忽略。

为满足 F90 等级标准, 底板未作抹灰层的钢筋混凝土或预应力混凝土楼板最小厚度应满足 $d\geqslant 100$mm。此值同样适用于带不燃粘合面层的楼板总厚度 D, 即使在这种情况下, 预制混凝土板单元厚度必须满足 $d\geqslant 50$mm, 面层厚度 $d_E\geqslant 25$mm。表 2.12 列出了板的最小尺寸及钢筋最小边距。

对于空心板, 应满足 $A_{net}/b>100$mm, 同时孔底至底面之间的最小距离必须满足 $d_u\geqslant 50$mm。

对于简支实心或空心板, F90 等级标准要求通长钢筋的最小边距 $u=35$mm (参见表 2.12)。

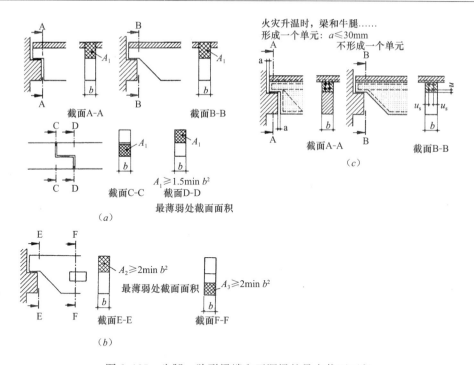

图 2.185 牛腿、阶形梁端和开洞梁的最小截面面积

（a）三面临火情况；（b）四面临火情况；（c）梁支承处的钢筋边距 u

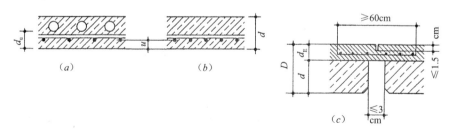

图 2.186 依据 DIN 4102-4 标准的楼板

（a）空心板；（b）实心板；（c）叠合板

依据 DIN 4102-4 标准实心钢筋混凝土和预应力混凝土楼板的最小厚度及最小钢筋边距

表 2.12

	防火等级			
	F 30-A	F 60-A	F 90-A	F 120-A
静定和非静定支承条件，无外包覆材料层且未找平实心板的最小厚度 h(mm)	60[2)3)4)]	80[2)]	100	120
横向不受力的钢筋混凝土板[1)] 跨中钢筋的最小边距 u(mm)	10	25	35	45

	防火等级			
	F 30-A	F 60-A	F 90-A	F 120-A
横向受力且满足以下比值的钢筋混凝土板[1]跨中钢筋的最小边距 u(mm) $b/l \leqslant 1.0$ $b/l \leqslant 3.0$	10 10	10 25	20 35	30 45
横向不受力的钢筋混凝土板[1]支座或固定钢筋的最小边距 u_0(mm)	10	10	15	30

注：1. 对于实心预应力板，按照 DIN 4102-4 标准图 1 的要求，u 值必须按 Δu 增量值增加。
　　2. 至少两侧临火板（例如悬挑板）的最小厚度必须满足 $h \geqslant 100$mm。
　　3. 非静定支座处应满足最小厚度 $h=80$mm。
　　4. 根据 DIN 1045-1 标准第 13.3 节，实心板最小厚度 $h=70$mm。

DIN 4102-4 标准未提及预应力空心板。但相应的修订实施后将会要求，当采用 St 1570/1770 等级预应力钢绞线时，最小钢筋边距为 $u=50$mm，这时需要在保护层内配置附加钢筋。只有当采用硬质骨料或配置附加钢筋时（参见参考文献［45］），或降低预应力筋的允许应力时，才允许采用低于 50mm 的 u 值。这也是为何此类楼板在德国未被广泛使用的原因。

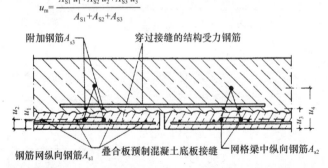

图 2.187　预制板现浇混凝土叠合层内有结构作用的配筋示例（依据参考文献［45］）

依据 DIN 4102-4 标准钢筋混凝土柱的最小尺寸和最小钢筋边距　　　　　表 2.13

Min l_{col}=2.0m　Min l_{col}=1.70m Min l_{col}=6.0m　Min l_{col}=5.0m	防火等级			
	F 30-A	F 60-A	F 90-A	F 120-A
不同的利用度系数 α_1、至少两面临火、无外包覆材料层钢筋混凝土柱[1]的最小截面尺寸如下所示：				
利用度系数 $\alpha_1=0.2$ 柱长度 min. l_{col} 柱截面尺寸最小值 h(mm) 相应的最小边距 u(mm)	 120 34	 120 34	 150 34	 180 37
柱长度 max. l_{col} 柱截面尺寸最小值 h(mm) 相应的最小边距 u(mm)	 120 34	 120 34	 180 37	 240 34

续表

	防火等级			
Minl_{col}=2.0m　Minl_{col}=1.70m Minl_{col}=6.0m　Minl_{col}=5.0m	F 30-A	F 60-A	F 90-A	F 120-A
利用度系数 α_1=0.5 柱长度 min. l_{col} 柱截面尺寸最小值 h(mm) 相应的最小边距 u(mm) 柱长度 max. l_{col} 柱截面尺寸最小值 h(mm) 相应的最小边距 u(mm)	120 34 120 34	160 34 180 37	200 34 270 34	260 46 300 40
利用度系数 α_1=0.7 柱长度 min. l_{col} 柱截面尺寸最小值 h(mm) 相应的最小边距 u(mm) 柱长度 max. l_{col} 柱截面尺寸最小值 h(mm) 相应的最小边距 u(mm)	120 34 120 34	190 34 250 37	250 37 320 40	320 40 360 46

注：1) 在没有特别指定更大值的情况下，受压构件螺旋筋或者水平配筋范围内最小尺寸的规定：F30：h=240mm，F60～F120：h=300mm。

　　对于组合楼板，为满足 F90 等级要求，叠合板厚度至少应为 50mm。根据附加钢筋的位置、叠合板内网状配筋以及网格梁的纵向配筋，可计算出 u_m 的平均值必须大于 35mm（图 2.187）。

　　关于钢筋混凝土柱（表 2.13）的最小尺寸问题，截面尺寸和利用度是关键参数。利用度是指受火工况中的轴力和设计状态下承载力的比值（$N_{fi,d}/N_{Rd}$）。由于火灾工况下的荷载和安全系数都有所降低，因此以利用度系数 0.7 为例，意味着柱通常在设计时处于 100% 利用的状态。不过，表 2.13 只适用于有支撑建筑中柱在两端转动被约束的情况。此外，表 2.13 只能用于表中给出的柱长度。对于一端铰接的柱，可将设计时采用较大的计算长度作为一个修正措施。直至现在，还不可能对竖向悬臂类型的柱采用简化计算方法，但参考文献［351］研究出一种对于这类柱火灾工况下进行设计的简化分析方法。这种方法涵盖了一般应用范围，还可以通过选择合适的计算长度应用于有侧向约束的柱。

依据 DIN 4102-4 标准钢筋混凝土墙的最小厚度和最小钢筋边距　　　　　　　　表 2.14

	防火等级			
分布钢筋　　　　分布钢筋	F 30-A	F 60-A	F 90-A	F 120-A
对于高厚比（层高/墙厚=h_s/d）符合 DIN 1045-1 标准要求的无外包覆材料层墙体[1]				

续表

	防火等级			
	F 30-A	F 60-A	F 90-A	F 120-A
非承载墙体最小墙厚 h（mm）	80	90	100	120
对于符合以下条件的承载墙体的最小墙厚 h（mm）：				
利用度系数 $\alpha_1 = 0.07$	80	90	100	120
利用度系数 $\alpha_1 = 0.35$	100	110	120	150
利用度系数 $\alpha_1 = 0.70$	120	130	140	160
非承载墙体纵向钢筋最小距离 u（mm）	10	10	10	10
对于符合以下条件的承载墙体的纵向钢筋最小距离 u（mm）				
利用度系数 $\alpha_1 = 0.07$	10	10	10	10
利用度系数 $\alpha_1 = 0.35$	10	10	20	25
利用度系数 $\alpha_1 = 0.70$	10	10	25	35

注：1）根据 DIN 4102-4 标准第 3.1.6.1 节～第 3.1.6.5 节，双面抹灰墙体可予以折减；但仍需满足：对于非承载墙体，最小厚度 $h=60$mm，对于承载墙体，最小厚度 $h=80$mm。

　　对于满足 DIN 1045-1 标准规定的高厚比、一侧临火且充分利用的室内墙体，符合 F90 等级要求的最小厚度是 $h=140$mm，最小钢筋边距是 $u=25$mm（表 2.14）。如果墙体没有充分利用可采用更小值。除非高厚比限制在 $h_s/d<25$ 以内，对于承载的防火墙亦应采用相同数值。对于承载的分离式多层墙板，最小墙厚应为 $h=300$mm，最小钢筋边距为 $u=55$mm（参见参考文献 [198]）。

　　DIN 4102-4 标准涉及带门窗的分段墙。读者还可参考文献 [188] 中有关带窗孔外墙中的窗间柱墙防火分析的资料。

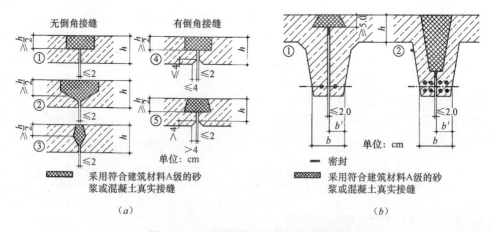

图 2.188　预制混凝土构件之间的接缝

（a）预制混凝土底板之间闭合接缝（示意图）；（b）预制混凝土梁间或单元肋梁间接缝（示意图）

　　根据图 2.188，预制混凝土楼板构件单元之间的接缝[175] 必须用砂浆或混凝土填实。从防火的角度考虑，按照图 2.186c，如果楼板构件单元采用现场浇筑混凝土面叠合层，则板底可以有最大 3cm 的节点区处于开口状态。梁肋之间的节点必须按图 2.188b 所示用砂浆填充密实。对于宽度小于 2.0cm 的接缝,为确定 u 和 u_s 所必需的相应宽度 b 可能和两侧肋梁都有关系。

如果采用厚度大于 8cm、符合 A 级建筑材料等级的保温隔热层覆盖在该预制构件单元面层,屋面预制构件单元之间板底节点接缝也会允许存在最大 2cm 宽的开口。

第3章 预制混凝土构件节点设计

现浇混凝土结构施工最主要的特征是整体结构可以认为是"用一套模具建造而成的";而预制混凝土结构施工中,各个独立的预制混凝土构件是在预制完成后的某个时间点通过装配连接才能形成整体结构。所以各单独预制混凝土构件之间的连接节点(接缝)必须以合理的方式传力。有关预制混凝土结构施工中连接节点的综述可见参考文献[202]和[74]。虽然,大多数情况下所设计的连接节点应能够同时承受轴力、剪力和弯矩的作用,但在本章中仅论述分别承受压力、拉力或剪力的连接节点设计。

3.1 受压节点设计

3.1.1 平缝节点设计

预制混凝土构件应安放在支座上或搁置在砂浆坐浆层上[203,204,224]。不应采用无中间过渡层的干式支座。按照 DIN 1045-1 标准第 13.18.2 节规定,干式支座仅在"混凝土的平均压应力不超过 $0.4f_{cd}$ 且在预制工厂和建筑施工现场均能达到必要的工艺质量的情况下"才允许使用(例如用于楼面或屋面的中间构件)。然而,根据现阶段德国的实际工程应用情况,通常在这类干式支座中使用绝缘垫板或类似材料作为最小的中间垫层。

在 DIN 1045-1 标准中,对采用柔性支座和刚性支座的节点做了区分。对于采用柔性支座的节点(图3.1a),节点支座材料的侧向位移使构件端部表面间产生拉力。由此产生的侧向拉应力必须在构件中配置钢筋来承担。对于采用柔性支座的节点甚至需要在节点自身内设置加强钢筋。

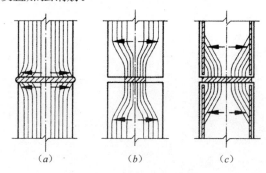

图 3.1 不同类型受压节点

(a)柔性支座,节点材料的侧向位移导致横向拉应力;(b)刚性约束支座,传递面积减小产生横向拉应力;(c)刚性无约束支座,纵向钢筋荷载分力及混凝土包裹作用产生横向拉应力

对于采用刚性支座的节点,节点支座材料的弹性模量应至少等于所连接构件弹性模量的70%。

对于采用刚性支座且支座截面减小的节点(图3.1b),从全截面过渡到减小截面所传递力的重分布导致侧向拉力的产生,需要配置钢筋来承担侧向拉力[75]。此类情况允许出现较高的局部支座压力(图3.2)。

根据 DIN 1045-1 标准式(116),局部支座压力采用下式计算:

$$F_{Rdu} = A_{c0} \cdot f_{cd} \cdot \sqrt{A_{c1}/A_{c0}} \leqslant 3.0 f_{cd} \cdot A_{c0} \tag{3-1}$$

萨勒(Saleh)开展了进一步的研究[210],相关综述可参见参考文献[209]。

对于承受较重荷载的柱节点，在全截面上采用刚性支座的柱节点是常用选择，其承载能力可按照以下 DIN 1045-1 标准中的公式计算：

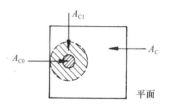

$$N_{Rd} = \kappa \cdot (A_{c,n} \cdot f_{cd} + A_s \cdot f_{yd})$$

式中 当采用钢质端板时，$\kappa = 1.0$；当在柱端面配置钢筋时，$\kappa = 0.9$。

图 3.2 截面面积减小的局部支座压力计算

鉴于在柱钢筋和混凝土中的荷载作用分力重分布，导致侧向拉应力在直接与节点相邻的柱构件端部应力集中（见图 3.1c）。

库尼西和梅纳特（König 和 Minnert）[211] 的调查研究推动了《DAfStb 手册 499》的出版，该手册提出了关于高强混凝土预制柱平缝节点设计的新建议。对于普通强度混凝土预制平缝节点也可参考文献［212］。

我们主要区分两种类型平缝节点构造（图 3.3）：

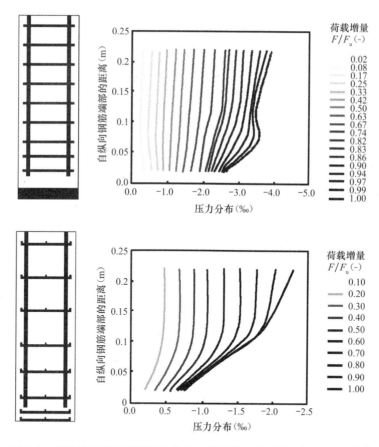

图 3.3 试验柱的纵向钢筋压力分布（柱端设置或不设置钢质端板）[211]

——端面设置一块钢质端板；

——端面设置钢筋。

研究表明，柱端部设置钢质端板能有效抑制砂浆坐浆节点中产生侧向应变，从而降低其导致的应力值。此外，纵向钢筋内全部荷载分力可以通过砂浆坐浆节点承担，因而在节点附近区域不会产生由于纵向钢筋端部锚固作用而引起的应力（图 3.3）。

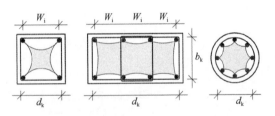

图 3.4　受剪箍筋平面内有效约束面积[212]

另一方面，当在端面设置钢筋时，所设置钢筋中仅有部分力通过端部支座承担，其大部分力通过粘结应力传递到周边的混凝土中。节点局部混凝土的高应力必须由设置在平缝节点之上柱底部的环绕钢筋（箍筋）来承担（图 3.4）；因此，节点处必须设置足够的环绕钢筋。在砂浆坐浆节点中的横向拉应力必须由柱端面配置的环绕钢筋承担。

在节点构造详图设计过程中需要注意，应确保端面钢筋直接埋入混凝土柱且无须预留混凝土保护层，钢筋直径不能超过 $d_s = 12\text{mm}$。端面钢筋网片的外围节点必须布置在柱的外表面，并且钢筋网片的交叉点必须仔细焊接。网片钢筋间距必须小于等于 5cm，并且柱受剪箍筋布置应如图 3.5 所示。

受剪箍筋 l_{link} 应按下式确定：

$$l_{link} = 0.75 \cdot \left(\frac{d_s}{4}\right) \cdot \left(\frac{f_{yd} \cdot \gamma_s}{f_{link,d}}\right)$$

其中，$f_{link,d} = 2.25 \cdot f_{ctk,0.05}$。

通常在实际工程应用中，柱端面很少采用传统的钢筋网片。

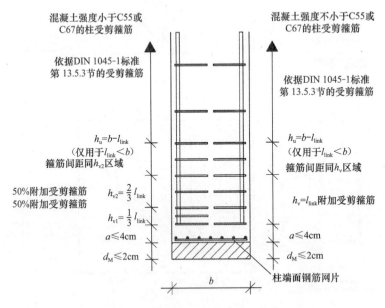

图 3.5　柱受压节点构造细节[212]

此外，对采用刚性支座的平缝节点柱，其最大许可接缝厚度不应超过 2cm。由于承力楼盖或首层地面楼板的生产制作偏差，实际工程中最大接缝厚度通常很难保证，一般情况偏大。帕施恩和茨里希（Paschen 和 Zillich）[206,207] 的研究促成了《DAfStb 手册 316》的出版，因为基于旧版的 DIN 1045（1988）标准考虑，在该手册中允许采用较厚的接缝。该手册也区分了加筋和非加筋的柱接缝。关于确定承载能力的折减系数 κ，可依据图 3.6 基于接缝厚度计算得出[206]。然而即便如此，折减系数也不应超过 0.9，这与 DIN 1045-1 标准相一致。

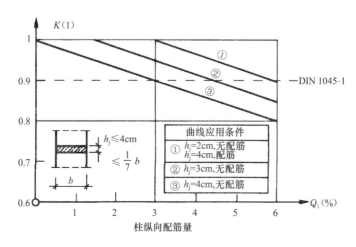

图 3.6　以纵向配筋量和坐浆厚度为函数，柱接缝中心荷载设计许可力
的折减系数 κ 曲线图（采用线性插入法取中间值）

此处，折减系数 κ 是柱配筋几何角度 ρ 和节点接缝厚度 h_j 的函数。必要的横向受拉钢筋配置应采用公认设计方法来确定。

根据 DIN 1045-1 标准，当轴力和剪力同时作用于接缝且剪力 $V_{Ed} < 0.1 \cdot N_{Ed}$ 时，剪力可以忽略不计。

当对一侧或两侧支撑承力楼盖的墙体接缝受压节点区域进行设计时，有必要考虑由于楼板在支座处的转动而产生的横向拉应力。依据 DIN 1045-1 标准第 13.7.2 节，一种简化计算方法是，对该墙接缝之上和之下的墙体假定承重墙截面面积仅 50% 用于应力分析。

然而，DIN 1045-1 标准认为，如果接缝之上和之下的墙体中都设置了横向钢筋，则在设计计算时可以考虑取 60% 的承重墙截面面积（图 3.7）。但拉力设计应至少满足如下条件：

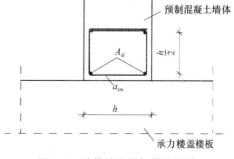

图 3.7　墙体接缝附加横向钢筋

$$a_{sw} = h/8$$

式中　a_{sw} 单位为 cm^2/m；h 单位为 cm。

在纵墙轴线方向，横向钢筋间距 s_w 必须符合：

$s_w \leqslant h$ 或 200mm（取二者较小值）

并且墙底部纵向钢筋 A_{sl} 的直径 d_s 应至少为 6mm。

如果通过试验结果验证，且试验可准确再现真实支座支撑条件，设计计算可以考虑采用大于 60% 的承重墙截面面积[226]。

3.1.2 依据 DIN 1045-1 的支承区域设计

DIN 1045-1 标准第 13.8.4 节"支承区域"并没有涉及支座实体设计，而是关于承力楼板和梁支座区域的施工构造详图。《DAfStb 手册 525》包含更多详细信息（仅有德文版）。除支承区域的构造细部设计外，以下因素在支承区域设计中也至关重要：

——相邻预制构件中的钢筋尺寸；

——最大的允许支座压力；

——合适的支座选用。

EC 2 标准对"独立预制构件"和"非独立预制构件"做了区分。对于后一类构件，如空心楼板或实心板，如果出现支座支撑失效情况，可以利用荷载横向分力作为承载力储备，即对纵向接缝灌浆可以实现上述效果；另一方面，如屋面梁或支撑梁一类的独立构件不能获得类似承载力储备。

总支承长度（图 3.8）由实际的支座长度 a_1 和两边的预留允许间隙长度 a_2、a_3 组成，其作用是防止支承及被支承预制构件混凝土的剥裂。在这种情况下，在支座任意一侧的允许间隙量不能叠加计算考虑，而仅作数学相加。更多信息详见《DAfStb 手册 525》。

当采用滑动支座时，总支承长度 a 可能需要加长。同样，当梁在支承平面内没有受到水平约束时，则需要加大间距 t_1 以允许梁绕支座节点转动作用不受阻碍（图 3.9）。

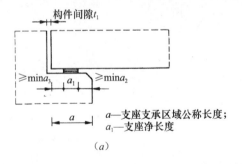 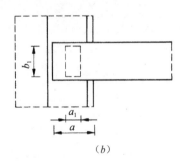

（a）   （b）

图 3.8 支座支承区域

（a）立面；（b）平面

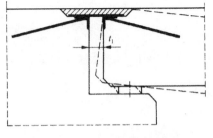

图 3.9 梁水平支承点在平面外转动

3.1.3 依据 DIN 4141 的弹性支座设计

参考文献 [213] 包含一篇关于结构用支座新标准（DIN EN 1337）的介绍文章。鉴于该标准的部分内容亟待公布，且下述的大部分内容主要与技术本身有关，而并不取决于标准，所以本节仍然采用依据 DIN 4141 标准的设计条款。

DIN 4141-3 标准"结构用支座"部分将构件支承分为 2 类。除在支承节点处承受各自的理论支承压力外，如果相邻的预制构件没有承受其他显著程度的支承反力，且如果支承处荷载超限或者支承功能失效，但结构稳定性并无风险的情况下，那么该支承设计遵循第二类支承的要求；另一方面，第 1 类支承包含所有必须通过分析来验证的支承条件，该类支承失效或者超载时，可能带来影响结构稳定性的风险。

第 2 类适用于日常预制混凝土建筑中承力楼板和梁支承的绝大部分情况，特别是当永久荷载比例超过 75% 时；且在许多情形下，部分外加荷载可以认为是准永久性的。绝缘板和无增强弹性板可以用作支座垫板。

当相邻预制构件的位移必须进行调节，且同时还应满足传递支承反力时，可以采用弹性支座[208]，即必须提供对约束较低的节点。支座材料的弹性变形可以调节构件转动和滑动要求（见 DIN 4141-1 标准"结构用支座"）。

弹性支座由高度抗老化的人工合成橡胶构成（注册商标：氯丁橡胶，Baypren®）。产品有多种形式，如无增强弹性支座或者增强弹性支座，且通常获得国家技术认证。

弹性支座能承受竖向荷载，及由于受到约束作用在支承处产生的转动和结构位移，尽管相关批准文件中规定了许可荷载，但也需要对此加以考虑。较薄的且无增强弹性支座在小位移情况下可以满足要求。当位移较大时就需要采用较厚的弹性支座，然而，如果采用无增强弹性支座，则会产生更大的侧向拉力。

增强弹性支座包含耐腐蚀钢板或者合成镶嵌织物并经橡胶硫化过程合成，可以调节适应支座中的侧向拉力，因此支承支座相邻部分只承受局部的侧向拉力，而支座本身无须承受拉力。

1. 无增强弹性支座

无增强弹性支座具有良好的经济性和持久的弹性性能，已广泛应用于建筑及单层厂房中。它可以承受一定限制程度的水平位移和支承处较小的转动，并且可以调整一些局部的不平整偏差。

无增强弹性支座比增强弹性支座更为便宜和经济，且有不受特定形状或类型限制的优势，无增强弹性支座可从大块板材上剪切成设计尺寸，可以按特定用途加工制作，例如，为了适应销钉甚至可以开洞。无增强弹性支座也越来越多地用于支承承力楼板。无增强弹性支座仅可以用于静力荷载占主导的情况下，因为在动力荷载作用下有出现蠕变的风险。

通常弹性支座的使用温度范围为 $-25 \sim +50$℃。然而，在进行弹性支座火灾性能评估时，弹性支座的尺寸、位置和节点厚度更为重要。如果支座满足特定的防火等级、节点厚度为 3cm、燃烧率不大于 0.35mm/min 时，则为支座最小尺寸。

如果支座的耐火性不能通过评估，则该未受保护的支座可以采用隔热层来抵抗火灾的影响。

无增强弹性支座的设计在 DIN 4141-15 标准[214] 中有涉及，且参考文献［223］包含了附加信息。

标准涉及的支座尺寸应符合以下条件：

支座厚度：$5\mathrm{mm} \leqslant \dfrac{a}{30} \leqslant t \leqslant \dfrac{a}{10} \leqslant 12\mathrm{mm}$

支座平面尺寸：$70\mathrm{mm} \leqslant a \leqslant 200\mathrm{mm}$

式中　a——支座长度（见图 3.10）。

如果较小的平整度偏差（1.5mm）可以得到保证，支座厚度值可减小到 4mm。防止混凝土预制构件之间直接接触是很重要的，即使在支座转动的情况下也要防止直接接触，这是确定支座厚度的主要原则。

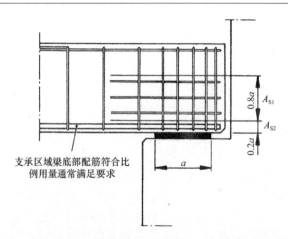

图 3.10 梁支承区域配筋布置（依据 DIN 4141-15 标准图例）

只有经过硫化处理的氯丁橡胶（CR）制品才可以用来制作无增强弹性支座。考虑到相邻预制构件表面之间允许局部支座压力，弹性支座可以承受的平均支座压力如下：

$$\sigma_m \leqslant 1.2 \cdot G \cdot S \qquad (3\text{-}2)$$

其中，剪切模量 $G = 1\mathrm{N/mm^2}$，

对于矩形支座，形状参数 S 为：

$$S = \frac{a \cdot b}{2(a+b) \cdot t} \quad (b \leqslant 2a) \qquad (3\text{-}3)$$

对于圆形支座，形状参数 S 为：

$$S = \frac{D}{4 \cdot t} \quad (D \text{ 为直径}) \qquad (3\text{-}4)$$

如果支座面上的孔洞面积不超过支座面积的 10%，则其上的孔洞（例如为销钉预留的孔）可以忽略不计。

因此，对标准几何形状的支座，其压应力通常为 $\sigma_m = 10 \sim 20\mathrm{N/mm^2}$。但是，如果在参考文献［216］所述的特殊应用条件下，即只有"纯受压压力"作用的柱平缝节点，其压应力允许值达到 $20\mathrm{N/mm^2}$。

第 2 类支承中，当支承反力为 F 时，在支承弹性体中，为防止弹性支座侧向应变而产生的侧向拉力 Z 必须考虑并按照下式计算：

$$Z_q = 1.5 \cdot F \cdot t \cdot a \cdot 10^{-5}$$

第 1 类支承中，在缺少更多精确分析时（例如通过试验获得依据），侧向拉力可以依据参考文献［216］来确定。支承区域混凝土中抵抗侧向拉力的钢筋应尽可能布置在靠近支座的地方。

劈裂拉力 Z_s 可以依据相关的出版物（例如莱昂哈特的《混凝土建筑课程》的第 2 部分）计算得出。由于计算公式较为简化，所以在任何情况下都不能减少计算得到的钢筋数量。

钢筋布置应能同时满足受力 Z_q 和 Z_s 的需要。抵抗劈裂拉力和侧向拉力所需的钢筋量可按照下述公式计算并必须满足：

$$A_{s1} > 1.5 \cdot (0.8 \cdot Z_s)/f_{yd}$$
$$A_{s2} > 1.5 \cdot (0.2Z_s + Z_q)/f_{yd}$$

式中　$Z_s \geqslant 0.1 \cdot F$

在大多数情况下，布置在支承底部的纵向受拉钢筋满足以在 $0.2a$ 高度范围内抵抗侧向拉力所需钢筋量的要求。抵抗劈裂拉力需要设置附加钢筋，所需的横向钢筋可以通过减小受剪箍筋间距来满足。

平行于支座平面的永久荷载作用效应（例如平面外力、土压力等）不允许作用于支座。

如下是关于第 1 类支承由于约束和主要外荷载引起的相关作用效应校核验算（第 2 类支承则不需要，第 2 类支承支座不希望出现滑移或者滑移的影响不重要）：

$$F_x, F_y = H_1 + H_2 \leqslant 0.05F \tag{3-5}$$

式中　H_1——外部水平力；

　　　H_2——约束力。

这间接验证了允许剪切变形没有超出限值。

第 1 类支承支座由于预制构件的弹性和弹塑性变形、表面不平整度和支座表面倾斜而产生的转动角度 α（图 3.11）必须满足如下条件，即 α 允许值：

$$\alpha \leqslant \frac{t}{2a} \tag{3-6}$$

在没有更精确的核算确认方法的情况下，α 可以通过综合考虑以下影响因素确定：

（1）在正常使用荷载作用下，预制构件可能的变形。

（2）由收缩和徐变导致的预制构件可能的变形的 2/3。

（3）倾斜角为 0.01。

（4）不平整度为 $0.625/a$（a 单位：mm）。

关于以上给出的影响因素取值大小的更多详细信息见参考文献［215，217］。应限制转动角度 α 的大小以避免预制混凝土构件之间的直接接触；对于预制混凝土构件相互之间最近点的距离限值，应选定最小间距为 3mm（图 3.11）。

当设计邻近预制构件时，第 1 类支承由于转动导致的偏心距可按如下考虑：

$$e = \frac{a^2}{2t} \cdot \alpha \tag{3-7}$$

只有在特殊情况下，支座受压所产生的影响才需要分析。由于变形曲线不是线性的，由附加荷载引起的受压变形比总荷载引起的变形要小。

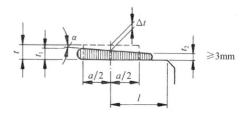

图 3.11　弹性支座受压和转动作用

极度光滑的接触表面对弹性支座有不利影响，因为不能发挥不同材料之间的摩擦咬合作用；此外，脱模剂或类似物质会放大此种不利影响。

所以，为符合承载和变形特点而采取的相应施工措施，在当采用其他支座材料时会变得多余。除如上述所提及为限制接触面侧向应变而调整支承接触面附近产生的侧向拉力外，也需要特别注意当允许支座压力使用到其最大值时，应防止预制构件棱角受损。因此，应该遵守如下建议（摘自参考文献［218］）：

1）在浇筑混凝土时，应对预制构件的棱角处进行倒角处理，这样在无钢筋加强边角区域，构件与弹性支座的接触面积较小，可以避免钢筋过于密集。

2）侧向受拉钢筋（例如依据参考文献［219］计算得出）布置在支承面下的位置不应

大于约 30mm。

3）如图 3.12 所示，在支承支座下部的区域必须布置钢筋。在构件受水平位移或者支座安装不准确影响的情况下，为避免发生支座因承受竖向荷载和转动而被压坏，确定 r_1 最小尺寸以允许支座接触面扩大。图中也给出了关于该区域钢筋布置方案的建议。此处牛腿中钢筋可同时承受拉弯作用，关于附加钢筋端部充分锚固的要求不受影响（见本书第 2.6.2 节）。

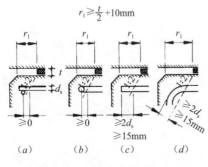

图 3.12   无增强弹性支座支承面下钢筋布置（依据参考文献 [218]）

4）在支承正立面附近应避免钢筋布置太密，因为这将削弱混凝土保护层和直接承载混凝土之间的粘结，会导致混凝土的层状剥落。

5）应仔细加工安装，以确保支承区域边角部钢筋的长度、弯曲和安装固定的准确性。

6）由于钢筋弯曲半径较大且不便于在支承区域横向布置，因此，从柱纵向钢筋或牛腿弯曲钢筋中弯出的钢筋通常不适合作为支承区域边角部防护钢筋。另一方面，紧密排布的水平箍筋或钢筋网片可实现有效并且经济的钢筋布置。

7）不考虑构件端部表面附近的钢筋，为抵抗劈裂拉力，在距构件表面适当距离处布置尺寸合适、分布适宜的抗劈裂拉力钢筋是有必要的（图 3.10）。

2. 特殊形式无增强弹性支座

弹性支座的受压性能会受到预设孔洞、螺栓、其他表面纹理或者截面形状的影响，海绵橡胶的使用也对其产生影响（见下文）[220]。设置弹性支座是为了得到更加均匀的应力分布，即使在被支承表面不平整度很大的情况下亦如此。在荷载作用下，孔洞处首先引起支座发生屈曲，随着支座材料逐渐填满孔洞，其屈曲发生程度不断减小，而抵抗变形的能力逐步增加。

DIN 4114 标准将该类支座视作普通实心支座，依据实心垫板的体积和平面面积相等的等效原则，其支座设计厚度 t 由理论厚度值 t_r 代替。

然而，该标准中规定仅限于正方形、矩形或圆形支座；以下内容介绍发表在参考文献 [221] 上，用于预应力空心楼板的条状橡胶支座的设计建议（图 3.13）。

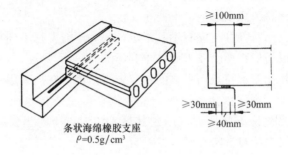

图 3.13   预应力空心楼板支座支承（依据参考文献 [221]）

依据本书第 3.1.2 节，这些条状橡胶有最小支座长度要求，其最小支座长度必须至少等于跨度的 1/125。为防止角部边缘混凝土剥落，在支座边缘和混凝土边缘之间必须有

30mm 的间隙。因此，考虑到上述最小支座长度的要求，支座的实际长度通常约为 40mm。通过对分别支承在邵氏硬度（Shore hardnesses）为 40 和 60 的条状橡胶，以及密度为 0.5g/cm³ 的海绵橡胶支座上的特定尺寸和跨度的预应力空心楼板的试验研究，推荐设计使用宽度 20mm、厚度 8~10mm 的条状橡胶。这意味着由于施加的荷载产生 3~4mm 的压缩量，及对不平整度的调节导致全部荷载作用下将产生最小 2~3mm 的残余间隙。推荐用于支座的硫化橡胶可以成卷供应，且氯丁橡胶也可以采用。

3. 滑动支座

当两个预制构件之间相对位移较小时，可允许使用厚度适宜的无增强弹性支座或者增强弹性支座。但当相对位移较大时，必须安装特殊的滑动支座。虽然目前市场上有很多种滑动支座，大多数厂商只是自愿遵循官方的质量控制措施，但尚未通过国家技术认证。在建筑上使用的滑动支座包含有润滑的或者无润滑的薄膜（0.2~0.5mm）或者薄板（3~5mm）。使用的材料主要有聚乙烯（PE），聚丙烯（PP），聚氯乙烯（PVC），聚酰胺（PA）或者聚四氟乙烯（PTFE），其中聚四氟乙烯是最适合但同时也是最昂贵的（商标品牌有特氟龙 Teflon，Hostaflon 等）。同时，碳纤维增强塑料（CFRP）也可用来制作滑动支座。

薄膜或薄板因其厚度太小不能调节支撑面的不平整度或者在发生转动时无法防止过大的边缘压力，因此，通常将其封闭在泡沫或者弹性体内。只有当滑动支座被充分层叠压制成最小总厚度为 4mm 的弹性体时，方可用作预制混凝土构件之间的中间垫板。这不是一个完全纯滑动支座，而是一个"可变形的滑动支座"。摩擦系数取决于压力、材料、温度、润滑作用、滑动速度、边界粘结作用和支座移动维数，即所有参数的作用。摩擦系数通常由制造商按照实验室标准试验测量确定，试验条件与其在实际使用情况不同，有些情形相差较大。$\mu=0.1$ 可以认为是一个保守的特征值[222]。

4. 增强弹性支座

用于承受较大荷载的增强弹性支座的平面形状通常为正方形、矩形或圆形。支座增强通常是以平钢板或者多层纤维的形式，按照均匀间距且对平面中心对称布置。通过热硫化处理嵌固于多层弹性体中。

然而在选择更加复杂、更加昂贵的增强弹性支座前，检查是否无增强弹性支座就能够满足设计要求非常重要。这是在预制混凝土结构中确定大部分支座细节设计时所要考虑的问题。

在 DIN 4141-14 标准"增强弹性支座"和国家技术认证中包括增强弹性支座的应用。参考文献［208］包含了关于增强弹性支座应用的更多信息。

增强弹性支座区别于无增强弹性支座，主要体现在如下几方面：

（1）无增强弹性支座通常成片供应，可根据施工应用切割成需求的尺寸，而增强弹性支座只能由供应商预制时确定尺寸。

（2）允许压力取决于支座的尺寸，取值范围介于小尺寸支座 10N/mm² 和大尺寸支座 15N/mm² 之间。与无增强弹性支座相比，增强弹性支座能够承受更大的荷载值，原因在于在橡胶硫化过程中与金属板的组合能够阻止侧向应变对支座的挤出作用。

（3）对于无增强弹性支座，与层厚 t 相关的允许剪切变形与无增强弹性支座相同。但是，对于厚度为 $T=n \cdot t$ 的较厚增强弹性支座，当 t 不变时，允许剪切变形随着系数 n 的增大而增大。

（4）在支座转动方面，总的转动角度为 $\vartheta = n \cdot \alpha$，可按相同条件采用，其中 α 是每层弹性体的转动角度。

（5）对于增强弹性支座，除考虑由于局部荷载产生的劈裂拉力外，不需要再考虑任何侧向拉力。

3.1.4　依据 DIN EN 1337 的弹性支座设计

依据 DIN 4141 标准的弹性支座设计在前面章节中已有叙述。该标准在此期间已经废止并且由新的支座标准 DIN EN 1337 所代替。新标准包括 11 个部分，其第 3 部分是关于弹性支座的内容（见参考文献 ［213］）。

随着弹性支座的进一步发展，其可承受的允许支座压力已大于 $12N/mm^2$，且表现出的承载能力特性逐渐偏离 DIN 4141 标准条款的适用范围，因此事实非常清楚，需要一部新标准作为设计依据。在新一代标准的欧洲一体化进程中，新支座标准的起草也经历了数年时间。此外，关于许多不同种类支座的技术发展以及多元化需求，形成如下技术规定条款：

（1）将来不再对支座进行分类。DIN EN 1337-3 版本标准"结构用支座——第 3 部分：弹性支座"目前已经生效（2005 年 7 月），其中包括采用 CR（氯丁橡胶）和 NR（天然橡胶）制成的无增强弹性支座，用于相对较小的竖向荷载（最大值约为 $8N/mm^2$）和以承受静荷载为主的支座。然而，条文说明中排除了天然橡胶，即现行标准仅涉及采用氯丁橡胶制成的弹性支座。由于对承受荷载的限制，该标准对此类支座受压分析进行了相当大的简化。

$$\sigma_{Ed,m} = \frac{F_{zd}}{A} \leqslant 1.4 \cdot G_d \cdot S \leqslant 7 \cdot G_d \tag{3-8}$$

式中　　F_{zd}——竖向荷载设计值；

A——支座平面面积；

G_d——弹性体的设计剪切模量；

S——弹性材料的形状参数。

依据 DIN 1055-100 标准中的罕遇荷载组合，可确定支座力和支座位移的特征值。考虑各分力作用（大小随相应各部分安全系数而增长）得到的特征值可用来计算对于位移和转动的支座移动设计值，以及极限承载能力状态下的力值。

（2）所有不能依据（1）进行设计的支座均需要某种形式的国家技术认证。例如，当依据 a）设计的支座要用于承载更高的荷载时，或其他类型支座，或使用其他材料（EP-DM，三元乙丙橡胶）制作的支座。除某些形式的认证外，这些支座需要设计概念指导。在此期间，一部所谓的应用标准正在起草中，并将规定支座详细分析方法。因此，以下给出的所有信息反映了现阶段该新标准编制委员会的新近讨论结果，尽管最终结论还尚未确定。该应用标准必须在两个限值范围内起作用：下限值是依据 DIN EN 1337-3 标准的简单验证来确定，上限值是基于目前经验的 $20N/mm^2$ 支座压力的限值确定。

对于气候的影响，我们将安装在保温隔热建筑内部的预制构件和经常暴露于或者长期暴露于室外的预制构件区分开来。

支座分析是基于与变形相关的计算概念进行的，而不是依据 DIN EN 1337-3 标准。在分析过程中，对精确分析和简化分析做了区分。

为了约束支座的侧向扩展或者沉降，平均支座压力应满足：

$$\sigma_{Ed,m} = \frac{F_{zd}}{A} \leqslant \sigma_{Rd,m}$$

允许平均支座压力 $\sigma_{Rd,m}$ 的设计值可以参见相关的国家技术认证或者 DIN EN 1337-3 标准。支承处预制构件的转动角度和几何缺陷都应在支承转动角度 $\alpha_{Ed,tot}$ 确定中加以考虑：

$$\alpha_{Ed,tot} = \alpha_{Ed,component} + \alpha_{imp}$$

在设计荷载作用下，通过预制构件边角部位之间没有接触来限制支座转动角度 $\alpha_{Ed,tot}$。由于支座本身在弹性体不损坏的情况下能适应非常大的压力和变形，因此，避免相邻预制构件的破坏成为实际设计极限状态。

在设计相邻预制构件时，必须考虑支承支座转动引起的恢复力矩造成的偏心距。偏心距的取值将在今后的相关国家技术认证中提供。

由预制构件位移和主要外部荷载造成的支座剪切扭转 $\tan\gamma_{Ed}$ 应该满足以下限值：

$$\tan\gamma_{Ed} \leqslant \tan\gamma_{Rd} \leqslant 1.0$$

另外，同样有必要核算确定：无锚固的支座不能滑动。

关于建筑用弹性支座的应用标准和未来国家技术认证互相之间已进行了协调性调整。

3.2 受拉节点设计

3.2.1 焊接节点

目前，市场上正在出现可焊结构钢，且依据 DIN 18800-1 标准许可的用于钢结构工程的钢材，以及无缝钢管和焊接中空截面钢管的不同等级钢材都适用于焊接。这意味着，预制混凝土建筑的永久承载节点大多可采用焊接节点的形式。

DIN 1045-1 标准和 DIN EN ISO 17660 标准的第 1 部分与第 2 部分"钢筋的焊接"中，包含钢筋混凝土结构中焊接节点的设计、制造和质量控制内容；第 1 部分包含承载焊接节点，第 2 部分是关于非承载节点，即指那些仅仅因运输和（或）安装需要而设置的节点。后者的一个例子：由简单的搭接焊接节点加工的标准网片钢筋。

本节仅考虑承载焊接节点设计。

所有焊接节点（同样适用于非承载节点）仅能由通过 ISO 9606-1（角焊测试）认证并且已经完成包括钢筋焊接附加培训的焊工来制作。另外，依据 ISO 14731 标准，承包商或者制造商必须聘用一位拥有钢筋焊接方面专业知识的监理人员。

DIN 1045-1 标准表 12 详细规定了允许的焊接方法。除剪切连接用电栓焊外，预制混凝土的焊接施工方法几乎全部采用电弧焊。此处，我们对常用的利用涂药焊条的手工电弧焊（E）和通常指活性气体保护金属极焊接（MAG）的气体保护电弧焊加以区分。后者尤其适用于工厂制作，并且在露天条件下，为防止保护气体被风吹散，只在作业区周围架设帐篷的情况下才可进行。

现在，符合 DIN EN ISO 10088 标准（也可参考 DIBt 认证的 Z-30.3-6 中涉及的不锈钢制作的产品、连接和构件），同时依据 DIN EN ISO 17660-1 标准进行操作的 1.4401 和 1.4571 等级的不锈钢也可用于焊接连接。不过，此时要求采用特殊的焊条。当设计的连接节点同时包含普通钢和不锈钢两种材料时，必须考虑两者之间不同的热膨胀性能以避免约束应力的产生和节点破坏。在电解液（例如水）存在的情况下，两种类型钢材一旦接触会发生电化学腐蚀，但当钢构件埋入混凝土中时就不存在这个问题。

DIN EN ISO 17660-1 标准提供了在钢筋之间以及钢筋和型钢之间焊接连接节点的设计和详图的详细资料。基本规则是进行角焊（图 3.14）、搭接焊或拼焊节点（图 3.15），这些节点易于加工且具有极高的承载能力储备，应比平接节点或者 T 型节点更好（图 3.16）。

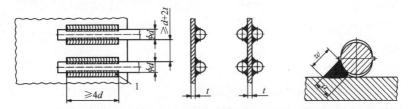

图 3.14 依据 DIN EN ISO 17660-1 标准沿钢筋或其他型钢侧面的角焊焊缝

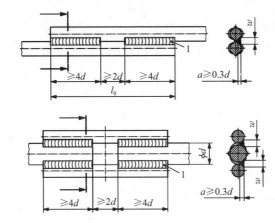

图 3.15 承载节点依据 DIN EN ISO 17660-1 标准在钢筋之间的搭接焊或拼焊节点

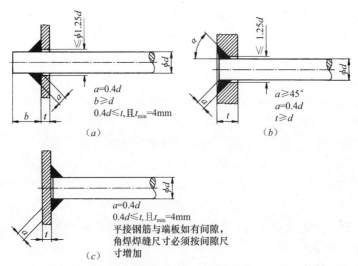

图 3.16 依据 DIN EN ISO 17660-1 标准钢筋端部的角焊焊缝

（a）穿过端板钢筋；（b）沉头钢筋；（c）平接钢筋

在钢筋端部（T 型节点）的填角焊接很容易出现问题。结构计算建议（当没有焊接测试结果时）仅对于钢筋穿过与其恰好具有同样承载力钢板的节点采用角焊缝（图 3.16a 和 3.17）。上述方法基于公司内部测试并符合参考文献［227］的要求。当钢筋由于构造要求，其根部必须与预埋板平齐时（例如在短支撑或牛腿处），不推荐使用如图 3.16c 所示的节点类型。正如上述提及实验所揭示的，在某些情况下，该类型节点能够承受的力小于钢筋内力的 50%。如果不可避免要用到平齐节点，可采用如图 3.16b 所示的焊接节点类型，但这种构造只能承担钢筋总荷载的 75%，除非专门的适用性测试已证明其能够承担全部荷载。

如图 3.16a 所示的焊接节点的承载效应是由相对较小的环状焊缝所特有的楔入效应所致。失效出现在突出钢筋的锥形剪切面上，这就是为什么应尽可能使焊缝高度 a 不小于 1.0d_s。然而上述测试已表明，不要求焊缝必须达到 0.4d_s。取而代之的是一个简单的楔形角焊缝，即有效高度 $a=7$mm 就足以满足要求（图 3.17）。

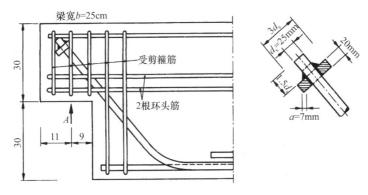

图 3.17　带有圆形锚固板的焊接端锚（依据参考文献［157］）

在荷载不是以静荷载为主时，DIN 1045-1 标准表 12 规定：受拉钢筋之间的对接节点只允许采用闪光电弧焊（FW）。电弧焊和活性气体保护金属极焊接（MAG）仅适用于受压钢筋，且使用时应满足一定的限制条件。

地震区结构的焊接节点必须予以特别注意。DIN 4149 标准第 8.3.5.3 节规定：钢筋之间的焊接连接不允许用于假定为具有较高延性的稳定性构件（第 2 类）。钢结构焊接连接必须严格遵守 DIN 4149 标准第 9.3.1.3 节中给出的关于焊丝金属必须满足的要求。

预制混凝土施工中的焊接连接经常基于从预制混凝土构件中伸出的钢筋，将这些突出的钢筋直接焊接在一起或与拼接板焊接在一起，之后在施工现场对整个节点区域浇筑混凝土（见图 2.44）。伸出胡子钢筋必须足够长，从而允许产生很小的弯曲来适应施工误差。高水平的焊工和焊接设备对保证施工质量是很重要的。读者应查询《FDB 手册第 2 册》（仅有德文版）来了解关于防腐保护的信息。

3.2.2　锚固钢板、螺栓、栓钉和预埋槽钢

近年来，钢筋混凝土施工中的安装技术已经发展成一个独立领域。该技术包括预埋钢构件，例如预埋槽钢、钢轨、焊有大头螺钉的钢板，或者由挤压螺纹接头带肋钢筋制成的猪尾锚（pigtail anchors）以及膨胀锚栓、切底锚栓、粘结锚栓（图 3.19、图 3.20）等各

种形式的现场连接件。

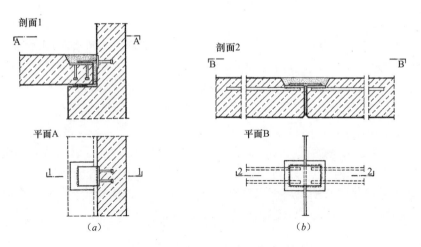

图 3.18 承力楼盖楼板的焊接节点

(a) 楼盖与墙体连接；(b) 楼盖横隔连接节点

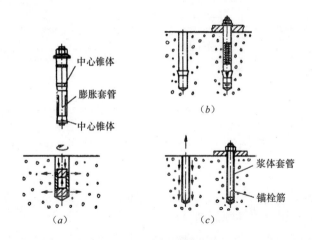

图 3.19 钻孔锚固图例

(a) 力控制的膨胀螺栓；(b) 切底锚栓；(c) 粘结锚栓

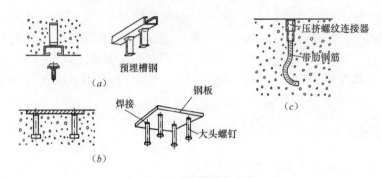

图 3.20 预埋钢构件图例

(a) 预埋槽钢；(b) 焊有大头螺钉的钢板；(c) 猪尾锚

这部分内容在参考文献《混凝土日历》[230,238]中有单独的一章，因而在此不再详述。

这类预埋构件正越来越受到欧洲技术规范[228]的约束规制，这使得制造商能够编制专门的设计软件并简化其连接件的使用。例如，所谓的 CCD 方法（CCD 为混凝土承载力设计）代表了目前设计预埋锚固件和预埋锚固板的标准。对于预埋槽钢和预埋钢轨的发展也有类似趋势[229]。

在参考文献《混凝土日历》[231,238]中，有关于典型锚固槽钢和钢轨以及用于预制混凝土构件和外墙板构件单元的典型连接固定件的介绍。

3.2.3 受剪螺栓

预制混凝土结构经常采用受剪螺栓对直接接触的预制混凝土构件位置进行固定。受剪螺栓横穿两个构件的接触面，其必须能够抵抗节点内产生的任何剪力。在参考文献［232～234，239］中有关于受剪螺栓的详细讨论。

设计准则是基于螺栓固定点处的混凝土压应力和螺栓受弯情况。可相对准确地计算螺栓弯矩，但是借助于次级模量来确定混凝土的承载能力仍然是个问题。

受剪螺栓节点有如下几种失效形式（图 3.21）：

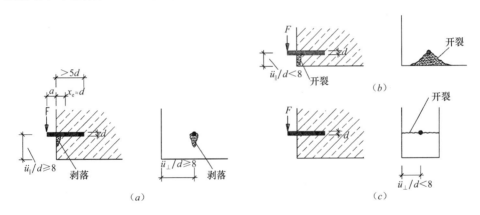

图 3.21　受剪试验破坏机理[232]

(a) 局部剥落；(b) 边距不足（$ii_\parallel/d<8$）；(c) 边距不足（$ü_\perp/d<8$）

——混凝土承受过大的压应力（a）；

——截面开裂（b，c）；

——螺栓所受弯矩过大。

由于钢材和混凝土都有可能失效，所以始终应进行以下两种承载性能分析（摘自参考文献［232]）。

螺栓的抗剪承载力计算应考虑钢材的塑性储备，乘以 1.25 的系数：

$$F_u = 1.25 \frac{f_{yk} \cdot W}{(a+x_e)}$$

式中　f_{yk}——钢螺栓的屈服应力；

　　　W——螺栓的抵抗矩；

　　　a——力臂；

x_e——螺栓的理论固定深度。

采用 $\gamma = 1.75$ 的安全系数对钢材失效来说是足够的。考虑到局部开裂的风险，推荐选择 $x_e = d =$ 螺栓直径。所需的嵌固长度在 $5d \sim 6d$ 范围内；每次都采用 $6d$ 是合理的选择。

混凝土失效荷载计算公式如下：

$$F_u = 0.9 \frac{f_{ck} \cdot (d^{2.1})}{(333 + 12.2a)}(kN)$$

式中 d——螺栓直径；

a——所采用的外荷载力臂（mm）；

f_{ck}——依据 DIN 1045-1 标准计算的混凝土圆柱体抗压强度（N/mm²）。

推荐采用安全系数 $\gamma = 3$。

当螺栓直径 $d = 16 \sim 25$mm 时，假设 $a = 0$，按照拉斯穆森（Rasmussen）在参考文献［232］中给出的公式，所得的计算结果与上式计算结果基本一致：

$$F_u = 1.3 \cdot d^2 \cdot \sqrt{f_{ck} \cdot f_{yk}}$$

在此情况下，推荐安全系数取 $\gamma = 5$。

当螺栓退出构件部位下方的混凝土不会破坏时，例如，通过将最小直径为 $7d$ 的圆钢板焊在螺栓上或者在节点处施加横向压力，此时混凝土的允许荷载大约可以加倍。

上述公式的一个先决条件是足够的最小保护层厚度 $\ddot{u}_{\parallel}$ 和 $\ddot{u}_{\perp} \geqslant 8d$。只考虑施工因素时，不应在无筋混凝土中采用更小的保护层厚度。

在混凝土构件尺寸较小而螺栓剪力较大的情况下，可以通过布置钢筋对混凝土进行加强。钢筋截面面积的计算公式如下：

$$A_s = \frac{1}{\psi} \cdot \frac{F_{Ed}}{f_{yd}} \tag{3-9}$$

式中 ψ——按图 3.22 取值。

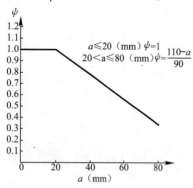

图 3.22   式（59）系数取值

采用间距为 50mm、直径不大于 8mm 的钢筋网的有效性已经被证实。网格中最多 5 根钢筋平行排列可认为能够有效加强混凝土强度。或者，可在螺栓周围布置直径 $\leqslant$12mm 的双向抗剪环头筋，并锚固在力的相反方向（图 3.23）。

最后，以两种有趣的专利保护的剪切螺栓信息作为本节的结尾。该螺栓被称为"剪切荷载连接器"，并允许沿螺栓纵向产生位移（图 3.24）。

类型 I 设计为通过模具进行安装。钢棒的一半长度上覆盖有沥青涂层，以阻止其与混凝土之间产生粘结，因此，当在销钉端部有空隙或者可压缩泡沫材料时，允许产生纵向位移。

类型 II 在模具内侧钉有一个螺栓套管，不需要在为连接螺栓而在模具上钻孔。脱模之后，螺栓插入套管，一旦节点施工完毕就被植入相邻构件中。

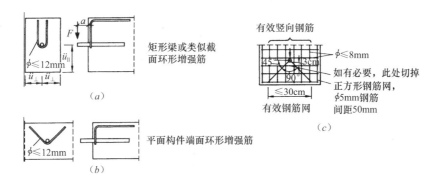

图 3.23 受剪螺栓增强钢筋的有效设置形式[232]

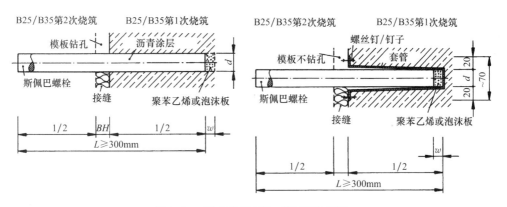

图 3.24 滑动受剪螺栓（斯佩巴系统）

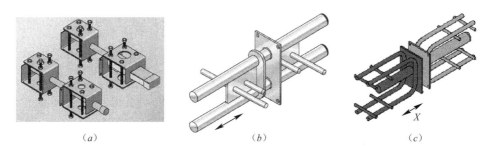

图 3.25 适用纵向不同程度位移的受剪连接系统接头形式

(*a*) A 型；(*b*) B 型；(*c*) C 型

这种受剪连接件对于某些场合是非常合适的，例如：当支座或者伸缩接头受压且必须承担剪力时，沿连接件的轴向必然会产生位移。

这些拥有专利的"剪切荷载连接器"目前仍在不断发展，现在的可用形式如图 3.25 所示，有各种不同的自由度可选，且已包含在国家技术许可范围内，参见参考文献［231，240］。与适当的附加钢筋相结合，这些连接装置可以用作构件之间的承载连接。

3.2.4 螺纹连接套筒

用于连接钢筋的螺纹连接套筒种类齐全，尤其适用于传递拉力。然而，大部分这些产品不适宜用作预制混凝土构件之间的连接件，因为其不具备调节补偿纵向和横向误差的能力，最多也只能处理微小的误差，并且由于套筒本身或者用于安装的设备需要空间太大。不过，在连接位于灌浆接缝或穿过套筒的松散可调钢筋，或伸出预制混凝土构件并且埋入现浇混凝土中的钢筋（所谓的伸出胡子钢筋）时，这种螺纹连接套筒是非常有用的。以下所述的关于螺纹连接套筒的详细信息可以参见参考文献［231］。

近年来，螺纹连接套筒在预制混凝土施工中得到广泛应用。采用一个包括固定预埋螺栓的体系，通常还包括防止穿透模具的螺纹套筒，以及一个可适当调节误差的预埋件，已经可以减轻由于螺纹连接导致的两个预制混凝土构件之间安装精确度差的难题。允许偏差的范围为 3～8mm，由预埋件的尺寸决定。该体系目前可用于设计承载和非承载的柱、梁以及墙的节点构造。（同样参见图 2.63～图 2.68）。

3.2.5 运输吊装固定件

预制混凝土构件不是在其最终位置进行制作的，所以在设计阶段就必须考虑怎样吊装，在哪些作用点将其吊起、翻转以及运输的问题。固定件的类型、定位及尺寸必须进行规划设计，对于吊装设备也应如此。后者的有效性必须进行校核。

由于对完工后结构的安全性及稳定性没有任何影响，所以运输固定件的设计工作通常被潦草对待。通常结构分析工程师不认为自己应对运输固定件负责，这是因为在德国，雇主责任保险协会（Berufsgenossenschaften）对运输过程的安全性负责。然而，这些协会只对起重机吊带和吊钩的质量感兴趣，这就意味着，根据建筑官方部门的规定，实际上没有人对关系现场建筑工人生命安全的运输固定件负责任！责任就全部落在预制混凝土构件生产商身上。

只有经过测试的吊装埋件系统才能用于较大荷载。参考文献［231］列出了众多可选用运输固定件中的一部分。

根据雇主责任保险协会的安全条例，吊装埋件必须被设计为能够承担 3 倍名义工作荷载。名义工作荷载规定为按照起吊时混凝土强度必须能达到 $15N/mm^2$ 计算[133,235]。

在此期间，德国工程师协会建筑技术分会（VDI Bautechnik）和预制建筑研究会（the Studiengemeinschaft für Fertigteilbau e. V.）已经成立一个研究小组来起草关于运输固定件系统的设计及应用细则，并且筹备一个关于这方面的 VDI 指导手册[241]。在设计运输固定件尺寸时，以下几点需要注意：

（1）在脱模时会产生相当大的黏附力。对于钢模且涂有脱模剂的情况，黏附力可达 $1kN/m^2$；对于粗锯木模情况，可达到 $3kN/m^2$。实际上，当给用老式刚性模板浇筑的双 T 板进行脱模时，曾经测到过黏附力的值为 2 倍自重的力值。

（2）当固定件受到对角斜拉力时，必须考虑到绳索内产生更大的内力（图 3.26a），以及固定件套管中产生的附加弯曲应力。不允许倾斜角度大于 60°。可采用工具式分配梁来避免产生斜拉力。在某些条件下，需使用特殊的斜拉环形吊索（图 3.26b）。

（3）在设计中只有两种承载式固定件和绳索可假定为非静定悬挂起吊系统。因此建议设计者通过利用跨接梁或者附加铰支座来建立一个静定承载系统，这样可给所有埋件分配大致相同的荷载（图 3.27）。

（4）对于水平浇筑的墙板和柱，如果无立墙平浇模具可用的话，当连接吊索以及提升

$$S = \frac{1}{2} \cdot F \cdot \frac{1}{\cos \alpha} = \frac{1}{2} \cdot F \cdot \frac{s}{h}$$

α	0°	15°	30°	45°	60°
$\frac{1}{\cos \alpha}$	1.00	1.04	1.16	1.42	2.00

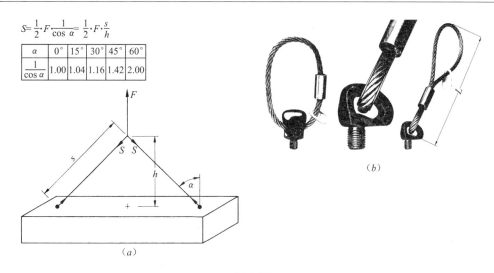

图 3.26

（a）对角斜拉起吊索力；（b）斜拉起吊用环形吊索（施罗德）

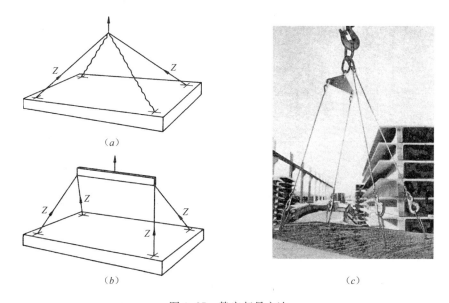

图 3.27 静定起吊方法

（a）非静定起吊；（b）采用分配梁的静定起吊；（c）采用分配板的静定起吊（费福尔体系）

构件时，由于运输固定件的边距不够，混凝土构件边缘会不断受损。固定件必须有适当的刚度，并用钢筋固定好（图3.28）。在起吊构件时，只有一半的荷载作用在运输固定件上，因为另一半仍由地面支撑。

（5）在起吊预制混凝土构件脱模时，能够产生非均匀及冲击荷载，同样，在工厂或者在建筑工地抬起或下放的过程中也会产生非均匀及冲击荷载。这些荷载的量值取决于起重机操作员的技术水平。预制工厂拥有带有精确起吊装置的起重机，并且通常由经验丰富的操作人员来操作，意味着即使在工厂操作期间混凝土强度处于最低点，但冲击荷载保持较低水平且通常可以忽略不计。这也适用于最新的移动式起重机。为了抵抗理论上操作不当而产生的冲击荷载问题，将运输固定件系统的安全系数进行整体提高从经济层面来说是不合理的。其关键取决于施工现场及工厂里每个工作人员对构件的谨慎操作。

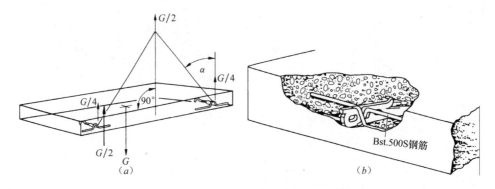

图 3.28　水平浇筑墙板的运输吊装固定件
(a) 起吊荷载分布；(b) 刚性运输吊装固定件

通过钢索或者气动装置来远距离操纵的运输吊装固定件，在很多情况下使定位操作变得容易，并且降低安装工人的危险。

考虑到构件掉落将引起什么样的事故或损伤，以及连接吊索或吊钩所浪费的时间，在运输吊装固定件计算设计时忽略必须的责任心是很不值得的。

只有一个重要方面是预埋件不应太昂贵，这些预埋件通常每个构件都有 2 个或者 4 个。(因为其保留在构件内，并且很可能再也不用了)。

3.2.6　后加牛腿连接件

由于采用某种制造工艺而使牛腿必须后安装，如墙体采用爬模或者滑模工艺施工，此时可以采用本书第 2.6.2 节给出的利用对接钢筋和受剪键节点方案。并且即便对于结构中没有连接件的地方，仍有可能通过利用摩擦力和螺栓机制传力的方式后安装牛腿。拉力必须由螺纹部件来传递。

图 3.29 给出两种后加牛腿的方式，二者都需要采用螺栓。由于小的误差和螺栓松动导致的连接件屈服可通过对螺栓施加事先计算好的预拉力 Z 加以避免。预张拉可通过如同预应力混凝土施工中采用的液压方式施加，但利用扭矩扳手更为方便，不过利用扭矩扳手在螺栓中除拉力外还会产生扭矩。

通过施加扭矩 M_D 以及轻微抹油的高强度摩擦式夹具（HSFG）螺栓能够实现的预拉力 Z 可利用如下公式精确计算得到：

$$Z(\mathrm{kN}) = \frac{5M_D}{d_s} \tag{3-10}$$

式中　M_D——扭矩（N·m）；

$\quad\quad d_s$——螺栓直径（mm）。

以下公式可用来估算将螺栓拉力传递给混凝土的锚板尺寸：

所需的板厚：t（mm）$= 3.4 \cdot \sqrt[3]{Z}$（Z 以 kN 计）

所需的板面积：A_D（cm^2）$= 0.8 \cdot Z$（Z 以 kN 计）

上述均基于参考文献［236］中的试验得到，采用 C20/C25（B25）等级混凝土以及一

个直径为 $1.5d_s$ 的通孔。

读者可参见参考文献［236］，该文给出了有关螺栓连接防火及防腐蚀方面非常详细的信息。当然，所有要后加牛腿的构件都必须进行核算以确保其能够承担附加荷载。

图 3.29a 给出了一个通过预张拉 HSFG 螺栓固定在混凝土构件上的钢筋混凝土牛腿。抵抗剪力 V 所需的摩擦力是通过预张拉力 Z 来产生的，这也是为什么这种牛腿构造的预拉力 Z 远大于图 3.29b 中 Z 的原因。

参考文献［236］的作者提供了关于这种牛腿构造的更多信息：

（1）不必在节点处灌浆，并且对接触面的平整度也没有特别严格的要求。

（2）当 HSFG 螺栓已经进行妥善的镀锌处理后，不必要为降低腐蚀风险而在每个螺栓孔内进行压力灌浆。这简化了牛腿的精确调整。一种合理的最终构造做法——砂浆填充可采用特殊砂浆进行填缝处理，也可采用"Isoternit"防护帽——能够确保防火等级达到 F90～F120。

关于图 3.29b 所示的后加牛腿构造试验[237]已经表明，这类牛腿对于起初从未考虑过使用牛腿的后加情况甚为理想。确定尺寸时依据钢结构方面的规定进行。圆形螺栓孔由空心钻制孔。孔洞只需比螺栓直径大几个毫米，且空隙最后采用灌浆填实。

在试验中，这类后加牛腿在加载至 2.1 倍使用荷载后才失效。

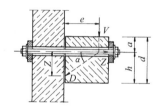

已知给出：$V, e, z=0.8h$
牛腿宽度 b
混凝土等级（较弱部位）
计算求得：预张拉力 Z
或螺栓拉杆截面面积
必须核算混凝土中的应力
预张拉力：$e/z \leqslant 1.23$：$Z=2.15V$
$e/z > 1.23$：$Z=1.75e/z$
螺栓拉杆截面面积：$A_s=Z/$永久有效应力 σ_e
（螺栓拉杆预张拉力值到 Z）
混凝土应力：
$$\sigma_b=\frac{V}{b \cdot e \cdot \sin^2\alpha} \leqslant \frac{\beta_R}{2.1}$$
其中 $\tan\alpha=z/e \rightarrow \sin^2\alpha$[236]

（a）

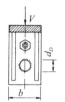

已知给出：V, e, z, d_0, t
混凝土等级
计算求得：预张拉力 Z
或螺栓拉杆截面面积
必须核算混凝土中的应力

拉力：$Z=\dfrac{e}{z}V$

螺栓拉杆截面面积：$A_s=Z/$永久有效应力 σ_e
（螺栓拉杆预张拉力值到 Z）
混凝土应力：
$$\sigma_b=\frac{V}{d_0 \cdot t} \leqslant 1.4\beta_R$$
建议螺栓直径取 $d \approx t$[237]

（b）

图 3.29 后加牛腿连接件设计
（a）预张拉 HSFG 螺栓固定后加钢筋混凝土牛腿；（b）螺栓固定钢牛腿

3.3 受剪节点（接缝）设计

3.3.1 概述

本书第 2.6.1 节已论述了在现浇混凝土之后完成的截面受剪节点（接缝）设计。根据

DIN 1045-1 标准，相同的公式同样也可用于其他形式的受剪节点设计。

图 3.30 以图形形式给出了对传递剪力起作用的荷载分量组成部分。第一部分包括预制混凝土构件和节点处砂浆之间的粘结力，第二部分对应于与接缝垂直的轴向压力产生的摩阻力，第三部分是钢筋，其同样会产生一个摩阻力并且能够通过剪切摩阻理论来解释[242]。

在剪切摩阻理论中（见图 3.31），假设即使在节点处由于剪力产生的裂缝非常微小，也足以将荷载传递给穿过节点的钢筋。之所以这样，是因为伴随着接触面的相对位移，裂缝的凹凸不平使接触面分离，因此穿过此节点的钢筋受拉。

这导致在节点处的压力增加，使得剪力能够通过摩阻力来抵抗。原则上，钢筋因此提供与外部压力垂直作用于接缝轴线时相同的作用。通过比较（见本书第 3.2.3 节），钢筋的螺栓作用较小，通常可忽略不计。

如果钢筋以一定角度穿过节点，那么投影到受剪接缝上的分量全部有助于抵抗作用于该方向的剪力。

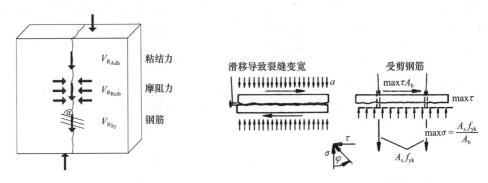

图 3.30   传递剪力的荷载分量贡献   图 3.31   剪切摩阻理论

3.3.2   平面内剪力——楼盖横隔与墙板接缝

（同样内容参见本书第 2.2.5 节及第 2.2.6 节）

根据 DIN 1045-1 标准第 13.4.4 节，由预制混凝土构件制作的承力楼盖楼板如果最终状态下形成了连贯的二维平面，可将其视为承载楼板，楼板的独立部件通过抗压节点相互连结，平面内的荷载通过拱或者桁架效应以及为此目的设置的加强边缘构件和约束单元来抵抗。为实现桁架效应所需的约束单元，可通过预制混凝土部件之间接缝中的钢筋构成，这些钢筋锚固在相应的边缘构件内。边缘构件和约束单元中的钢筋必须通过计算检验。

然而，不同对角支撑角度的各种桁架作用效应模型均是可行的（图 3.32）。

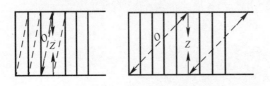

图 3.32   不同角度对角支撑的 2 种桁架作用效应模型

表面看来，假定采用倾斜支撑时，在预制混凝土构件之间的每个接缝均设置联系单元会需要更多钢筋。但是，集中布置对角线联系单元也一定能够在节点范围内安装所需钢筋。此外，没有必要对节点进行校核，因为其并不与支撑相交。

因为生产工艺的原因，由采用滑模或螺旋挤出机浇筑的加气混凝土构件或者预应力空心板单元制成的楼盖横隔纵向接缝的边缘相对比较光滑。因此已对这些产品展开了多种多样的研究项目，并且已经证实周边或内部连系梁的作用类似于销栓，其刚度对传递剪力贡献巨大。

基于足尺模型试验[247]，已开发出一种 1～2 层住宅建筑加气混凝土构件的简单设计理念。

DIN 1045-1 标准第 10.3.6 节可以用来检验预应力混凝土承力楼板的受剪连接接缝[248]。此时应注意，接缝必须光滑且剪力值不能超过 $h_F \cdot 0.15 \text{N/mm}^2$。有效剪力沿接缝全长按如下方式分配：

$$V_{Ed} = \frac{A}{L} \leqslant V_{Rd,ct} \leqslant h_F \cdot 0.15 \text{N/mm}^2$$

式中 $h_F = h - 20\text{mm}$ 有效接缝高度。

公式只允许用于静力荷载为主的情况。

虽然 DIN 1045-1 标准第 13.4.4 节将楼盖假定为横隔板，但是，近来越来越多由预制混凝土构件生产制作的墙板在不同结构体系中起到了承载板的作用。可根据 DIN 1045-1 标准第 10.3.6 节进行分析。到目前为止，图 3.35 所示的由施维恩（Schwing）[67]通过大量试验导出的曲线在预制混凝土施工中应用最为广泛。这些曲线使得如图 3.33 所示的各种荷载情况下，不同剪力键槽尺寸能够进行计算和设计。虽然对于光滑接缝也应在适当提高安全系数的情况下采用这些曲线，但往往还是推荐在承载接缝中使用剪切键槽。考虑到施维恩推荐的剪切键接缝整体安全系数为 2.5，这将得出在比率 $B/F_u \leqslant 0.5$ 情况下，平均每个单元长度的剪切承载力为如下结果：

$$v_{Rd} = \frac{b_1 \cdot \kappa}{\gamma'_c} \cdot \sqrt{\frac{f_{ck} \cdot B}{F_u} \cdot [a + b \cdot (\rho \cdot f_{yk} + \sigma_N)]} \geqslant v_{Ed} \tag{3-11}$$

式中 γ'_c——1.76；

$\dfrac{B}{F_u}$——$\dfrac{h_1}{h_2} \cdot \dfrac{h_1}{b}$；

a——0.04（MN/m^2）；

b——0.44（—）；

ρ——配筋率；

f_{yd}——f_{yk}/γ_s（MN/m^2）；

σ_N——压应力；

$0 \leqslant \rho \cdot f_{yk} + \sigma_N \leqslant 3.80$（$\text{MN/m}^2$）$\kappa$。

式（3-11）中系数 κ		表 3.1	
	κ		κ
C12/C15	0.95	C30/C37	0.908
C16/C20	0.95	C35/C45	0.885
C20/C25	0.95	C40/C50	0.862
C25/C30	0.93	C45/C55	0.839

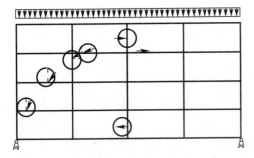

图 3.33　预制混凝土板接缝的典型荷载条件[67]

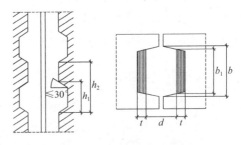

图 3.34　受剪键槽几何尺寸

$$\underbrace{\dfrac{V_{Rd}}{b_1 \cdot \chi \cdot \sqrt{f_{ck}}}}_{y\text{轴}} = \underbrace{\dfrac{1}{\gamma'_c \cdot}}_{1.76} \sqrt{\underbrace{\dfrac{B}{F_U}}_{0 \div 0.5}} \underbrace{[\underset{0.04}{a} + \underset{0.04}{b} \cdot (\rho \cdot f_{yk} + \sigma_N)]}_{x\text{轴}}$$

曲线应用条件
钢筋间距 $e \leqslant 100$cm
钢筋直径 $\phi \leqslant 12$mm
键槽角度 $\alpha \leqslant 30°$
键槽深度 $t \geqslant 2$cm
比值 $h_{Fu}/t \leqslant 8$

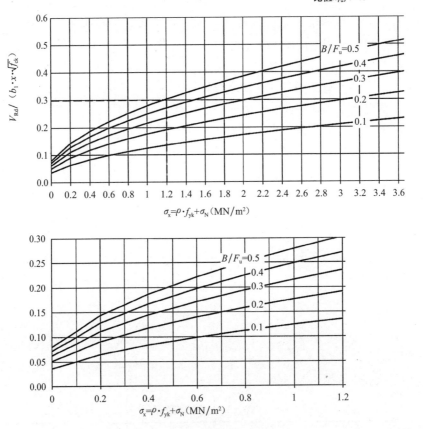

图 3.35　确定受剪接缝所需配筋量曲线[67]

采用 DIN 1045-1 标准图 35 给出的受剪键槽几何尺寸,得出 B/F_u 的值为 0.5。图 3.36 对比了根据施维恩和 DIN 1045-1/A1 标准分析所得到的曲线。对于典型的轴向力作用,两者能够高度吻合。

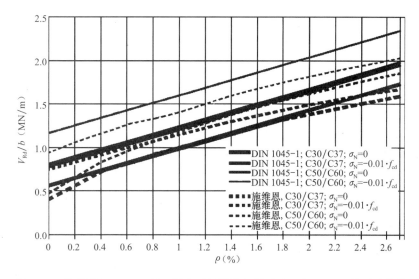

图 3.36 依据 DIN 1045-1/A1 标准对接缝几何尺寸为 $B/F_u = 0.5$ 的对比曲线

在实际应用中，所需钢筋通常集中布置在穿过受剪接缝的横向接缝中（见图 2.59）。为此，施维恩建议按 1/0.85 的系数增大钢筋数量。

为简化受剪键槽和钢筋的施工，许多生产商已开发出接缝处专用的现场预埋件。这些预埋件以成型钢板作为受剪键或者不如说是取代原有剪切键槽，并且以环状拉索的形式作为配筋以简化安装（图 3.37）。这样的连接形式能够承受高达 $v_{Rd} = 90kN/m$ 的剪力。安装完这些部件后，接缝处用高强砂浆填实，这在相关许可文件中有详细说明，同时对允许误差以及最小构件厚度也有详细规定。该连接形式可以承受垂直于板方向上的力（例如墙板上的风荷载）。应注意的是，由于采用环状拉索，裂缝宽度一般会有稍微大于配置钢筋的情况（$\Delta w = 0.1mm$）。

已经研制出专门用于连接墙板和柱的受剪连接件（图 3.38）。

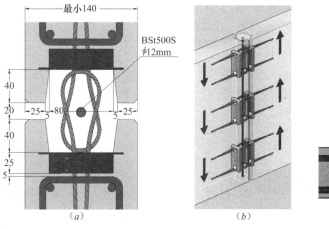

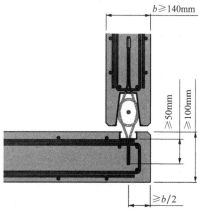

图 3.37 型钢配件受剪连接件（费福尔体系）   图 3.38 墙体接缝受剪连接件（费福尔体系）

3.3.3   平面外剪力——承力楼盖楼板接缝

由预制混凝土构件制成的承力楼板的接缝在传递楼板平面内剪力，即作用于接缝纵向剪力的同时，也必须传递垂直于楼板平面的剪力。图 3.39 表明了不同配筋接缝的破坏机理。

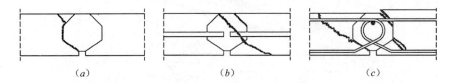

(a)   (b)   (c)

图 3.39   无配筋、锚栓配筋及环形配筋接缝的破坏机理（依据参考文献［244］和［245］）

(a) 无配筋；(b) 锚栓配筋；(c) 环形配筋

DIN 1045-1 标准第 13.4 节包含这类节点的标准构造详图，使得接缝能够以如下方式传递剪力：

——填缝混凝土配置或者没有配置横向钢筋（图 3.39）；

——焊接或者螺栓连接（图 3.40）；

——钢筋混凝土现浇叠合面层。

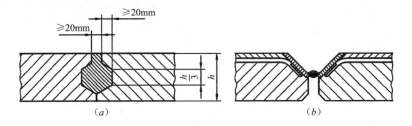

(a)   (b)

图 3.40   依据 DIN 1045-1 标准预制混凝土构件之间接缝示例（单位：mm）

在不是以静载为主的横向分布荷载处，都需要设置钢筋混凝土现浇叠合面层。

参考文献［244］和［245］描述了大量板厚 10～20cm 的试验和各种节点形式。遗憾的是，从这些无筋接缝试验所得出的设计建议包含一个错误，不过之后已经被更正了[246]。图 3.41 给出了配筋接缝的几种设计选择。其中的参数为适应 DIN 1045-1 标准的新版本已经做了调整。

《DAfStb 手册 525》[147] 规定了未配筋接缝的允许剪力，该剪力值基于参考文献［245］，如下式：

$$V_{R,joint,perm} = V_{R,joint,0} \cdot \sqrt[3]{\frac{f_{ck,cube}}{45}} \cdot \left(\frac{h}{10}\right)^{1.44}$$

式中 $V_{R,joint,0} = 7.5\text{kN/m}$。

然而，该公式仅适用于混凝土强度最大为 C45 或 C55，以及板厚最大为 20cm 的情况。更厚的板的接缝应随之改变宽度，也就是说仅按厚度比例改变。在无筋接缝中，混凝土尖端先失效。因此，我们可以假设接缝的允许剪力将大致随厚度（混凝土尖端的厚度）按比例增长。不管怎样，与压力的倾角变大相一致，扩张力与剪力的比值也会变小。

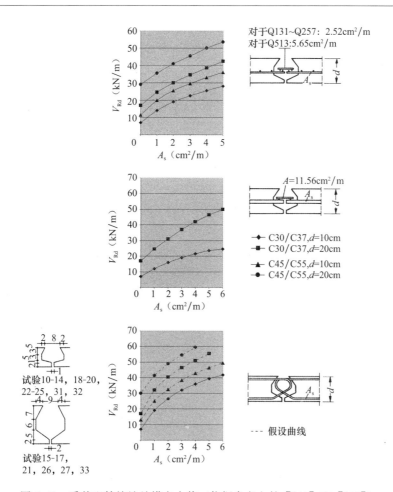

图 3.41　受剪配筋接缝处横向力值（依据参考文献 [244] 和 [245]）

　　本著作作者所做的含有无筋接缝的 10cm 厚板试验，接缝形式如图 3.42 所示，在接缝处填充 C20 或 C25 混凝土，最小失效剪力为 $V_u=27.2$kN/m，若安全系数取 3.0，相应的允许剪力大约是 9kN/m。在这种情况下，倾斜压力 D 的水平分量 H 大致等于剪力 V 的 2 倍，作为扩张力作用在节点上，必须通过楼板横隔传递到横向接缝的纵向钢筋中（图 3.42）。在配筋接缝中，接缝扩张力是由接缝钢筋本身来抵抗的。

　　关于接缝形式，根据图 3.40 和图 3.42，通常可认为混凝土顶部和底部尖端大约在 $1/3h$ 左右时为最好的方案。接缝应尽可能狭窄。其底部宽度只需能够补偿误差，而顶部宽度应刚好允许灌入砂浆填料并适当压实，亦要有足够的空间来放置各种接缝钢筋，包括各种搭接接头。

　　在剪力较大的混凝土尖端部位建议设置钢筋，但在荷载（例如墙板上的风荷载）较小的情况下没有必要。这是因为尖端混凝土的抗拉强度起决定作用，而且允许剪力已经乘以适当的安全系数。

　　参考文献 [249] 描述了空心板接缝的试验情况。这种楼板系统被设计成用于非静荷载为主的情况，所承受的均布荷载值 $q\leqslant12.5$kN/m²，且叉车装卸力（译注：此处似为集中荷载）可达到 35kN。

　　与接缝垂直方向上的剪力传递分析可依据参考文献［147］进行，该方法也适用于预应力空心板，但仅适用于施加荷载 $q<2.75\mathrm{kN/m^2}$ 的情况，且根据许可文件还有一个上限限制。

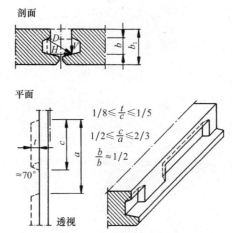

图 3.42　双 T 楼盖构件节点（旭普林 6M 体系）

第 4 章 工厂生产制作

4.1 生产制作方法

近年来，预制混凝土的工厂生产制作方法进一步向工业化，即机械化方向不断地发展。与此同时，借助当前计算机辅助设计和计算机辅助制造技术（CAD/CAM），预制混凝土生产制作的自动化也开始向预制混凝土工程建设中渗透。迫于其他工程建设方式的竞争压力，预制混凝土工业投入大量资金以保证其市场份额。在这方面，由于大量相同预制构件成批重复生产的方式已成为历史，预制构件生产制作装备的灵活性已经得到甚为广泛的高度关注[250]。

建筑工程中，结构预制混凝土构件工业化生产制作方式主要可归并为以下两种基本工艺形式：

——循环流水线生产制作；

——长线法或长线台座法生产制作。

但是，这两种生产制作方式均需要具有一定的生产量加以保证。

循环流水线生产制作方式[251]，是指在工厂内通过滚轴传送机或者传送装置将托盘模具内的构件从一个操作台转移到另一个操作台上，这是典型的适用于平面构件的生产制作工艺，如墙板和楼板构件的生产制作。目前，流水线生产制作系统设计能实现高度的灵活性。

流水线生产制作主要有以下两方面的优势：

（1）更好地组织整个产品生产制作过程。材料供应不需要内部搬运即可到位，而且每个工人每次都可以在同一个位置完成同样的工作。

（2）降低工厂生产成本，因为每个独立的生产制作工序均在为此作业工序专门设计的工作台上完成，如混凝土振捣器和模具液压系统在生产工序中仅需使用一次，所以可以装备更多的作业功能。

除了很常见的采用纵向传输带及在混凝土养护室为加热养护所用横向输送装置的水平流水线生产制作方法外，还有可节省空间的垂直流水线生产制作方法，即通过上下层纵向输送带与升降平台相连接实现产品的垂直流水。实际的生产制作在上层传送带完成，产品养护在下层隧道型传送带完成[260]。

流水线生产不仅适应于平面类型的构件生产，在楼梯及线性构件的生产中也可以使用流水线生产方式，如参考文献［265］所述。参考文献［252］介绍了目前可以实现"成批生产"的不同生产制作方式；参考文献［253］介绍了采用先进技术，每天生产 4 个完全独立房屋单元的工厂生产制作方式。参考文献［254］和［250］提供了大型墙板构件生产制作领域的更新进展，也讨论了如何将墙板的成组立模集成应用到流水生产系统中。

采用流水线生产制作的预应力混凝土构件，其钢模具自身必须能承受先张预应力作用

（参见本书第 4.4.2 节）。

楼板预制构件特别适合采用长线法生产[255]。迄今为止，例如在叠合楼板中使用的预制叠合底板几乎全部都采用长线法生产，其振捣密实工序是由台座下可移动振捣器或通过可快速连接的外部附着式振捣器来完成。但是大型工厂楼板制作需要使用移动工作台，且在新型预制工厂中已出现了围绕托盘模具生产制作工艺可采用的相对较长距离材料运输路线，而在混凝土养护室内则采用自动堆垛（码放）系统（图 4.1）[256]。

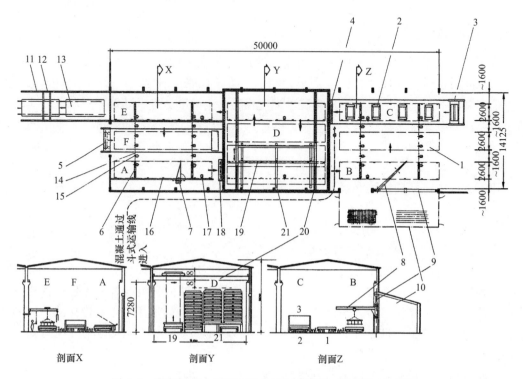

图 4.1　预制混凝土板流水线生产制作系统（努斯伯 Nuspl）

A—定位，安装模具；B—安装模具，钢筋；C—浇筑混凝土，混凝土压实；D—干燥；E—吊装；F—清理；
1—托盘；2—振动台；3—混凝土布料机；4—凿毛设备；5—清扫机；6—迁车台；7—数字测量装置；8—旋臂起重机；
9—支撑梁；10—单斜屋顶；11—门架；12—桥式起重机（5t）；13—运输推车；14—固定中级滚轴，横向；
15—摩擦型车轮传动装置，横向；16—固定中级滚轴，纵向；17—摩擦型车轮传动装置，纵向；
18—脱模剂喷洒装置；19—自动堆垛起重机；20—固定横向吊车轨道；21—下部通长支撑堆垛机

常规的钢筋混凝土空心楼板制作采用流水线生产方法，整个生产过程是在托盘模具内完成的，但是预应力混凝土空心楼板几乎只能使用长线生产制作方法[257]。有必要区分这两种完全不同的生产制作方法：

（1）滑模模具系统的工作原理与施工滑模模板相似，通过卷扬机牵引将其在生产线上移动。移动作业过程中，系统的混凝土下料装置分 3 个阶段完成下料和振捣密实（图 4.2a）。根据构件生产需求，可以更换下部滑模模具系统以适应不同截面形式。

（2）挤出成型法的挤出机，工作依据为所谓的反作用原理（图 4.2b）。挤出机利用反作用力支撑在已成型的混凝土肋上，并借此向前推进运行。在此工艺过程中，通过螺旋挤出机把混凝土压入定型模具区域，挤压出非常干硬的混凝土，同时利用高频振捣器振捣密实。这保证了使用该工艺方法所要求的必要混凝土早期强度以及最终混凝土的高强度。

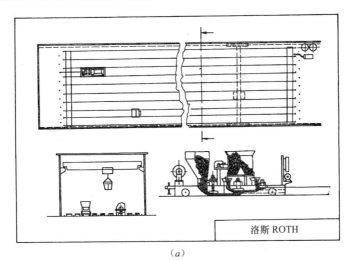

洛斯 ROTH

(a)

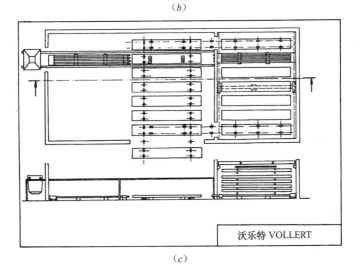

斯碧洛 SPIROLL
DY-CORE

(b)

沃乐特 VOLLERT

(c)

图 4.2　预制混凝土空心楼板的工业化生产制作流程[257]
(a) 滑模法；(b) 挤出成型法；(c) 拉模抽芯法

　　该方法代表目前在预制混凝土工程施工中的高度机械化。生产线使用机器进行自动清洁，预应力钢丝可以自动铺设，使用全自动运行混凝土锯按指定长度切割预制构件。例如，该方法已经为利雅得大学工程生产制作所需要的 40000 块预制混凝土楼板构件（图 4.3）。

图 4.3　通过挤压方式生产预应力混凝土空心楼板
（a）螺旋挤出机；（b）混凝土浇筑；（c）构件锯切；（d）构件堆放

　　计算机辅助方法，如绘制施工图使用的 CAD（计算机辅助设计）和 CAM（计算机辅助制造）已经应用到预制楼板构件的生产制作中[92,256,258,259,261]。

　　近年来，预制混凝土工程施工在以下 3 个传统过程的自动化发展中已取得了长足进步[262]：

　　——设计和开发（CAD）[263]；

　　——考虑材料管理的生产制作规划和控制（PPC）[264]；

　　——生产制作工艺流程（CAM）[265]和生产数据采集（PDA）[266]。

　　图 4.6 说明了通过计算机控制机器人如何自动完成钢筋的铺设固定。

　　双 T 楼板构件（图 4.5）、T 形梁、I 形梁和"倒 V 形梁"（锯齿形屋面应用）均可采用长线法，且通常采用与预应力台座相结合的方法生产制作。这方面的发展方向为模具的液压控制或机电自动化调节校正[255]。模具设计绘图机、模具制作机器人[267]和混凝土自动布料机已经可以利用 CAD 实现全自动化控制。

　　近期，包括那些不适合成批量生产制作或者因其尺寸或施加预应力等因素需要使用特殊模具生产的预制混凝土构件，仍然采用传统工作台模具的生产制作方式，这些构件主要有梁、预应力双 T 楼板构件、不规则墙板和柱。

图 4.4 预应力混凝土空心楼板的装载运输

图 4.5 长线法生产双 T 板（欧尔梅特 Olmet）

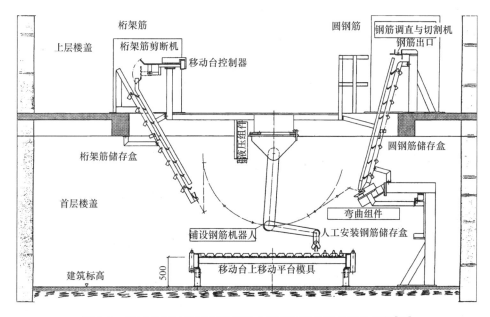

图 4.6 通过使用计算机控制机器人铺设固定楼板构件的钢筋[256]

　　按系列并成批量生产预制混凝土构件并不仅仅是理想的生产要求。预制混凝土构件还可以生产制作出复杂的几何形状和带表面处理的产品。此外，为了实现连续的生产工艺流程并使每个独立构件的工作量最小化，CAM 方法已经在许多情况下应用于处理表面几何尺寸的研磨。具体做法是将电脑控制铣床机制作的由聚苯乙烯制成的"永久性模板"放置在钢模具内部，作为内衬模使用。几乎任何表面几何形状都可通过这种方式成型。采用该方法时，必须将模具的边板增加对应的高度以适应内衬模。然而当采用聚苯乙烯内衬模时，因为在进行铣削操作过程中，个别聚苯乙烯泡沫可能从表面磨掉，产生的混凝土轻微粗糙表面效果必须考虑到。

　　图 4.7 所示为 HGV 试验轨道板的模具和成型的预制混凝土构件。表面随机图案由 CAD 系统计算并传递到铣床机以制作内衬"永久模板"。试验轨道板采用的每块预制混凝土构件都是独一无二的。

图 4.7　采用铣磨内衬模具生产制作的预制混凝土 HGV 试验轨道板（旭普林）

4.2　预制混凝土工程中混凝土类型

近年来，混凝土技术呈现出重大进展。以下混凝土类型已经被建筑主管机关接受认可并可以不受限制地使用：

——普通强度混凝土且其强度等级高达 C50/C60[270]；

——高强度混凝土且其强度等级高达 C80/C95[292]；

——轻质混凝土且其强度等级高达 LC60/LC66；

——依据 2003 DAfStb 指令所涉及的自密实混凝土[297]。

以下混凝土类型只能在得到国家技术认可或专门认可时方可使用：

——强度等级为 C90/C105 和 C100/C115 的高强度混凝土；

——钢纤维增强混凝土[293]。

上述后一种混凝土的应用可以参考 DAfStb 指令，但是目前该指令仅为草稿文件。最新的混凝土技术进展将在以下领域中产生：

——超高性能混凝土（UHPC）；

——织物纤维增强混凝土（TRC）[291]（参考本书第 2.4.5 节）。

此外，也有许多非常特殊的混凝土，如：

——抗渗混凝土；

——耐酸混凝土；

——彩色混凝土；

——高耐冻性混凝土；

——玻璃纤维、人造纤维及其他纤维增强混凝土[298]；

——以上几种混凝土类型的组合[295,296]。

在预制混凝土工程中，比较受关注的混凝土类型将在下文做简要介绍。当然，目前混凝土技术涉及领域广泛，对此感兴趣的读者可以参考以上提及的出版刊物。

所有上述提到的混凝土类型均可在预制生产工厂内完美使用。这是因为混凝土可以直接在预制工厂内拌合并使用，利用原有模具，混凝土易于生产且生产条件理想。因此，几乎所有企业在首次以商业化规模使用这类混凝土之后，都将持续在预制生产工厂或预制混凝土构件中应用。这种发展趋势为目前及将来的预制混凝土工业创造了极好的机遇。

4.2.1 混凝土工艺特性

预制混凝土构件生产制作中采用的混凝土与现浇混凝土结构中的混凝土相比，通常需要满足不同要求。建筑工地受现浇混凝土性能的影响非常重要，如较长的工作时间或较慢的强度增长；而在预制工厂中，对混凝土性能要求则与此关系不大。

首先，新拌混凝土应该易于浇筑，不应存留在料车或粘结在浇筑用斜槽中。混凝土硬化之前在模具内不应离析，离析是指拌合物的不同密度组分在浇筑时可能产生分离：轻骨料向上漂浮，重骨料向下沉淀，如竖向浇筑墙板泡沫混凝土（参考本书第 4.2.4 节），底部比顶部更密实更重。水是普通混凝土中最轻的组分，也不允许产生分离并导致泌水。这些要求通过使用快速凝结硬化的混凝土拌合物并对混凝土组分离析不留足够的时间来实现，如通过选用一种快速凝结硬化水泥，限制骨料粒径在 16mm 之内，或使用较低用水量的混凝土以保持水分。

快速凝结硬化对于在混凝土浇筑后需要进行热养护的预制构件也是很重要的（参考本书第 4.3.1 节），因为凝结硬化时间过长将导致预制构件临时存储时间延长。

混凝土从拌合到浇筑到模具内的时间缩短，以及在工厂生产制作可提供的附加振捣密实措施，允许工厂生产制作预制构件时采用从干硬性到塑性流动性的混凝土。因此必须减少拌合物用水量，同时可以带来许多优势（如表 4.1）。

拌合物用水量如何影响混凝土性能   表 4.1

减少拌合物用水量可带来的效果	优 势
快速凝结硬化	有可能提早进行表层混凝土的抹光压实，为混凝土热养护创造更好条件
新拌混凝土的稳定性	有可能提早拆除模具的侧模
早期强度高	有可能提早脱模和进行养护
孔隙少	混凝土更密实且坚硬
收缩小	保证构件尺寸精度且无裂缝

4.2.2 混凝土强度

提早脱模从而增加模板重复利用率需要混凝土快速凝结硬化。一旦混凝土的抗压强度达到 $5N/mm^2$，脱拆模时，混凝土的水泥浮浆表面层就不会被损坏。

通常，混凝土有必要达到更高强度后，才允许预制构件吊装脱模并临时存储至开始养护。例如，需要混凝土达到一定强度才能使用吊装预埋件。这种吊装预埋件的安全工作荷载需要混凝土的抗压强度达到 $15N/mm^2$（参考 DIN 1045-4 标准）来保证。如果不能保证达到该强度，其安全工作荷载需要相应降低，或增大吊装预埋件的埋入锚固深度。

施加预应力需要预制混凝土构件具有更高的抗压强度（参考本书第 4.4.2 节）。DIN 1045-1 标准规定，放张锚固的允许粘结应力取决于施加预应力时混凝土的抗压强度。

轻骨料混凝土，如泡沫混凝土（参考本书第 4.2.4 节）相比其他类型混凝土具有较低的强度。其抗压强度主要取决于其密度及钢筋混凝土结构构件类型，如密度大于 $1.5kg/dm^3$ 时，养护 1d 后可达到 $3N/mm^2$，7d 后可达到 $9N/mm^2$[268]。

由于生产制作需要较高的混凝土早期强度，所以结构和施工方面所要求的必要的混凝土最终强度在大多数情况下能够保证。原则上，使用混凝土强度等级为 C35/C45 或 C45/C55。大多数混凝土拌合物配合比由脱模时的强度要求决定，而不取决于最终强度。因此，生产制造商通常使用快硬水泥（42.5R 或 52.5R），通过提高水泥含量（350kg/m³ 及更高）或掺加高效减水剂（超塑化剂）以减小水灰比，掺加增稠剂（有时称之为膨润土"earth-moist"）或少数使用加速硬化剂以保证混凝土早期强度。

目前已有的高效减水剂能实现非常低的水灰比（W/C＝0.25～0.35）的混凝土产品，这意味着混凝土的强度可以容易达到 C70/C85 级。高强度混凝土在纳入 DIN 1045-1 标准之前，即使在结构分析中没有考虑其影响，高强混凝土也已经在预制混凝土工程中使用多年。如果强度要达到 C80/C95 级必须掺加硅灰（硅灰以悬浮物形式掺加更好）。掺加硅灰可以使强度进一步提高约 20%，但是混凝土弹性模量不会增大，且容易发生早期混凝土收缩。后者可以在新混凝土构件引起混凝土收缩裂缝，因此高强混凝土的养护工作尤为重要。与普通强度混凝土相比，高强混凝土的养护时间大约应多 1～2d。养护过程中必须避免水分的损失，实际上，在养护过程中甚至需要保水养护。

高强混凝土的力学性能不能采用线性外推法由普通强度混凝土性能推导，因为高强混凝土具有更大的脆性。纤维（大多为钢纤维）可以掺加到高强混凝土中以提高其变形能力。高强混凝土除了延性较低，其抗火性能也表现略差，在发生火灾时，混凝土保护层甚至较早剥落[301]。DAfStb 指令关于高强混凝土的使用要求：在混凝土保护层内铺设钢筋网片以避免混凝土保护层的整片脱落并将纵向受力钢筋暴露在外。聚丙烯纤维（大约使用 2～3kg 在 1m³ 混凝土中）均匀掺加可以替代铺设钢筋网片。这类纤维在温度升高时熔化，随之产生的孔隙减少了水蒸气压力，否则水蒸气压力将导致混凝土保护层发生突然剥落。此类应用在早期，有时也使用很高的水泥含量，结果稠度太大，因此需要加强拌合；并且混凝土的过早凝固等敏感性因素相对较高。用磨细粉煤灰（PFA）来替代部分水泥可以改善混凝土的稠度和工作性能。近年来，高强混凝土的工作性已经非常接近普通强度混凝土的工作性，但是高强混凝土加强振捣特别重要，且其振捣的强度必须增加。目前，高强混凝土主要用于受压预制混凝土构件[106,299,300]。参考文献［292］包括大量有关方面的参考文献。

通过进一步降低水灰比或水胶比，可以开发出超高强混凝土，其水泥含量约 600～1000kg/m³，且微硅灰含量为 250kg/m³。胶体含量约为 500kg/m³，大概是普通强度混凝土胶体含量的 2 倍。超高混凝土骨料最大粒径为 2mm。热养护可以进一步提高混凝土强度，如养护温度达 90℃，混凝土强度最高能达到 200N/mm²；养护温度达 400℃时，混凝土强度最高可以达到 800N/mm²。上述关于高强混凝土性能的所有细节描述当然更适用于超高强混凝土。

鉴于其极高的耐久性能和极高的强度特性，超高强混凝土经常也指超高性能混凝土（UHPC）[302]。超高性能混凝土因具有非常密实的微观结构使其耐久性能极高，所以特别适用于酸含量高的排水设施混凝土构件。此外，利用其高抗压强度，已经在预应力混凝土构件[303]以及受压混凝土构件[304]中开发应用。某些开发应用的目的是为了使超高性能混凝土中钢筋用量最小化，甚至完全取消配筋！超高性能混凝土的首次应用，例如德国卡塞尔的嘉德纳广场大桥（Gärtnerplatz Bridge in Kassel），工程通过官方单独许可完成并已经竣工。图 4.8 所示的是在模具中浇筑超高强混凝土生产制作桥面板的过程。

（a） （b）

图 4.8 采用超高强混凝土生产制作的桥面板

（a）生产制作；（b）吊装（埃洛 ELO）

超高强混凝土已在法国和加拿大得到应用，由拉法基集团（Lafarge）以 DUCTAL 商标推向市场。加拿大和日本实现了超高性能混凝土首次在人行桥的应用，随之又应用于无配筋立面外墙板（参考本书第 2.4.5 节）。

4.2.3 自密实混凝土（SCC）

与超高强混凝土不同，关于自密实混凝土的 DAfStb 指令已经出版，这也就意味着该类型的混凝土已在广泛应用[297]。关于该指令的条文说明、背景信息和实际应用建议可见参考文献 [305～307]。

通过掺加极其有效的超塑化剂（译注：超高效减水剂）以实现这类混凝土的流动性，并通过一个合适的胶集比和特殊的级配曲线以实现自密实效果。与普通混凝土相比，新拌状态自密实混凝土的特点是，在其自重作用下流动直至其达到一个平衡水平，并通过流动释放内部气泡。在混凝土浇筑时，必须采取措施保证混凝土可以流动一定距离以消除所有气泡。自密实混凝土的强度可达到与同等普通混凝土相当。然而，像所有特种混凝土一样，认真养护是非常重要的。对自密实混凝土来说，密封且水平设置的模具至关重要。有标高变化的预制混凝土构件必须设浇筑施工缝，1～2h 后可以进行混凝土的二次浇筑作业。表面倾斜的预制混凝土构件会带来一些问题。

然而，自密实混凝土具有一些重要优点，特别对于预制工厂生产制作而言：

——不需要振捣；

——工厂生产噪声低；

——构件的清水混凝土表面极其美观；

——与预埋件有很好的结合；

——可以用于密集设置钢筋的构件；

——由于取消振捣，模具精度更好。

应用自密实混凝土的一个案例是旭普林公司承建的 2010 磁悬浮铁路系统（2010 maglev railway system）轨道板。由于其高精度要求，决定使用自密实混凝土生产制作轨道板。在测量面积为 2.80m×6.12m 范围内达到了±0.5mm 的表面平整度。图 4.9 所示为混凝土浇筑作业时流动的混凝土和桥面板成型后的表面。

目前，正在进行关于高强度和低密度自密实混凝土的研究项目[295,296]。同样，预制预应力混凝土构件也是研发方向，这样可充分发挥其高强度特性。

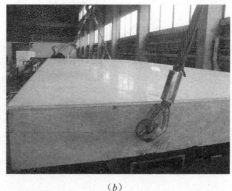

(a) (b)

图 4.9   自密实混凝土制作桥面板

(a) 混凝土浇筑；(b) 桥面板成形表面（旭普林）

4.2.4   纤维增强混凝土

很早之前就已经开始在新拌混凝土中掺加纤维（包括木材纤维、玻璃纤维、钢纤维或人工合成纤维，过去也使用石棉纤维）来试图取代传统的钢筋配筋。然而，只有在未开裂状态下混凝土的拉弯强度足以抵抗产生的拉应力时才有效，例如在轻质屋面砖瓦或小型容器内，在管道构件内（掺加钢纤维），或在立面外墙板的外叶中（掺加 AR 玻璃纤维）。在这类混凝土中，纤维可穿过混凝土缺陷（如收缩裂缝）发挥作用，但是不能取代钢筋混凝土中的受力钢筋。

然而，在钢纤维混凝土方面已经有了进一步的显著发展。钢纤维不但能发挥出改善"开裂后性能"，而且能取代部分拉弯钢筋。同时，钢纤维已经成为改善最新开发出的高强混凝土和超高强混凝土延性的基本组分。此外，在用钢纤维取代传统钢筋配筋方面也有一些单独的尝试。目前，仅有可能通过施加预应力取代抗剪连接钢筋[308,309]。国家技术认可委员会关于其应用的文件已经发布。如果正处于草稿阶段的关于钢纤维增强混凝土的 DAfStb 指令被建筑主管机构认可，随之而来将推动钢纤维增强混凝土领域进一步的显著发展。

玻璃纤维增强混凝土，尤其在英国和美国已经被广泛应用[281]。采用手工喷涂混凝土技术可生产制作约 15mm 厚的自承力式立面外墙板预制构件。预制构件仅承受自重并将风荷载直接传递到主承重结构上，即该预制构件不是主承重构件，因此必须与主体钢结构或现浇混凝土结构相连接使用。玻璃纤维增强混凝土自重轻并且建筑设计方案多样化的特点使其可以应用于建筑改建工程和在既有建筑上加层工程。所有适用于传统钢筋混凝土预制构件的表面处理方法均可以在此类构件上采用。玻璃纤维增强混凝土（GFRP）的生产制造方法与人工合成材料的生产方法类似。

与钢纤维一样，人工合成纤维正在变得更加重要，在德国也同样。在很多案例中，使用人工合成纤维的一个主要问题是其在混凝土中耐久性不足。然而高抗碱性的聚丙烯纤维并不如此。如上所述，这类纤维也可以用于改善高强混凝土的抗火性能。另一重大进展是织物加筋混凝土的应用，在本书第 2.4.5 节中有关于织物纤维增强混凝土的更多详细介绍。与碳纤维或人工合成材料（聚丙烯纤维）同样，织物筋是基于短玻璃纤维的发展并利用抗碱型玻璃来生产纱线然后制成织物或编织物。我们已经见证了通过官方单独许可的第一批工程应用案例。案例之一是旭普林公司开发的轻质隔声屏障墙。这是一块 66cm × 530cm 的夹心预制构件，由 10～15mm 厚的织物纤维增强混凝土做内外叶板，且中间填充矿物棉（图 4.10）。读者还可参考《DBV 指南》关于玻璃纤维增强混凝土的相关内容（仅有德文版本）。

(a)　　　　　　　　　　　　　　　　(b)

图 4.10　纤维增强混凝土制作轻质隔声屏障墙（旭普林）

(a) 纤维增强夹心板构件；(b) 施工完毕的隔声屏障

4.2.5　彩色与结构纹理混凝土表面

预制混凝土构件的表面处理有多种多样的建筑设计方案可供选择。除了颜色，还可以改变表面结构纹理，尽管这在混凝土配合比设计时必须加以考虑。读者可参考《FDB 指南》关于清水混凝土表面交付和评估的信息。

如果混凝土表面在脱模后不经任何处理或工艺加工，混凝土外观仅取决于混凝土的最外层，即水泥表面浆层。因此粗骨料的性能与此无关，只有水泥浆的组分：砂、水泥和水需要选择以适应混凝土表面的要求。水灰比较高的混凝土形成颜色较淡的表面。

混凝土颜色取决于水泥类型（高炉水泥＝浅灰色，白水泥＝米白色，油页岩水泥＝褐色）和砂的颜色。通过加入颜料可以变换混凝土颜色。

合成无机颜料，特别是三种主要颜色——红色、黑色和黄色的氧化铁类颜料，被广泛应用于彩色混凝土中[269]。棕色可以通过混合三种主要颜色生产。绿色氧化铬生产绿色，氧化钛可生产白色。蓝色的钴可用做一种蓝色颜料，然而和氧化铬相同，其价格非常高。颜料通常是粉末状、液态（如浆体状）或颗粒形状[284]。有机颜料和涂料中使用的有机颜料一样，在混凝土中不可用，因为其不褪色性较差，且在碱性混凝土中容易被分解。在生产颜色特别深的混凝土砖和砌块时经常采用炭黑，在光晒下颜色会褪去，因此不能保证颜色的持久性。然而，矿物颜料氧化铁类（较浅的黄色、红色、棕色和黑色）和氧化铬类（蓝色和绿色）具有耐光且抗碱性能。采用白色水泥可在颜料掺量较少时产生更多明亮的颜色，如只需要使用灰色水泥中颜料用量的 1/10。应该注意随后在混凝土表面产生的石灰分泌物（风化），通常在数年之后会被雨水冲刷掉，在深色混凝土表面更清晰可见。该反应是孔隙水中的氢氧化钙［Ca（OH)$_2$］从混凝土内部向表面迁移引起的。混凝土表面的沉淀物和空气中的二氧化碳（CO_2）反应产生石灰岩（碳酸钙，$CaCO_3$），其难溶于水，因此在混凝土表面产生浅色的斑点或条纹[270]。憎水性防水涂层的应用可以减少此类瑕疵（见本书第 4.3.3 节）。采用结构纹理表面处理或预制混凝土构件分块是掩饰构件表面平整度问题和混凝土表面颜色不均匀或风化问题的最好解决方案（见本书第 2.4.2 节）。在参考文献［285］中对关于风化主题方面的研究做了综述。

水泥浆体的颜色也决定了采用精细刷洗或喷砂处理表面的预制混凝土构件外观（见本书第 4.3.2 节）。然而，这种处理方法会使一些粗骨料、砾石或片状碎石暴露在外面，并导致混凝土表面看起来像是沉积岩石的破裂面。在粗骨料选定的情况下，采用连续级配曲线的混凝土拌合物对于这类表面处理最有利[271]。

当粗骨料的暴露深度变大，就是典型的露骨料混凝土外观，所以粗骨料将成为决定混凝土外观的主要因素。带有某种颜色和粒径大小的砾石或片状碎石，且其占骨料总量的50%～60%并满足一定的间断级配条件（如 2～8mm），可以通过使用白水泥或在水泥胶体中掺加颜料的方式强化外露砾石或片状碎石的颜色。白水泥应该配合使用白色的骨料，在水泥基体中可掺加适合的颜料以适应相应的彩色骨料。与采用精细刷洗或无任何处理的混凝土表面相比，采用彩色骨料的露骨料表面处理方式，风化对其外观的影响不明显。

采用昂贵的彩色骨料混凝土可以只在混凝土构件的表面做一薄层，从而节省材料费用。当然，只能在水平预制构件时采用这种方法。这时会用到一种适当精确配送的混凝土布料机。

如果硬化混凝土需要采用石匠用工具进行后期加工处理，则粗骨料必须在水泥基体中锚固可靠（见本书第 4.3.2 节）。采用连续级配曲线的坚硬混凝土很适合这种表面处理方式。

成型模具（如制作混凝土肋或纹理）所用的混凝土通常和普通受力混凝土要求相同。只有在成型模具较窄的情况下需要相应减小骨料的最大粒径尺寸。

4.3　预制工厂混凝土生产

4.3.1　混凝土热养护

预制混凝土构件硬化阶段的时间取决于生产计划分配给从浇筑混凝土到脱模阶段所用的时间长短。如果该时间非常短，如 4h，那么混凝土硬化最好通过采用热养护来保证。对于这种情形，当所采用混凝土所需的凝固时间较长以保持其工作性时，通常必须采用热养护方式，从而加快混凝土水泥水化反应，直至混凝土达到期望的强度。DBV 关于热养护的现状报告和 DAfStb 指令关于这方面的内容，阐述了已有的热养护方法（见参考文献［322］）。

最简单的方法是使用蒸汽养护（实际上是热水蒸气），该方法只需要使用蒸汽锅炉，不需要其他大型设备，养护时仅需要覆盖防水布或其他形式的覆盖层。应特别注意：保证混凝土表面不被落下的冷凝水冲蚀，并保证防水布等覆盖层各处的温度要均匀一致。对于较长的预制构件，需要在不同位置设置多条蒸汽管线。

热气养护和蒸汽养护方法的工作原理相似。与以下介绍的所有其他加热养护方法相同的是，确保混凝土表面不干燥脱水是非常重要的，可以采取覆盖保水层或喷水措施来达到目的。在养护室内可用红外线灯升温，该方法的优点是红外线辐射仅使需要养护的构件本身升温，而周围能量损失较低。此外，自动调温控制器依据混凝土的温度可以很容易地进行系统调节[310]。

对于大型预制构件，可以综合采用多种热养护方法。模具通过热传导中介（油，蒸汽，水）或电加热丝加热，顶板采用保温隔热以保存热量。

混凝土在较高温下硬化（如超过30℃）将增加水泥水化产物的数量，水泥水化产物能提高混凝土早期强度，但是减少了有助于提高混凝土最终强度的水泥胶合物数量。因此，与在常温条件下采用完全相同的混凝土配合比生产的混凝土预制构件相比，加热养护的混凝土预制构件的最终强度表现较低。对于那些储存还没达到凝固就进行热养护的预制构件，这种现象更为明显[311]。图 4.11 曲线 a 表示理想的热养护工艺过程[312]。据此曲线，必须有约 10h 的总储存养护时间。

理想养护时间对于实际生产制作来说太长。事实上，加热养护的目的是为了加快生产速度。因此通常采用一种短期的加热养护方式：图 4.11 曲线 b 和对新浇筑混凝土进行预加热曲线 c[315]。然而，新的研究可以确认预制混凝土构件的耐久性足以承受恶劣气候条件的作用[316]。需提醒的是，这些研究是在发现露天铁路混凝土轨枕破坏后进行的研究，铁路混凝土轨枕除了承受极大的动力荷载以外，还受到空气湿度和结霜的作

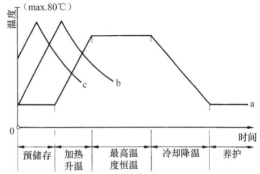

图 4.11　加热养护在不同阶段的时间-温度曲线
（参照参考文献 [313，314]）

用，而竖向立面墙板构件和室内构件根本不会受到这些因素的作用。

混凝土养护也包括降温阶段。保湿处理改善了混凝土表面的密度，因此混凝土可抵抗二氧化碳、污染物及水的渗入，这同时也将提高抵抗霜冻和耐磨损的能力。养护必须参考相应 DAfStb 指令进行。然而，由于预制构件的运输截止日期约定、缺少存储场地或起重设备"超额预约"等原因限制，实际中在构件养护后较少采用保湿处理。

有时在塑性混凝土或新浇筑混凝土表面喷洒养护膜进行养护。在采用养护膜养护方法之前，需要确认后期是否要在混凝土表面涂刷涂料，因为养护膜降低了水溶性涂料与混凝土的粘结强度。因此需要一种合适的养护膜能与溶剂型涂料，如丙烯酸涂料兼容[317]。

养护对暴露在外预制混凝土构件耐久性的影响与混凝土配合比对其影响程度相当[318]。依据对预制构件成品所处暴露环境条件的影响程度，当业主要求采用比 DAfStb 指令更多的养护措施时，必须将其作为单独项目在验收规程中进行定义。不断发展的预制混凝土构件生产制造也应该考虑养护此类构件所需工厂设备的组织和供应。

4.3.2　硬化混凝土表面处理

与混凝土养护密切相关的是各种硬化混凝土表面处理方式，其中新浇筑混凝土露骨料

处理方式尤为重要。为了进行表面处理、混凝土表面的水泥砂浆层可通过弱酸处理、喷砂处理或高压水喷射处理等方式去除（图 4.12）。

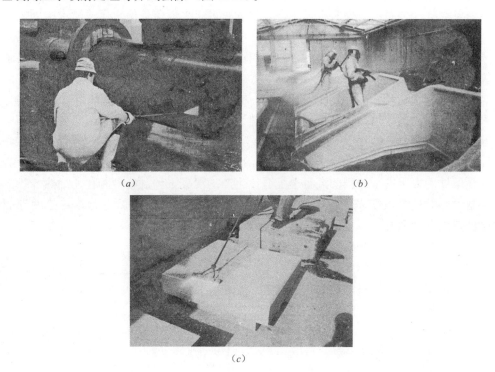

（*a*）   （*b*）

（*c*）

图 4.12　混凝土表面处理
（*a*）对柱进行高压水喷射处理；（*b*）对预制窗构件进行喷砂处理；（*c*）对预制窗间墙板构件进行灼烧处理

　　上述几种方式中，最后一种代价最低。只要混凝土表面的水泥砂浆层没有完全凝固，就可以被冲掉。这是制作混凝土露骨料表面处理的一种方式。作者在此将表面处理区分为轻微处理和强化处理，轻微处理只去掉表面薄层并以强调水泥浆的外观颜色；强化处理是露骨料混凝土并以突出混凝土骨料外观。延迟混凝土待处理表面的凝固时间，混凝土强度一旦达到要求就可进行高压水喷射处理。可以通过在模具表面上涂刷缓凝剂（反面做法）或者拆模后在混凝土表面喷涂混凝剂（正面做法）的方式实现缓凝。也可以采用将缓凝剂预涂覆于纸质卷材上的方式。在生产工厂内进行纸卷材涂覆作业可以保证涂覆厚度一致，从而保证外露处理深度一致。纸质卷材贴在模具内表面并在高压水喷射前去掉。由于纸质卷材中缓凝剂饱和，在混凝土浇筑过程中确保其没有褶皱和折痕很重要。表面处理的深度变化取决于缓凝剂的类型和涂覆层的厚度，一旦预制构件内部混凝土硬化到一定程度并可以脱模，就可以用刷子和高压水喷射将表面的水泥浆层冲掉。一旦预制构件脱模并与空气接触后，涂某些成分的混凝土表面就开始硬化，但涂其他成分的混凝土表面仅在高压水喷射冲刷后并被水稀释后才开始硬化，当然，实际上也有水泥水化作用被永久抑制的情况。

　　在已经硬化的混凝土表面进行喷砂处理[319]能达到和轻微高压水喷射处理相似的外观，但是采用喷砂技术处理混凝土露骨料颗粒表面较为粗糙，并且失去了天然光泽。这一点对于有自然粗糙面的碎石粗骨料混凝土当然并不重要。喷砂处理要求充足的保护措施以避免周围环境受尘土污染，如采用喷砂作业防护帐篷。石英砂（对应金属砂）仍在喷砂处理混凝土中使用，但是喷砂处理磨掉的混凝土本身含有对肺脏有害的石英砂物质。出于人员健康的考虑，表面酸洗处理已经被表面涂覆缓凝剂方法大量取代[320]。还可以采用其他方法处理硬化混凝土表面：灼烧处理[321]或机械凿石处理方式，如凿石、粗磨、碾磨（bush-hammering，scabbling，grinding）等（参考 DIN 18500 标准"人造石"）。所有这几种方法的共同点是将暴露的骨料颗粒劈裂，这样具有强烈天然色彩的骨料断裂表面将呈现出来。然而这些处理技术需要消耗大量的劳动力，因此仅在特殊工程项目中使用。除采用碾磨方式外，这类处理方式在被处理混凝土表面产生微小裂缝，之后需要采用憎水物质将其密封。混凝土表面碾磨方式能用于生产制作与天然石材同等品质的高级外墙板构件，但是大尺寸预制混凝土外墙板构件生产制作需要庞大且昂贵的研磨工厂。参考文献［323］描述了一种用于生产外墙板构件的新方法。

　　类似石匠凿石的混凝土表面处理方式，较为便宜的方式是采用浇筑带肋混凝土并随后采用合适的锤将肋敲掉。与凿石相比，其断裂表面较为粗糙。图 4.13 给出了已完成表面结构纹理效果的示例。

图 4.13　预制混凝土构件表面处理效果示例

4.3.3　表面涂层与装饰面层

　　只有在特例的环境下，如严重的化学侵蚀条件，才有必要对预制混凝土构件进行表面涂层处理以确保其具备必要的耐用性。用于实现各种建筑装饰目的的表面涂层也应该具有提高混凝土耐用性的作用，且所用涂层材料也应具有抗碱、耐光（紫外线）和防水功能。当预制构件暴露在温度变化的环境中，表面涂层还必须具有水蒸气渗透性，即可阻碍液态水渗入，但允许水蒸气从混凝土内部蒸发出来。

硅氧烷是一种介于单质硅和硅树脂（硅树脂过去经常用于混凝土表面处理）中间形态的物质，可以满足上述要求，由于其小分子结构形态，能够渗入混凝土表面几毫米深度的孔隙内部，并且在混凝土表面形成防水膜。该层膜非常薄，所以肉眼几乎看不见，因此混凝土表面表观状态几乎不会改变。在使用这种表面涂层时，按生产制造商的使用指南均匀和足量涂刷使用是十分重要的，这样便能在整个混凝土表面形成防水效果稳定的涂层，而且当混凝土遇潮湿时不会有斑点出现。这种材料会被紫外线缓慢地降解，但在实际使用中如果其渗入混凝土的深度足够大则影响不大（常常建议使用 2 层涂层）。所以作者认为使用这种涂层方式进行处理的混凝土需要约在 10 年后，除去表面的灰尘沉积，重新进行涂刷处理。表面不直接暴露在阳光中，硅氧烷降解很少。

丙烯酸树脂比硅氧烷抵抗紫外线辐射的能力更强。另外，它能抵抗空气中的二氧化碳的渗透，二氧化碳降低混凝土的碱含量。混凝土的碱含量是其能保护钢筋免受腐蚀的首要因素。丙烯酸树脂溶剂也可以结合涂刷硅氧烷使用，这导致涂层的厚度会稍微增加，而且表面光滑如缎，颜色较深且颜色更鲜明，这种效果对彩色混凝土特别有益。使用这种表面处理方法，雨水会更加容易冲走表面的灰尘和脏污。

使用加入颜料的溶剂或分散剂进行表面涂刷会对混凝土的表观有更强烈的效果。这种涂层材料称为密封涂层，用于非常薄的膜层（厚度达 0.3mm）。这类涂层恰好含有足够的颜料以改变混凝土的颜色，但又不会隐藏混凝土的纹理结构，即表面效果如同上釉一样。这可以用来补偿混凝土表面的自然颜色变化不一致，同时对混凝土提供保护。混凝土表面的纹理结构仍然可见。

混凝土的不透明涂料涂层大约是透明涂料涂层的 2 倍厚，并且可以提供广泛的颜色选择范围。不透明涂料主要是以分散剂的形式使用。由于涂层厚度增加，水蒸气渗透性能则变得更加重要，同样涂层厚度条件下，分散剂涂层的渗透性比溶剂涂层的渗透性更强。

正如在本书第 4.2.5 节所提到的，用于构件外部涂层涂料的颜料应该具有抗碱和抗紫外线能力。这些颜料通常是纯矿物颜料，其中有些取自稀土原料。不像通过混合不同颜色颜料来获得特定颜色的方法，当利用纯矿物原料进行颜料生产时，不同批次的颜料不能做到颜色完全一致，所以不论如何，同一工程只能使用同批次的颜料以避免色差。

有机颜料适用于木材和金属涂层，这种涂料不具备必要的抗碱性。预制构件表面涂层可以采用更深颜色，但与相对柔和的颜色来说，存在使构件温度更大程度升高的风险，这样会使预制构件处在更高的温度环境中，反过来又导致混凝土内更高的水蒸气压力。因此，这类深颜色涂层的应用应该限制仅在构件的较小区域使用，或者采用分条方式使用。

对于用于内部预制构件的涂层材料的要求少很多，因为不需要抵抗紫外线，而且大多数情况下可以在不需要大量外脚手架的条件下对构件表面进行翻新。与外部预制构件相比，对室内构件涂层的水蒸气渗透性要求不那么重要。相应地，室内构件的涂层材料会便宜一些。预制混凝土构件应该待安装完成后再进行涂刷，以避免涂层涂料在运输、储存和吊装过程中的污染或损坏。

构件表面的涂层涂料处理方法并不是唯一选择，也可以在预制构件工厂内完成抹灰、粉刷、粘贴石材或者陶瓷面砖表面处理（图 4.14）。在运输和吊装过程中对这类构件表面往往需要特别小心处理。如果构件吊装完成前，没有进行类似表面处理，那么现场的表面处理就可以适应结构施工中由精度偏差形成的实际竣工尺寸，并可覆盖轻微的损坏。对于在工厂完成预制混凝土构件表面粘贴陶瓷面砖或者其他类似表面处理，重要的是检查粘结剂与隔离剂的兼容性，以及保持永久弹性性能以避免由于构件接头两侧材料的热膨胀性能不同而引起的损害。采用陶瓷面砖的墙板应选择合适尺寸，墙板之间通过永久弹性接头隔离。

图 4.14　工厂中生产制造带陶瓷
面砖的外墙板构件

4.4　预制工厂钢筋安装

4.4.1　光圆钢筋和网片钢筋

平均来说，预制混凝土构件总费用中约 20% 用于钢筋，所以对此应给予重视。钢筋设计与安装一方面要考虑结构计算的要求，另一方面也要考虑钢筋配置的经济性和足够混凝土保护层的要求。

关于预制混凝土结构配筋设计图正确和充分的表示方法要求在参考文献［324］中做了综述。图 4.15 为预制混凝土构件加工制作详图的目录明细表。采用较大比例并用平行双线和所有弯曲段均给出相应比例来绘制配筋图是十分必要的（图 4.16），特别是对于牛腿、阶形梁端部或受力预埋件附近部位构件。当钢筋交叉布置或互相直接并排布置时，必须考虑到带肋钢筋的实际外缘直径大约大于其公称直径的 20%。当多层布置钢筋时（如在牛腿部位），不但钢筋的最终正确位置很重要，而且其"易于施工"性能也很重要。《FDB 指南第 5 册（2005）》（仅有德文版）提供了工程实践中经常遇到的关于钢筋布置和加工制作详图错误的有价值信息。

鉴于可能产生的偏差，DIN 1045-1 标准规定了混凝土保护层的允许偏差以及最小尺寸。这就相当于规定了公称尺寸，即最小尺寸与允许偏差相加值。因此，允许偏差以及钢筋到混凝土表面最近处的保护层厚度在预制构件设计图中必须得到确认。实际经验表明，钢筋保护层支架刚度不足经常导致混凝土保护层不够。因此应使用符合《DBV 指南》规定的钢筋保护层支架（参见《DBV 指南》"混凝土最佳实践"）。如果使用刚性模具，保护层支架太柔软（例如用塑料制成的保护层支架）或者所受载荷过大，则产生挤压变形；那么拆模后，保护层支架恢复原状的变形将导致水泥浆外表层脱落。当制作有建筑纹理的立面外墙板时，模具内设置柔性衬垫，钢筋保护层支架有可能嵌入衬垫内；这种情况下，有必要将所有钢筋通过交叉梁来支撑传力。

构件编号	预埋部件编号	构件（个）	总计	定义名称

预埋部件

钢筋弯转直径最小值 d_{br}（钢筋类型Ⅲ和Ⅳ）

弯钩，弯曲　　　　　　　　　　　　　　上弯，下弯
连接筋，环状　　　　　　　　　　　　　其他弯曲形式

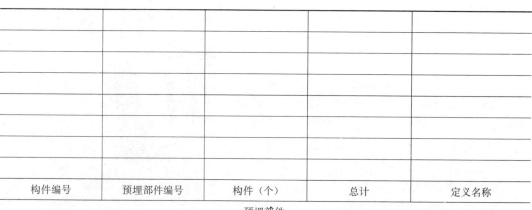

$d_s<20\text{mm}$：$d_{br1}=4d_s$　　　　　　$c_{side}>5\text{cm}$ 且 $>3d_s$：$d_{br2}=15d_s$
$d_s\geqslant20\text{mm}$：$d_{br1}=7d_s$　　　　　$c_{side}\leqslant5\text{cm}$ 或 $\leqslant3d_s$：$d_{br2}=20d_s$

特殊尺寸公差（与 DIN 18202 标准和 DIN 18203 标准不同）

表面处理工艺

- ● 模具粗糙面　　　　　　　$x\triangle$ 倒角，$x=\_\text{cm}$
- ~ 抹灰　　　　　　　　　　●● 露骨料，类型_/颜色_
- ▼ 修磨　　　　　　　　　　■■ 表面工艺处理，类型_/颜色_
- ▼▼ 粗抹　　　　　　　　　　〰 混凝土叠合层底板粗糙面

h										
g										
f										
e										
d										
c										
b										
a										
索引	日期	姓名	修正		索引	日期	客户	检查	生产	安装	—

混凝土强度等级　B_____ m³　LB_____ m³
　　　　　　　　B_____ m³　密度等级____
运输时混凝土抗压强度≥_____ N/mm²

图 4.15　加工制作详图目录明细表（一）

特殊属性 抗渗性，$e_w \leqslant$_____ cm 含气量，min. /max. ____/____%按体积计 其他	钢筋 BSt ____ ____ kg BSt ____ ____ kg	预应力筋 St ____ ____ kg St ____ ____ kg

混凝土保护层（公称尺寸） _____ $c=$____ cm _____ $c=$____ cm _____ $c=$____ cm 需遵守《混凝土保护层指南》的建议	耐火等级 F ____-A F ____-AB

检查签注
图纸，索引__，与图纸/结构计算复核一致

日期 _____ 签名 _____

批准生产

	日期	签名
模具		
钢筋		
混凝土		

公司名称

客户名称：_____
项目名称：_____
工程地点：_____
预制构件：_____模具钢筋

编号	部件	质量（t）	结构编号	项目编号	图纸编号

比例 1：__，1：__	日期	签名		日期	签名
制图			组长		
复核			部门主管		

图纸、相关附件、说明、计算等及其内容均属本公司知识产权。未经允许，不得复制，不得提供给无授权的第三方使用或以除此之外的其他形式透露或使用，违者必究。	图纸尺寸

图 4.15　加工制作详图目录明细表（二）

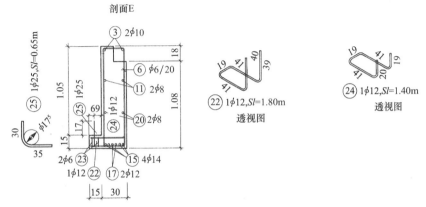

图 4.16　平行双线且所有弯曲段按比例绘制的配筋图

　　预制构件工厂通常依据 DIN 488 标准使用等级为 BSt 500 S 的钢筋。目前，具有可焊性的钢材方可使用，这对于预制混凝土施工节点和连接具有较多预埋件来说是其主要优势。

　　线性构件，如梁和柱的钢筋骨架（译注：钢筋笼）通常在模具外组装成型，即预先加工制作成型钢筋；而楼盖楼板的钢筋一般直接在模具内安装固定（如双 T 板、预制叠合板、空心楼板）。

　　在模具内部组装成型普通梁或 T 形梁的钢筋骨架，需要使用开口受剪箍筋来简化纵向钢筋的安装固定。之后在顶部安装固定所谓的闭口钢筋，使用开口受剪箍筋形成封闭箍筋。受剪箍筋通过与纵向钢筋焊接形成钢筋骨架，将直线纵向钢筋设置在受剪箍筋外部，其堆放将更加容易（图 4.17）[325,326]。

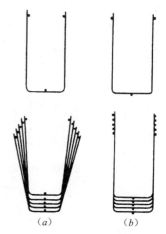

图 4.17　受剪箍筋的堆放
(a) 纵向钢筋设置在受剪箍筋内部；
(b) 纵向钢筋设置在受剪箍筋外部

　　对盘条钢筋直接加工组装技术已经在许多预制混凝土构件厂应用，特别适用于小直径钢筋（6～14mm）盘条。这样没有浪费钢筋，且加工成型过程也能无间断地进行。同一设备上可以固定加工成型几种不同直径钢筋（图 4.18）。与加工成型大直径钢筋相比，特别是加工成型小直径钢筋的每吨成本增加不成比例。

　　DIBt 可以颁布盘条钢筋使用许可证[327]，这意味着其在德国的广泛使用不会终止。由生产制造商和加工工厂发行的关于盘条钢筋的首部出版物表明了此领域的发展是如何繁华[328]；即从 1985 年～1990 年之间对盘条钢筋的需求量增长了 10 倍以上[331]，并且迄今为止可能又增长了 2 倍。实际工艺证明，级别为 S 500 WR 的热轧带肋钢筋也可以以盘条钢筋形式直接加工。相同的加工工艺条件也适用于级别为 BSt 500 S 的钢筋。

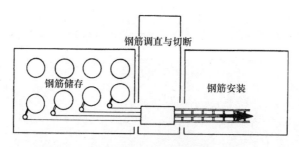

图 4.18　直接由盘条加工成型钢筋的设备体系

　　自 1986 年以来，颁布了如下使用许可，即直径达 14mm "级别为 BSt 500 NR 的冷加工不锈钢带肋钢筋"盘条也可以直接加工成型。这种钢筋还可以直接与其他非合金钢筋焊接。不锈钢带肋钢筋的粘结性能与混凝土保护层厚度相关，但不必考虑环境条件对其影响。但是，不锈钢带肋钢筋的高成本决定了只能在特殊情况下使用，例如，镶嵌装饰工艺外墙板预制构件，或在严重腐蚀环境条件下的外露连接胡子钢筋（starter bars）。

　　自从管道构件生产制造标准化以来，将盘条钢筋直接加工成螺旋圆柱形钢筋骨架（笼）已有很长历史。这促进了制作方形截面柱钢筋笼、八边形截面柱钢筋笼和矩形梁钢筋笼等类似钢筋加工机械的发展，并在利雅得大学工程项目中成功用于预制混凝土构件（图 4.19）。

(a)　　　　　　　　　　　　　　　　　　(b)

图 4.19　盘条钢筋直接加工成受剪箍筋笼（旭普林）
(a) 加工矩形钢筋笼的自动焊接机；(b) 八边形截面柱的受剪箍筋

除了能将盘条钢筋直接加工成直线钢筋的钢筋自动调直和切断机之外，也有能将钢筋加工为成型受剪箍筋的钢筋自动弯曲机。在预制构件工厂，钢筋调直和切断机通常能够同时并连续用于处理 4 种不同直径的钢筋[329,330]。关于工厂自动弯曲机的直接控制问题在参考文献 [332] 中进行了研究。目前，似乎是朝着钢筋自动加工控制成型的趋势发展。该类加工系统已经在楼板钢筋加工中得到了应用（见图 4.5）。

与此同时，完全集成于生产线的首个全自动焊接工作站也出现了。工作站可以用来焊接已经调直并且切断至设定长度的钢筋（直接由盘条加工成的钢筋），以形成"按设计尺寸定制的平面钢筋网片"[260]。

4.4.2　预应力台座

预制预应力混凝土结构施工，特别是早期单层厂房预应力混凝土结构施工使用了大跨度预应力混凝土楼盖板和屋面梁。众所周知，预应力混凝土结构的优势包括，如构件截面较小，可限制构件挠度，可充分利用钢材可能的高拉应力及混凝土的高压应力，同时也能达到预制预应力混凝土的经济生产制作[333~336]。

工厂生产制作中，预应力台座先张法是实践采用的通常方法（图 4.20）。德国工厂预应力筋大多使用强度等级为 St 1570/1770 的七丝冷拉钢绞线。

最简单的工艺是在长线预应力台座中设置直线预应力筋。采用这种工艺可生产制作最长到 150m 的预应力混凝土空心板（见图 4.3）。用于多层停车库和单层厂房屋面梁的大跨度双 T 梁构件，可以在长度达 80m 的预应力台座上多榀同时生产制作。预应力台座的理想长度取决于由相对劳动力供应决定的可能达到的日产量，而预应力混凝土空心楼板的产量则由挤出机械决定。

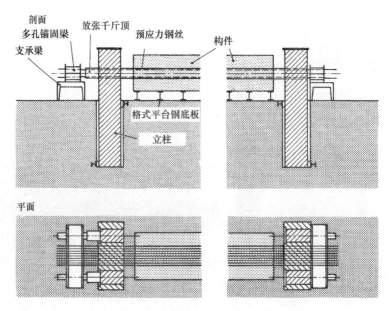

图 4.20   预应力台座先张工艺原理简图[326]

　　配有锚固系统及立柱的预应力重力式台座，通过预应力台面相对支撑传力（图 4.21）。现代预制构件工厂通常有能承受 3～5MN 预应力的预应力台座（大约每根钢绞线 135kN），而对于桥梁预制梁来说，必须有能承受高达 15MN 预应力的预应力台座。生产制作预制混凝土墙板和预制混凝土双 T 构件的预应力短台座也会使用，特别是用于流水线生产系统，其预应力由刚性钢模具支撑传力，因此台座仅需满足最小强度要求即可。

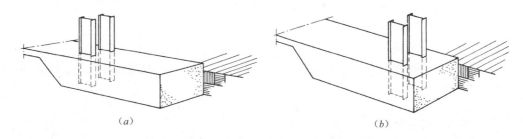

（a）   （b）

图 4.21   预应力重力式台座立柱

　　梁中设置直线预应力筋的缺点是所施加预应力的作用与单跨简支梁的弯矩图要求不一致。即在梁端部预应力筋的位置设置太低，这将导致梁端部的顶部位置产生拉应力。克服此问题的方法之一是在梁端部将部分钢绞线置于套管内，以防止钢绞线与混凝土产生粘结。但如果要求钢绞线位置设置与弯矩图一致，那么钢绞线的弯折就不可避免。如端部设置长阶形的预制混凝土双 T 梁构件，合理方案为钢绞线在跨中弯折 1 次（图 4.22）；或在梁的四分点处弯折 2 次（图 4.23）。在双坡屋面梁中，上翼缘的倾斜坡度可视作钢绞线的弯折角度。在其他预制混凝土构件中，如预应力混凝土空心板，解决这一问题的方法是在板顶部设置预应力筋。

　　用于弯折钢绞线的压折固定器具，可以固定在模具底座，或者通过框架横梁采用液压设备向下压折固定。一旦混凝土硬化达到要求强度，压折固定器具就可以松开释放，并将开口空隙处灌浆填充。钢绞线的弯折曲点处，其应力不能超过预应力钢材的弹性极限（$f_{p0.1k}$），钢绞线在此处的纤维极限应力可以使用公称直径的一半来计算。当充分利用预应力台座允许张拉应力时（$0.9f_{p0.1k}$ 或 $0.8f_{pk}$），则要求设置相对较大的弯折半径。预应力套筒及夹片组装件应具有圆滑的边缘，并尽可能使用比预应力钢绞线硬度低的软钢。七丝钢绞线的相关试验表明，弯折角度大约达到 $10°$、弯折圆弧直径为 $100mm$ 或 $200mm$ 是可行的方案（图 4.24）。

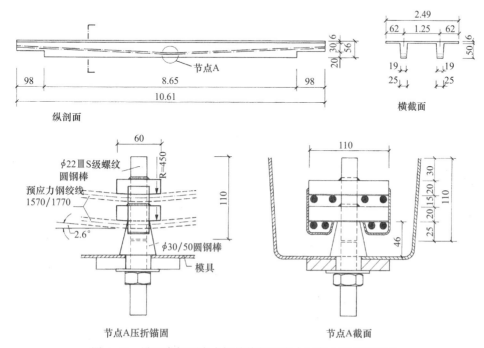

图 4.22　设置弯折预应力钢绞线的预应力混凝土双 T 梁构件

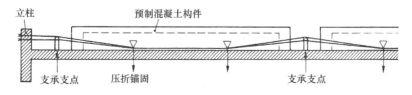

图 4.23　设置弯折先张预应力钢丝

先张预应力可通过 2 种方式传递到混凝土中，即放松布置在用于支撑锚具的多孔钢板梁和台座立柱之间的千斤顶；或使用气割切断钢绞线，尽管切割钢绞线升温将导致钢材强度损失。当采用后一种方式时，切断钢绞线的顺序应保证尽可能在两个方向对称施加预应力。生产制作预应力混凝土空心板时，每块预制构件按设计长度要求用锯切割（见图 4.3c）。

在只有自重作用时，施加偏心预应力的预制构件在脱模后会向上反拱。预应力值的不准确和

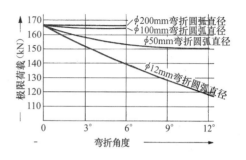

图 4.24　预应力钢绞线（$7\phi4$，强度等级 St 1570/1770）在不同弯折角度和不同弯折圆弧直径下的极限抗拉强度值

施加预应力时混凝土弹性模量的不同会导致不同的尺寸偏差，这在预制构件吊装过程中通常较难处理。先张预应力传递至混凝土时，当时混凝土强度对其徐变和收缩有较大影响。

采用预应力台座生产预制构件通常使用热养护来获得必要的早期强度。当预应力作用于钢模具并对钢模具和新浇混凝土均匀进行热养护时，预应力的应力值不会产生变化，但对于预应力台座安装零摩擦特制模具的情形则与此不同。热养护通常在混凝土已开始初凝后进行，此时，混凝土与预应力钢材之间的粘结作用已经产生影响。当混凝土和模具相对预应力台座外侧立柱产生膨胀时，因为预制构件热膨胀释放了构件端部和锚固体系之间的预应力钢绞线相对长度较短的无粘结段应力，所以混凝土早期养护时，预加应力将全部或部分传递到混凝土截面上。因此，热养护应在预制构件存储一段时间后进行，在此期间，粘结应力可产生影响。否则预应力钢材的伸长值，即预应力台座所施加的应力，必须与热膨胀一样增加等同数值以保证设计预应力值。当在预制混凝土构件和预应力台座之间设置摩擦接缝，以及在长线预应力台座上生产制作预应力混凝土空心楼板时，这种情况不会发生。

在混凝土热养护期间，考虑由于较高温度引起的较大预应力钢材松弛损失是非常重要的。相关损失由两方面组成，一方面是由松弛导致的预应力加速损失；另一方面是初始预应力的热膨胀损失（图 4.26）。预应力钢材批准使用文件中给出了预应力松弛损失值。

在偏心预应力梁中施加先张预应力时，倾向于引起预应力梁产生向上弯曲并导致梁支承于最外侧下角部。对于阶形梁端的预应力梁，在将其运抵堆放场地前，其阶形凹角部位的混凝土就已存在产生裂缝的风险（图 4.25）。这种情况只有在梁端头支座下部的模具内设置软过渡垫方可避免。此类带直角端并在梁底部设置预应力钢绞线的阶形梁端必须与普通阶形梁端的钢筋混凝土梁一样进行配筋设计（见本书第 2.6.2 节）。

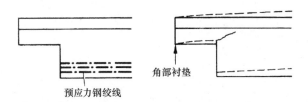

预应力钢绞线　　　　　角部衬垫

图 4.25　施加偏心预应力放张后产生的起拱曲线

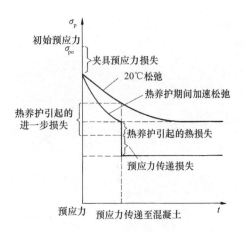

图 4.26　在热养护期间由于加速
松弛引起的预应力损失

先张预制预应力混凝土构件的主要结构特点是在构件两端直接传递预应力。预应力通过预应力钢绞线和其周围混凝土之间的粘结力实现传递，并由"霍友（Hoyer）效应"放大，即因为向构件端部方向预应力递减而产生钢绞线截面扩大，并导致作用于预应力钢绞线的横向压力增大[147]。必须考虑各种预应力钢丝的不同粘结性能。为了避免预制混凝土构件的脱模延迟，必须在混凝土早期施加预应力。在预加应力传递计算分析中，必须考虑依据 DIN1045-1 标准表 7 的基于混凝土强度的允许粘结应力。如果在预应力传递计算长度范围内混凝土截面没有裂缝产生，则预加应力传递不必进行更多的计算分析，这属于一般情况。然而，如果只需要最小的预应力且普通钢筋数量增加，通过降低粘结应力的方式来限制拉力值范围时必须进行核算[338~340,346]。

在预应力构件中，使用自密实混凝土的首批研究结果目前已经公开，相关研究还在继续[341]。试验结果显示，在预应力构件中采用自密实混凝土和普通密度混凝土没有任何显著区别。这意味着，将来我们有希望看到自密实混凝土也可在预制预应力混凝土工程中采用。

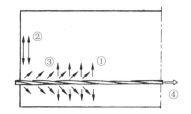

图 4.27　预应力传递区域的拉应力
①—劈拉力；②—构件端面拉力；
③—爆裂拉力；④—预应力值

由于在预应力传递区域荷载扩散，与粘结应力一样混凝土内将产生拉力。必须区分爆裂拉力、劈裂拉力和端面拉力等效应之间的不同[337]。在屋面梁和双 T 楼盖构件中，预应力产生的拉应力由受剪箍筋承担。预应力空心板的特殊生产制作工艺妨碍了受剪箍筋的设置使用，这种情况下，采用挤出工艺可以实现高强度混凝土有充足的保护层厚度，在适当的安全系数条件下充分利用混凝土的抗拉强度来抵抗预应力产生的拉力。因此，对于在预应力台座生产制作的无普通钢筋先张拉预应力混凝土构件，需要进行弯曲破坏和弯剪破坏计算以及剪拉破坏分析，即无弯曲裂缝区域内斜主张拉应力的限值分析和混凝土锚固传递能力分析。

很多关于预制预应力混凝土楼板的试验研究表明，该类预制构件的剪拉承载力作用通常比其弯剪破坏作用的影响更加显著[348]。

预制预应力混凝土楼板的国家技术许可文件中包含了恰当的分析内容。

4.5　质量控制

满足赋予"预制混凝土构件"产品的质量要求是任何一家预制混凝土制造商都要最优先考虑的事项。

从最开始定义单个产品的质量，质量控制正逐渐发展成为基于 DIN EN ISO 9000 系列标准的质量管理体系中的一项固有要素，如今已经是制造商管理体系中的常规组成部分。这一质量管理体系控制从接受订单到预制构件交付及投入使用并提供售后服务的围绕预制混凝土构件的所有过程步骤。

关于混凝土预制构件本身实施的质量控制措施只是一系列生产制作过程中的一部分。这些质量控制措施以检查确认的形式，确保预制混凝土制造商、生产制作方法及混凝土的生产符合各类规程要求（包括 DIN EN 206-1 标准、DIN 1045 标准第 1~4 部分、DIN 1048-5 标准、DIN EN 12350 标准第 1~7 部分、DIN EN 12390 标准第 1~4 部分等）。

检查确认在产品生产控制和检验过程中执行。

产品质量控制关注内部生产过程。产品制造商重点聚焦在自身的质量控制并形成质量记录，如在工厂生产质量控制手册中，依据确定的测试和检查项目进行质量控制。

对预制混凝土构件的质量监督和认证所设置的不同要求，取决于预制构件的设计用途和由建筑主管部门赋予的必要条件（见《建筑产品清单》A，B 或 C）。德国的质量监督遵循联邦政府各州质量保证协会的质量要求执行，质量保证协会由最高建筑主管机关批准许可。每六个月的质量监督结果会在试验认证和监督报告中记录。根据预制混凝土构件的建筑主管部门情况报告，这类相关"外部监督"通过以下几种方式提供：

——产品认证（P）（无建筑主管部门要求）；

——一致性认证（Ü）（根据建筑主管部门的要求申请——见《建筑产品清单 A》）；

——依据工厂生产控制的认证（2＋）（符合《欧洲建筑产品指令》的规定）。

根据 DIN 1045 标准开展的质量控制，混凝土产品划分为 1 和 2 两类。第 1 类包括较次要目标用途的混凝土，该类产品的质量监督只要求生产商自行执行；第 2 类混凝土必须在混凝土专家，如拥有"E 认证证书"的混凝土专家的控制下生产制作。产品制造商可以开展的生产制作质量控制，内容覆盖以下范围：

——原材料的选择；

——混凝土配合比的设计；

——使用符合 QA 管理要求的材料生产混凝土（如参照 DIN EN 206-1 标准）；

——工厂生产制作控制（DIN 1045-4 标准）；

——产品成品的核查与检验。

上述质量监督机构以固定的时间间隔对生产制作质量控制进行监督和认证。预制混凝土构件交货文件上的德国一致性认证标志（Ü 标签），可向接收用户表明预制工厂提供的预制构件产品已接收外部监督并符合规定的生产制作工艺要求。

参考文献

[1] Gaede, K.: Fertigteile aus Beton und Stahlbeton. Beton-Kalender 1958, Teil II, pp. 271–291.

[2] Beck, H., Schack, R.: Bauen mit Beton- und Stahlbetonfertigteilen. Beton-Kalender 1972, Teil II, pp. 159–256.

[3] Paschen, H.: Das Bauen mit Beton-, Stahlbeton- und Spannbetonfertigteilen. Beton-Kalender 75/82, Teil II, pp. 575–745 75/82, Teil II, pp. 533–696.

[4] Koncz, T.: Handbuch der Fertigteilbauweise. Bauverlag, Wiesbaden, 1973, vol. 1/73, vol. 2/67, vol. 3/70.

[5] Fachvereinigung Deutscher Betonfertigteilbau: Betonfertigteile für den Wohnungsbau. Verlag Bau + Technik, Düsseldorf, 2002.

[6] Fachvereinigung Deutscher Betonfertigteilbau: Betonfertigteile im Geschoss- und Hallenbau (Verlag Bau + Technik GmbH, Düsseldorf, new edition 2009).

[7] Fachvereinigung Deutscher Betonfertigteilbau: Fassaden – Architektur und Konstruktion mit Betonfertigteilen. Verlag Bau + Technik, Düsseldorf, 2000.

[8] Fachvereinigung Deutscher Betonfertigteilbau: Ausbaudetails – Entwurfshilfen für den Fertigteilbau. Verlag Bau + Technik, Düsseldorf, 2002.

[9] Beton + Fertigteil-Jahrbuch. Bauverlag, Wiesbaden, published annually.

[10] Hahn, V.: Systembau aus Stahlbetonfertigteilen und Zusammenarbeit mit dem Architekten. Presentation, Betontag 1973.

[11] Hahn, V.: Hat Industrialisierung im Bauwesen noch eine Chance? Der Architekt 1983, No. 10.

[12] Berufsförderwerk für die Beton- und Fertigteilhersteller. Handbuch: Betonfertigteile, Betonwerkstein, Terrazzo. Beton-Verlag, Düsseldorf, 1991.

[13] Bindseil, P.: Stahlbetonfertigteile. Werner-Verlag, Düsseldorf, 1991.

[14] Bruggeling A. S. G., Huyghe G. F.: Prefabrication with Concrete. Balkema, Rotterdam, 1991.

[15] Kotulla, Urlau-Clever: Industrielles Bauen – Fertigteile. expert verlag, 1987.

[16] Cziesielski et al.: Lehrbuch der Hochbaukonstruktionen. Teubner, Stuttgart, 1991.

[17] Meyer-Bohe, W.: Geschichte der Vorfertigung. Zentralblatt für Industriebau 1972, No. 5, pp. 186–191.

[18] Kühn, G., Göring, A., Beitzel, H.: Neue Technologien für die Baustellen der Zukunft, Band I: Hochbau. Federal Ministry for Regional & Urban Planning, 1976, No. 04.018.

[19] Rausch, H.: 10. Deutscher Fertigbautag – Rückblick und Ausblick. BMT Fertigbau 1985, No. 11, pp. 420-426.

[20] Junghanns K.: Das Haus für alle. Zur Geschichte der Vorfertigung in Deutschland. Ernst & Sohn, Berlin 1994.

[21] Breitschaft, G.: Harmonisierung technischer Regeln für das Bauwesen in Europa. Beton-Kalender 1994, Teil II, pp. 1–17.

[22] DIN: Bauen in Europa, Beton, Stahlbeton, Spannbeton. Beuth Verlag, Berlin 1992.

[23] Litzner, H.-U.: Grundlagen der Bemessung nach EC2, Vergleich mit DIN 1045 und DIN 4227. Beton-Kalender 1994, Teil I, pp. 671–864.

[24] Kordina, K. et al.: Bemessungshilfsmittel zu EC 2 – Teil 1, Planung von Stahlbeton- und Spannbetontragwerken. DAfStb No. 425, 1992, 2nd ed..

[25] DBV: Beispiele zur Bemessung nach Eurocode 2. Bauverlag, Wiesbaden, 1994.

[26] Meyer, H.-G.: Europäische Normen für Beton-Herstellung und Verarbeitung. Betonwerk + Fertigteil-Technik 1993, No. 8, pp. 67–72.

[27] Schießl, P.: Europäische Normen für Betonstahl und Spannstahl und europäische Regelungen für Spannverfahren. Betonwerk + Fertigteil-Technik 1993, No. 9, pp. 64–72.

[28] Mönnig, F.: Anwendungsregeln und Normen für Hohlplatten in Deutschland und Europa. Vortrag, *Stuttgart, 1993.*

[29] *Leitfaden für die CE Kennzeichnung von konstruktiven Fertigteilen. Fachvereinigung Deutscher Beton-fertigteilbau e.V., 2007.*

[30] Springborn, M.: Inverkehrbringen und Verwendung von Bauprodukten – die Bauproduktenrichtlinie und ihre Umsetzung. DIBt-Mitteilungen 1/2007.

[31] Schwerm, D.: Die europäischen Produktnormen für das Bauen mit Fertigteilen – praktische Umsetzung. Beton Fertigteil-Jahrbuch 2008.

[32] Furche, J.: Neue Regelungen für den Fertigteilbau – Produktnormen für Elementdecken und andere Bauteile mit Gitterträgern, 52nd Betontage 2008, pp. 98–99.

[33] Stengler, W.: Planungs- und Konstruktionsgrundsätze. Betonwerk + Fertigteil-Technik, Fertigteilforum 1979, No. 2–4 & 8.

[34] Polonyi, S.: Konstruktionsirrtümer. Bauwelt 1978, No. 23, pp. 869–873.

[35] Kerschkamp, F., Portmann, D.: Allgemeine Grundsätze zur Maßkoordinierung im Bauwesen. DIN 18000 report, NA Bau 1988.

[36] Toleranzen im Hochbau nach DIN 18202, pub. by ZDB, 2007.

[37] Ertl. R.: Toleranzen im Hochbau, 2nd, updated & revised edition. Rudolf Müller Verlag, Cologne, 2008.

[38] FDB leaflet No. 6: Passungsberechnungen und Toleranzen von Einbauteilen und Verbindungsmitteln, 2006.

[39] Tiltmann, K. O.: Was kostet die Genauigkeit im Betonfertigteilbau? Baugewerbe 1977, No. 5, pp. 21–26.

[40] Tiltmann, K. O.: Toleranzen bei Stahlbetonfertigteilen. Müller Verl.-Ges., 1977.

[41] Paschen, H., Sack, W.-M.: Maßtoleranzen und Passungsberechnung im Stahlbetonskelett-Fertigteilbau. Bauverlag, Wiesbaden, 1980.

[42] Paschen, H.: Bewertung und Behandlung von Maßtoleranzen im Fertigteilbau. Betonwerk + Fertigteil-Technik 1981, No. 10, pp. 1–13.

[43] Ostheimer, H.: Einführung in das Genehmigungs- und Erlaubnisverfahren im Transportbereich. Kaisser Verlag, Salach, 1981.

[44] Hahn, H., Sack, M., Steinle, A.: ZÜBLIN-HAUS. Karl Krämer Verlag, Stuttgart, 1985.

[45] Kordina, K., Meyer-Ottens, C: Beton Brandschutz Handbuch, 2nd ed. Verlag Bau + Technik, 1999.

[46] Seiler, H.: Brandschutz im Industriebau. Betonwerk + Fertigteil-Technik 1983.

[47] Kordina, K., Richter, E.: Zur brandschutztechnischen Bemessung vorgespannter Fertigteile. Betonwerk + Fertigteil-Technik 1984, No. 8, pp. 540–546.

[48] Hasenkrüger, E.: Bauen mit Betonfertigteilen – Lösung eines Transportproblems. Betonwerk + Fertigteil-Technik 1991, No. 10, pp. 45–50.

[49] Hosser, D., Richter, E.: Brandschutzbemessung von Stahlbetonstützen. Betonwerk + Fertigteil-Technik 2007, pp. 109–113.

[50] König, G., Liphardt, S.: Hochhäuser aus Stahlbeton. Beton-Kalender 2003, Teil 1, pp. 1–66.

[51] Hock, B., Schäfer, K., Schlaich, J.: Fugen und Aussteifungen in Stahlbetonskelettbauten. DAfSt, No. 368, 1986.

[52] Schlaich, J., Schober, H.: Fugen im Hochbau – wann und wo? Der Architekt 1976, No. 4.

[53] Boll, K.: Anordnung von Dehnfugen bei tragenden Skeletten des Hochbaus. Die Bautechnik 1974, No. 3, pp. 94–98.

[54] Stoffregen, U., König, G.: Schiefstellung von Stützen in vorgefertigten Skelettbauten. Beton- und Stahlbetonbau 1979, No. 1, pp. 1–5.

[55] Mann, W.: Erdbebenbeanspruchung von Tragwerken und Auswirkung auf Fertigteilkonstruktionen. Fertigteilforum 1981, No. 11, pp. 9–14.

[56] Eibl, J., Häussler-Combe, U.: Baudynamik. Beton-Kalender 1997, Teil 2, pp. 755ff.

[57] Bachmann, H.: Erdbebensicherung von Bauwerken, 2nd ed. Birkhäuser Verlag, Basel, 2002.

[58] Schäfer, H.: Die Berechnung von Hochhäusern als räumlicher Verband von Scheiben, Kernen und Rahmen. Dissertation, Darmstadt TH, 1969.

[59] Beck, H., Schäfer, H.: Die Berechnung von Hochhäusern durch Zusammenfassung aller aussteifenden Bauteile zu einem Balken. Bauingenieur 1969, No. 3, pp. 80–87.

[60] Schrefler, B.: Zur Berechnung aussteifender Systeme allgemeiner Art von Hochhäusern. Beton- und Stahlbetonbau 1971, No. 9, pp. 145–153.

[61] Johannsen. K.: Berechnung der Aussteifungssysteme von Geschoßbauten mit Trägerrostprogrammen. Beton- und Stahlbetonbau 1976. No. 2, pp. 47–50.

[62] Rosman, R.: Die statische Berechnung von Hochhauswänden mit Öffnungsreihen. Wilhelm Ernst & Sohn, Berlin, 1965.

[63] Sassenberg, H.: Riegelbiegesteifigkeit in gegliederten Scheiben. Bauingenieur 1982, No. 1, pp. 17–18.

[64] Becker, G.: Die Berechnung gegliederter Hohlkästen. Dissertation, Darmstadt TH, 1974.

[65] Franzmann, G., Liphardt, S.: Programm HAUS Benutzerhandbuch. KfK-CAD report, Kernforschungszentrum Karlsruhe GmbH.

[66] Leonhardt, F., Cziesielski, E.: Beitrag zur Berechnung von Wänden des Großtafelbaus. Die Bautechnik 1967, No. 9, pp. 314–316.

[67] Schwing, H.:Wand- und Deckenscheiben aus Fertigteilen. Betonwerk + Fertigteil-Technik 1980, No. 5, pp. 296–301; No. 6, pp. 375–382.

[68] Lachmann, H.: Der Einfluß von Fundamentverdrehungen auf die Stabilität ("Labilitätszahl") von Hochbauten. Beton- und Stahlbetonbau 1983, No. 8, pp. 216–217.

[69] Brandt, B.: Zur Beurteilung der Gebäudestabilität nach DIN 1045. Beton- und Stahlbetonbau 1976, No. 7, pp. 177–178.

[70] Brandt, B., Schwing, H.: Kriterien zur Vernachlässigung des Windnachweises. Beton- und Stahlbetonbau 1977, No. 3, pp. 53–59.

[71] Kordina, K., Quast, U.: Bemessung von schlanken Bauteilen, Knicksicherheitsnachweis. Beton-Kalender 1994, Teil I, pp. 493–587.

[72] Graubner, C.A., Scholz, U.: Zum Knicksicherheitsnachweis schlanker Stahlbetondruckglieder mit Knicklängenbeiwert $\beta > 2$. Beton- und Stahlbetonbau 1986, No. 8, pp. 217–220.

[73] Mehlhorn, G., Schwing, H.: Tragverhalten von aus Fertigteilen zusammengesetzten Scheiben. Research report, Institute for Solid Construction, Darmstadt TH, 1976, No. 33.

[74] Stupre Study Group for Building with Precast Concrete Components, Netherlands. Kraftschlüssige Verbindungen im Fertigteilbau, Deckenverbindungen. Beton-Verlag, 1981.

[75] Schlaich, J, Schäfer, K.: Konstruieren im Stahlbetonbau. Beton-Kalender 2001, Teil II, pp. 311ff.

[76] Mehlhorn, G., Schwing, H., Klein, D.: Deckenscheiben aus Bimsbetonhohldielen. Beton- und Stahlbetonbau 1976, No. 6, pp. 142–148.

[77] Stöffler, J., Abraham, R.: Aussteifung von Industriebauten mit vorgefertigten Scheiben. Betonwerk + Fertigteil-Technik 1983, No. 13, pp. 5–10.

[78] Kreitmann, E., Thoma, F.,Wolff, R.: Neubau eines Gebäudes für eine Papier- und Streichmaschine in Hagen-Kabel. Beton- und Stahlbetonbau 1982, No. 1, pp. 23–27.

[79] Schulz, W., Kaufmann, K.-G.: Bau einer Papiermaschinenhalle. Beton- und Stahlbetonbau 1983, No. 2, pp. 40–44.

[80] Fischer, G.: Entwurf und Konstruktion von Hallen für Papierfabrikationsanlagen. Beton + Fertigteil-Technik 1989, No. 5, pp. 57–63.

[81] Avramidis, I.E.: Zur Kritik des äquivalenten Rahmenmodells für Wandscheiben und Hochhauskerne. Bautechnik 1991, No. 8, pp. 275–285.

[82] Hogeslag, A.J., Stramm, J.P.: Discrete Connections. FIP Symposium, Budapest, 1992, pp. 505–513.

[83] Koncz, T.: Ein Vierteljahrhundert Planung und Ausführung konstruktiver Bauteile. Betonwerk + Fertigteil-Technik 1985, No. 9, pp. 600–609.

[84] Rösel, W., Stöffler, J.: Beton-Fertigteile im Skelettbau. Beton + Fertigteil-Jahrbuch 1984, pp. 30–65.

[85] Schmalhofer, O.: Planerische und statischkonstruktive Grundlagen für das Bauen mit Stahlbetonfertig-teilen. Betonwerk + Fertigteil-Technik 1982, No. 12, pp. 2–6.

[86] Grüneis, H.: Betonfertigteile als konstruktive und gestalterische Elemente. Betonwerk + Fertigteil-Technik. fertigteilforum 1987, No. 19, pp. 8–12.

[87] Schwerm, D.: Bauen mit Stahlbetonfertigteilen. BBauBl 1982, No. 12, pp. 851–857.

[88] Steinle, A.: Maßkonfektion für Geschoßbauten. Beispiele von Industriebauten im 6M-System. Züblin-Rundschau 1976, No. 7/8, pp. 9–12.

[89] van Acker, A.: Bemessung von Spannbeton-Hohlplatten und Plattendecken. Betonwerk + Fertigteil-Technik 1986, No. l, pp. 35–38.

[90] FIP: Design of Multistorey Precast Concrete Structures. FIP Recommendations, Thomas Telford, London, 1986.

[91] Landauer, B., Hiller, M.: Herstellung von Stahlbetonfertigteilen für die King-Saud-Universität in Riyadh/Saudi Arabien. Züblin-Rundschau 1982, No. 14, pp. 20–25.

[92] Steinle, A.: CAD/CAM im Massivbau-Rechnerunterstützung bei Planung und Herstellung der Stahl-betonfertigteile für die Universität Riyadh. Beton- und Stahlbetonbau 1983, No. 7, pp. 190–196.

[93] Rudersdorf, F. A.: Schleuderbeton-Rundstützen, Gestaltungselemente für die Architektur als vorgefer-tigtes Bauteil höchster Qualität. Betonwerk + Fertigteil-Technik 1989, No. 12, pp. 38–43.

[94] Stahlbeton-Hohlplatten nach DIN 1045-1. DIBt-Mitteilungen 36 (2005), No. 3.

[95] Schnell J., Ackermann F., Nitsch A.: Tragfähigkeit von Spannbeton-Fertigdecken auf biegeweichen Auflagern. Beton- und Stahlbetonbau 102 (2007), No. 7, pp. 456ff.

[95-1] Hegger, J.: Bemessung und Konstruktion von vorgespannten Decken im Hochbau. Der Prüfingenieur, Oct 2003.

[96] Schießl, P.: MONTAQUICK – Entwicklung und Anwendung einer montagesteifen Fertigplatte. Betonwerk + Fertigteiltechnik 1981, No. 4, pp. 214–216, No. 5, pp. 291–296.

[97] Hahn, V., Steinle, A.: 6 M-System. Bauen + Wohnen 1972, No. 5, pp. 233–236.

[98] Schwerm, D.: Bauaufgabe Wand – gelöst mit großformatigen Betonfertigteilen. Betonwerk + Fertigteil-Technik 1979, No. 9, pp. 515–525.

[99] Steinle, A.: Zum Tragverhalten von Blockfundamenten für Stahlbetonfertigteilstützen. DBV presenta-tion, Betontag 1981, pp. 186–205.

[100] Schwarzkopf, M.: Elementdecke – das Deckensystem mit einem umfassenden Einsatzbereich. Betonwerk + Fertigteil-Technik 1993, No. 6, pp. 54–61.

[101] Bechert, H., Furche, J.: Bemessung von Elementdecken mit der Methode der Finite Elemente. Betonwerk + Fertigteil-Technik 1993, No. 5, pp. 47–51.

[102] Goldberg, G., Schmilz, M., Land, H.: Zweiachsige Lastabtragung bei Elementdecken. Betonwerk + Fertigteil-Technik 1993, No. 7, pp. 86–89.

[103] Land, H.: Teilfertigdecken. Betonwerk + Fertigteil-Technik 1994, No. 5, pp. 93–95, No. 6, pp. 108–118.

[104] Mühlbauer, S., Stenzel, G.: Kompaktstützen aus hochfestem Beton, Konstruktion und Bemessung. Beton- und Stahlbetonbau 98 (2003), No. 12, pp. 678–686.

[105] Weiske, R.: Durchleitung hoher Stützenlasten bei Stahlbeton-Flachdecken. Dissertation, Braunschweig TU, Massivbau und Brandschutz, No. 180, 2004.

[106] Falkner, H., Eierle, B., Henke, V.: HH-Stützen – schlanke Betonfertigteile aus Hochleistungsbeton. Beton + Fertigteil Jahrbuch 2003, pp. 130–139.

[107] Forster, J.: Doppelwandplatten – die innovative Lösung. Beton + Fertigteil-Jahrbuch, 2003, pp. 208–212.

[108] DAfStb: Richtlinie Wasserundurchlässige Bauwerke aus Beton, 2003, und Berichtigung zur WU-Richtlinie, 2006.

[109] DAfStb: Erläuterungen zur DAfStb-Richtlinie Wasserundurchlässige Bauwerke aus Beton, 2006.

[110] Hohmann, R.: Elementwände in drückendem Grundwasser – Diskrepanz zwischen Theorie und Praxis? Beton- und Stahlbetonbau 102 (2007), No. 12.

[111] Schmalhofer, O.: Fassaden aus Stahlbetonfertigteilen. Bauingenieur 1985, pp. 211–216.

[112] Strumpf, K.: Neue Entwicklungen der vorgefertigten Stahlbetonfassade. DBZ 1983, No. l, pp. 77–81.

[113] Haferland, F.: Das Wärme-, Diffusions- und schalltechnische Verhalten von Beton-Außenwänden. Betonfertigteilforum 11/1971. Betonstein-Zeitung 1971, No. 3, pp. 3–22.

[114] Energieeinsparverordnung (Energy Conservation Act), EnEV 2007.

[115] Middel, M.: Die Energieeinsparverordnung: Chancen für die Betonbauweise im Wohnungsbau. Beton + Fertigteil-Jahrbuch 2003, pp. 172–180.

[116] Brandt, J., Krieger, R., Moritz, H.: Außenwände aus Betonbauteilen: Wärme-, Schall- und Brandschutz. Beton + Fertigteil-Jahrbuch 1983.

[117] Cziesielski, E., Raabe, B.: Tauwasserschutz. Bauphysik 1985 6/82, 2/83, 1/84, 4/84, 3/85, 4/85, 6/85.

[118] Recknagel, Sprenger: Taschenbuch für Heizung und Klimatechnik. Oldenbourg Verlag, Munich, 1986.

[119] PCI: Architectural Precast Concrete (various brochures covering: design, weathering, cladding, load-bearing walls, joint details, etc.), PCI, Chicago.

[120] Hofbauer, H.: Bauphysikalische bauspezifische Problemstellungen und Vorschläge zu ihrer Konstruktive Lösung. Betonwerk + Fertigteil-Technik 1982, No. 12, pp. 7–14.

[121] Huberty, J. M.: Fassaden in der Witterung. Beton-Verlag 1983.

[122] Cziesielski, E., Kotz, D.: Betonsandwich-Wände, Bemessung der Vorsatzschalen und Ausbildung der Fugen. Beton + Fertigteil-Jahrbuch 1984, pp. 66–122.

[123] Cziesielski, E.: Belüftete Fugen. Betonwerk + Fertigteil-Technik 1978. No. 8, pp. 441–447.

[124] Martin, B.: Joints in Buildings, John Wiley & Sons, 1977

[125] Stiller, M.: Das Verarbeiten von Fugenmassen im Betonfertigteilbau. Beton- und Stahlbetonbau 1968, No. 7, pp. 156–159.

[126] Steinle, A.: Das Züblin-Haus. Betonwerk + Fertigteil-Technik 1985. No. 6. pp. 374–383.

[127] Halfen, facade fixings. Company Brochure 11/2006.

[128] Deha: Verbundanker-Systeme, Fassadenankersysteme, Transportanker-Systeme. Company brochure 1996.

[129] Cziesielski, E., Kotz, D.: Temperaturbeanspruchung mehrschichtiger Stahlbetonwände. Betonwerk + Fertigteil-Technik 1984, No. l, pp. 28–29.

[130] Utescher G.: Der Tragsicherheitsnachweis für dreischalige Außenwandplatten (Sandwichplatten) aus Stahlbeton. Die Bautechnik 1973, No. 5, pp. 163–171.

[131] Utescher, G.: Beurteilungsgrundlagen für Fassadenverankerungen. Wilhelm Ernst & Sohn, Berlin, 1978.

[132] Krieger, R.: Bauphysikalische Fragen bei Betonfertigteil-Wandtafeln. Betonwerk + Fertigteil-Technik 1983, No. 2, pp. 84–89.

[133] Huyghe, G.: Verankerungen und Transportanker für Fertigbauteile. B1BM 84, 1984, pp. 650–686.

[134] Taylor, H. P. J.: Precast Concrete Cladding. Edward Arnold, London, 1992.

[135] Lutz, Lenisch, Klopfer, Freymuth, Krampf: Lehrbuch der Bauphysik, 2nd ed. Teubner Verlag, Stuttgart, 1989.

[136] Mehl, R.: Außerirdisch intelligent – Das Phaeno in Wolfsburg. Beton + Fertigteil-Jahrbuch 2007, pp. 8ff.

[137] Mehl, R.: Haus hinter Gittern – Laborgebäude in Wageningen. Beton + Fertigteil-Jahrbuch 2008, pp. 8ff.

[138] Mehl, R.: Die Schöpfung und das Licht – Gemeindezentrum in Mannheim-Neuhermsheim. Beton + Fertigteil-Jahrbuch 2008, pp. 32–37.

[139] Hegger, J., Will, N., Schneider, H. N., Schätzke, C., Curbach, M., Jesse, F.: Fassaden aus textilbewehrtem Beton. Beton + Fertigteil-Jahrbuch 2005, pp. 76–82.

[140]   National Technical Approval No. Z-33.1-577: Fassadenplatten aus Betonwerkstein mit rückseitig einbe-
        tonierten Befestigungselementen zur Verwendung bei hinterlüfteten Fassaden. DIBt 2004.

[141]   Curbach, M. Speck, K.: Lasteinleitung in dünnwandige Bauteile aus textilbewehrtem Beton mit kleinen
        Dübeln. Abschlussbericht zum Forschungsvorhaben V 426 des DAfStb, Institute for Solid Construction,
        Dresden TU, 2003.

[142]   Lukas, B.: "Bodensee Kiesel" – Ein Veranstaltungssaal in Friedrichshafen. Beton + Fertigteil-Jahrbuch
        2008, pp. 70–74.

[143]   DIN 1045-1: Concrete, reinforced and prestressed concrete structures – Part 1: Design construction. Jul
        2007

[144]   DIN 1045-1/A1: Concrete, reinforced and prestressed concrete structures – Part 1: Design construction.
        Amendment. Jan 2008

[145]   Tillmann, M.: Verbundfugen im Fertigteilbau – Entwicklung der technischen Regelwerke.
        Beton- + Fertigteil-Jahrbuch 2008.

[146]   Zilch, K.; Müller, A.: Grundlagen und Anwendungsregeln der Bemessung von Fugen nach
        EN 1992-1-1. Final report, DIBt research project, Chair of Solid Construction, Munich TU, Apr 2007.

[147]   DAfSt, No. 525, Erläuterungen zu DIN 1045-1, Berlin, 2003.

[148]   National Technical Approval No. Z-15.6-204: Halfen HDB-E-Anker zur Verankerung in Rahmenend-
        knoten und Konsolen. DIBt, Berlin, 2002.

[149]   Daschner, F., Kupfer, H.: Literaturstudie zur Schubsicherung bei nachträglich ergänzten Querschnitten.
        DAfSt 1986, No. 372.

[150]   Daschner, F.: Versuche zur notwendigen Schubbewehrung zwischen Betonfertigteilen und Ortbeton.
        DAfSt 1986, No. 372.

[151]   Nissen, L, Daschner, F., Kupfer, H.: Verminderte Schubdeckung in Stahlbeton- und Spannbetonträgern
        mit Fugen parallel zur Trägerrichtung und nicht vorwiegend ruhender Belastung. DAfSt 1986, No. 372.

[152]   Rehm, G., Eligehausen, R., Paul: Verbund in Fugen von Platten ohne Schubbewehrung. Kurzberichte
        aus der Bauforschung 1980, 3/80-36, pp. 191–194.

[153]   Daschner, F., Kupfer, H.: Durchlaufende Deckenkonstruktionen aus Spannbetonfertigteilen mit ergän-
        zender Ortbetonschicht. Betonwerk + Fertigteil-Technik 1983, No. 11, pp. 714–721.

[154]   FIP: Shear at the interface of precast and in situ concrete. FIP, Wexham Springs, 1982.

[155]   Suikka, A.: Verbund-Konstruktionen mit Hohlplatten. Betonwerk + Fertigteil-Technik 1986, No. 5,
        pp. 315–316.

[156]   Steinle, A.: Zur Frage der Mindestabmessungen von Konsolen. Beton- und Stahlbetonbau 1975, No. 6,
        pp. 150–153.

[157]   Steinle, A., Rostasy, F. S.: Zum Tragverhalten ausgeklinkter Trägerenden. Betonwerk + Fertigteil-Tech-
        nik 1975, No. 6, pp. 270–277.

[158]   Steinle, A.: Zum Tragverhalten ausgeklinkter Trägerenden. Presentation, Betontag 1975, DBV e.V.
        1975, pp. 364–376.

[159]   Graubner, C.-A.: Zur Bemessung von Stahlbetonbalken bei unsymmetrischer Belastung aus Konsolbän-
        dern. Bauingenieur 1984, vol. 59, pp. 221–223.

[160]   Raths, Charles H.: Spandrel Beam Behavior and Design, 1983, pp. 62–130.

[161]   Deneke, O., Holz, K., Litzner, H.-U.: Übersicht über praktische Verfahren zum Nachweis der Kippsi-
        cherheit schlanker Stahlbeton- und Spannbetonträger. Beton- und Stahlbetonbau 1985, No. 9,
        pp. 238–243; No. 10, pp. 274–280; No. 11, pp. 299–304.

[162]   Zilch, K., Staller A., Johring A.: Vergleichende Untersuchungen zum Tragsicherheitsnachweis kippge-
        fährdeter Stahlbeton- u. Spannbetonträger nach Theorie 2. Ordnung. Bauingenieur 1997, pp. 157–165.

[163]   Rafla, K.: Näherungsverfahren zur Berechnung der Kipplasten von Trägern mit in Längsrichtung
        beliebig veränderlichem Querschnitt. Die Bautechnik 1975, No. 8, pp. 269–275.

[164]   Stiglat, K.: Die Kippsicherheit von Beton- und Stahlbetonbalken. Presentation, Checking Engineers
        Conference, Freudenstadt, 1971.

[165] Klang, H.: Einfluß der Elastizität der Aufhängevorrichtung auf die Kippstabilität des an zwei Punkten aufgehängten Trägers. *Beton- und Stahlbetonbau 1965, No. 11, pp. 271–273.*

[166] Stiglat, K.: Näherungsberechnung der kritischen Kipplasten von Stahlbetonbalken. Bautechnik 1971, No. 3, pp. 98–100.

[167] Dilger, W.: Veränderlichkeit der Biege- und Schubfestigkeit bei Stahlbetontragwerken und ihr Einfluß auf Schnittkraftverteilung und Traglast bei statisch unbestimmter Lagerung. DAfStb 1966, No. 179.

[168] Mann, W.: Kippnachweis und Kippaussteifung von schlanken Stahlbeton- und Spannbetonträgern. Beton- und Stahlbetonbau 1976, No. 2, pp. 37–42.

[169] Mann, W.: Anwendung des vereinfachten Kippnachweises auf T-Profile aus Stahlbeton. Beton- und Stahlbetonbau 1985, No. 9, pp. 235–243.

[170] Streit, W., Mang, R.: Überschläglicher Kippsicherheitsnachweis für Stahlbeton- und Spannbetonbinder. Bauingenieur 1984, pp. 433–439, also 1985, pp. 368.

[171] Streit, W., Gottschalk, H.: Überschlägige Bemessung von Kipphalterungen für Stahlbeton- und Spannbetonbinder. Bauingenieur 1986, pp. 555–559.

[172] Dieterle, H., Steinle, A.: Blockfundamente für Stahlbetonfertigstützen. DAfStb 1981, No. 326.

[173] Kordina, K., Nölting, D.: Tragfähigkeit durchstanzgefährdeter Stahlbetonplatten. DAfSt, 1986, No. 371.

[174] Holz, K.: Baulicher Brandschutz mit Beton (Teil 4). Brandschutztechnische Bemessung waagerechter Bauteile (Balken und Platten, etc.). Betonwerk + Fertigteil-Technik 1982, No. 11, pp. 676–681.

[175] Meyer-Ottens, C: Baulicher Brandschutz mit Beton (2. Teil); Fugen, Lager und Sonderbauteile. Betonwerk + Fertigteil-Technik 1982, No. 9, pp. 555–559.

[176] Mehlhorn, G., Röder, F.-K., Schulze, J. U.: Zur Kippstabilität vorgespannter und nicht vorgespannter, parallelgurtiger Stahlbetonträger mit einfach symmetrischem Querschnitt. Beton- und Stahlbetonbau 1991, No. 2, pp. 25–32; No. 3, pp. 59–64.

[177] Röder, F.-K.: Ermittlung wirklichkeitsnaher Querschnittswerte u. Steifigkeiten für vorgespannte und nicht vorgespannte Rechteck- und T-Querschnitte aus Stahlbeton. Beton- und Stahlbeton 1990, No. 6, pp. 154–159; No. 7, pp. 180–185.

[178] Kraus, D., Ehret, K.-H.: Berechnung kippgefährdeter Stahlbeton- und Spannbetonträger nach der Theorie II. Ordnung. Beton- und Stahlbetonbau 1992, No. 5, pp. 113–118.

[179] König, G., Pauli, W.: Ergebnisse von sechs Kippversuchen an schlanken Fertigteilträgern aus Stahlbeton und Spannbeton. Beton- und Stahlbetonbau 1990, No. 10, pp. 253–258.

[180] König, G., Pauli, W.: Nachweis der Kippstabilität von schlanken Fertigteilträgern aus Stahlbeton und Spannbeton. Beton- und Stahlbetonbau 1992, No. 5, pp. 109-112; No. 6, pp. 149–151.

[181] Stiglat, K.: Kippnachweis bei niedrigen Vergleichsschlankheiten λ_v. Beton- und Stahlbeton 1996, No. 12, pp. 292.

[182] Bacher, W.: Überprüfung der Güte eines preisgerechten Näherungsverfahrens zum Nachweis der Kippsicherheit schlanker Stahlbeton- und Spannbetonträger. Beton- und Stahlbeton 1995, No. 7, pp. 176–179, No. 9, pp. 209–213.

[183] Winner, H.: Kippsicherheit über Vergleichsschlankheit in Rahmen im Eurocode 2. Beton- und Stahlbeton 1998, No. 1, pp. 20–22.

[184] Stiglat, K.: Zur Näherungsbetrachtung der Kipplasten von Stahlbeton- und Spannbetonträgern über Vergleichsschlankheiten. Beton- und Stahlbetonbau 1991, No. 10, pp. 237–240; 1996 No. 12, pp. 292.

[185] Rüder, F.-U.: Ein Näherungsverfahren zur Beurteilung der Kippstabilität von Satteldachbindern aus Stahlbeton oder Spannbeton. Beton- und Stahlbeton 1997, No. 11, pp. 301–307; No. 12, pp. 341–347.

[186] Mattheiß, J.: Abschätzung einer sicheren Druckflanschbreite. Beton- und Stahlbeton 1999, No. 7, pp. 289–294.

[187] Schaller, G.: Einfluss der Gabelsteifigkeit auf das Kippverhalten- Bemessungsmoment der Gabel. Beton- und Stahlbetonbau 1997, pp. 73–78.

[188] Haß, R., Wesche, J.: Bemessung feuerbeständiger gegliederter Außenwandelemente aus Stahlbetonfertigteilen ("Lochfassaden"). Betonwerk + Fertigteil-Technik 1988, No. 8, pp. 24–28.

[189] Mainka, G.-W., Paschen, H.: Untersuchungen über das Tragverhalten von Köcherfundamenten. DAfStb, No. 411, 1990.

[190] Eligehausen, R., Gerster, R.: Das Bewehren von Stahlbetonbauteilen. Erläuterungen zu verschiedenen gebräuchlichen Bauteilen. DAfStb, No. 399, 1993.

[191] Ackermann, G., Burckhardt, M.: Tragverhalten von bewehrten Verbundfugen bei Fertigteilen und Ortbeton in den Grenzzuständen der Tragfähigkeit und Gebrauchstauglichkeit. Beton- und Stahlbetonbau 1992, No. 7, pp. 165–170; No. 8, pp. 197–200.

[192] Kordina, K.: Zur Berechnung und Bemessung von Einzel-Fundamentplatten nach EC2 Teil 1. Beton- und Stahlbetonbau 1994, No. 6, pp. 224–226.

[193] Eibl, J., Zeller, W.: Untersuchungen zur Traglast der Druckdiagonalen in Konsolen. Beton- und Stahlbetonbau 88 (1993), No. 1, pp. 23–26.

[194] Reineck, K.-H.: Modellierung der D-Bereiche bei Fertigteilen. Beton-Kalender 2005, Teil 2, pp. 241ff.

[195] Stenzel, G; Fingerloos, F.: Konstruktion und Bemessung von Details nach DIN 1045-1. Beton-Kalender 2007, Teil 2.

[196] Hegger, J; Roeser, W.; Lotze, D. Kurze Verankerungslängen mit Rechteckankern – Bewehrung + Bauausführung. Beton- und Stahlbetonbau (2004), No. 1, pp. 1–9.

[197] Graubner, C.-A., Hausmann, G., Karasek, J.: Bemessung von Betonfertigteilen nach DIN 1045-1. Beton-Kalender 2005, Teil 2.

[198] Fachvereinigung Deutscher Betonfertigteilbau eV.: fire protection leaflet, 04/2008 (draft).

[199] Nause, P.: Brandverhalten von hochfestem Beton. Beton + Fertigteil-Jahrbuch 2003, pp. 150ff.

[200] Verband der Sachversicherer: Merkblatt für die Anordnung und Ausführung von Brand- und Komplextrennwänden. VDS Verlag 2234, Jul 2006.

[201] DBV leaflet "Abstandhalter", Jul 2002.

[202] Stupre Study Group for Building with Precast Concrete Components, Netherlands. Kraftschlüssige Verbindungen im Fertigteilbau. Konstruktions-Atlas, 2nd ed., Beton-Verlag, 1987.

[203] Hahn, V., Hornung, K.: Untersuchungen von Mörtelfugen unter vorgefertigten Stahlbetonstützen. Betonsteinzeitung 1968, No. 11, pp. 353–362.

[204] Suter, R.: Mörtelverbindungen. Betonwerk + Fertigteil-Technik 1975, No. 11, pp. 531–536.

[205] Brandt, B., Schäfer, H. G.: Verbindung von Stahlbetonfertigteilstützen. Forschungsreihe der Bauindustrie 1974, vol. 18.

[206] Paschen, H., Zillich, V.: Der Stumpfstoß von Fertigteilstützen. Betonwerk + Fertigteil-Technik 1980, No. 5, pp. 279–285; No. 6, pp. 360–364.

[207] Paschen, H., Stockleben, U., Zillich, V.: Querzugbeanspruchung durch Mörtelfugen infolge Mörtelquerdehnung und Teilflächenbelastung. Betonwerk + Fertigteil-Technik 1981, No. 7, pp. 385–392.

[208] Rahlwes, K.: Lagerung und Lager von Bauwerken. Beton-Kalender 1995, Teil II, pp. 631.

[209] König, G., Tue, N. V., Saleh, H., Kliver, J.: Herstellung und Bemessung stumpf gestoßener Fertigteilstützen. Beton + Fertigteil-Jahrbuch, 2003.

[210] Saleh, H.: Ein Beitrag zur Untersuchung und Bemessung von stumpf gestoßenen Fertigteilstützen aus normalfestem Beton. Dissertation, University of Leipzig, 2002.

[211] König, G., Minnert, J.: Tragverhalten von stumpf gestoßenen Fertigteilstützen aus hochfestem Beton. Beton + Fertigteil-Jahrbuch 2000, pp. 81–94.

[212] König, G., Minnert, J., Saleh, H.: Stumpf gestoßene Fertigteilstützen aus Normalbeton. Beton + Fertigteil-Jahrbuch 2001, pp. 110–121.

[213] Maurer, Breitbach, Jhouahra: Neues Nachweiskonzept für die Bemessung von Lagern und Lagerungen im Fertigteilbau nach DIN EN 1337. Betonwerk + Fertigteil-Technik 02 (2007), pp. 50–51.

[214] Eggert, H.: Lager im Bauwesen. Anmerkungen zur Herausgabe der Normenreihe DIN 4141. Beton- und Stahlbetonbau 1988, No. 7, pp. 193–198.

[215] Vinje, L.: Bemessung von unbewehrten Elastomerlagern in Betonfertigteilbauten. Betonwerk + Fertig-
       teil-Technik 1985, No. 5, pp. 306–314; No. 6, pp. 392–398.

[216] Müller, F., Sasse, R., Thormählen, U.: Stützenstöße im Stahlbeton-Fertigteilbau mit bewehrten Elasto-
       merlagern. DAfStb & Beton- und Stahlbetonbau 1982, No. 11/12; 1982, No. 339.

[217] *Kessler, E., Schwerm, D.: Unebenheiten und Schiefwinkligkeiten der Auflagerflächen für Elastomer-
       Lager bei Stahlbetonfertigteilen. Betonwerk + Fertigteil-Technik 1983, No. 13, pp. 1–5.*

[218] Kordina, K., Nölting, D.: Zur Auflagerung von Stahlbetonteilen mittels unbewehrten Elastomerlagern.
       Bauingenieur 1981, pp. 41–44.

[219] Flohrer, M., Stephan, E.: Bemessungsdiagramm für die Querzugkräfte bei Elastomerlagern. Die Bau-
       technik 1975, No. 9, pp. 296–301; No. 12, pp. 420–427.

[220] Battermann, W.: Möglichkeiten der Einflussnahme auf die Eigenschaften von Elastomerlagern zur
       funktionsgerechten Auflagerung von Betonbauteilen. Betonwerk + Fertigteil-Technik 1978, No. 1,
       pp. 37–41.

[221] Vinje, L.: Auflager-Zwischenschichten für Spannbeton-Hohlplatten. Betonwerk + Fertigteil-Technik
       1986, No. 10, pp. 636–641.

[222] Sasse, H.-R.: Gleit- und Verformungslager im Hoch- und Brückenbau. VDI Reports 1980, No. 384.

[223] Kessler, E.: Die Anwendung unbewehrter Elastomerlager. Betonwerk + Fertigteil-Technik 1987, No. 8,
       pp. 419–429.

[224] Vambersky, J. N. J. A., Walraven, J. C.: Die Tragfähigkeit von auf Druck beanspruchten unbewehrten
       Mörtelfugen. Betonwerk + Fertigteil-Technik 1988, No. 7, pp. 66–73.

[225] Paschen, H.: Untersuchung von durch Zwang einachsig exzentrisch belasteten Stützenstößen des Beton-
       fertigteilbaus. Bauingenieur 1992, pp. 69–76.

[226] Hasse, E.: Zum Tragfähigkeitsnachweis für Wand-Decken-Knoten im Großtafelbau. DAfStb 1982,
       No. 328.

[227] Franke, H.: Die Schweißverbindungen in Stahlbetonbauteilen. Konstruktiver Ingenieurbau, VBI 1986.

[228] CEN-TS: Design of Fastenings for Use in Concrete – Final Draft, 2005.

[229] Czychy,: Zukünftige Bemessung der Ankerschienen. Betonwerk + Fertigteil-Technik 04/2008.

[230] Rehm, G., Eligehausen, R., Mallee, R.: Befestigungstechnik. Beton-Kalender 1997, Teil II, pp. 609ff.

[231] Bertram, D.: Betonstahl, Verbindungselemente, Spannstahl. Beton-Kalender 2002, Teil 1, pp. 153ff.

[232] Cziesielski, E., Utescher, G., Paschen, H.: Bemessungsvorschläge für Bolzenverbindungen. DAfStb
       1983, No. 346.

[233] Wiedenroth, M.: Einspanntiefe und zulässige Belastung eines in einen Betonkörper eingespannten
       Stabes. Die Bautechnik 1971, No. 12, pp. 426–429.

[234] Utescher, G., Herrmann, H.: Befestigungs- und Verbindungsmittel beim Beton + Fertigteilbau.
       Kurzbericht aus der Bauforschung 1978, Nr. II.

[235] Reißmann, K.: Über die Bemessung von Transportankern für Stahlbetonfertigteile. Betonwerk + Fertig-
       teil-Technik 1982, No. 7, pp. 406–409.

[236] Eibl, J., Schürmann, U.: HV-Schraubenanschlüsse für Stahlbetonkonsolen. Bauingenieur 1982,
       pp. 61–68.

[237] Züblin: Versuche mit Stahlkonsolen. Unpublished report, 1985.

[238] Eligehausen, R., Asmus, J., Lotze, D., Potthoff, M.: Ankerschienen. Beton-Kalender 2007, pp. 375ff.

[239] Randl, N.: Tragverhalten einbetonierter Scherbolzen. Beton- und Stahlbetonbau 100 (2005), No. 6,
       pp. 467–474.

[240] Asmus, J., Eligehausen, R., Schneider, J.: Schubdorne nach neuer DIN 1045-1. Betonwerk + Fertigteil-
       Technik (2008), No. 2, pp. 108–109.

[241] VDI Directive: Bemessung und Anwendung von Transportankersystemen für Betonfertigteile (draft 05/
       2007).

[242] Mattock, A. H., Johal, L., Chow, H. C: Shear transfer in reinforced concrete with moment or tension act-ing across the shear plane. PCI-Journal 1975, No. 7/8, pp. 76–93.

[243] Mehlhorn, G., Schwing, H.: Zur Berechnung und Konstruktion von Wandscheiben aus Fertigteilen. Betonwerk + Fertigteil-Technik 1973, No. 5, pp. 360–370.

[244] Paschen, H., Zillich, V. C.: Tragfähigkeit querkraftschlüssiger Fugen zwischen Stahlbeton-Fertigteil-decken. DAfStb 1983, No. 348.

[245] Paschen, H., Zillich, V. H.: Tragfähigkeit querkraftschlüssiger Fugen zwischen vorgefertigten Stahl-beton-Fertigteildecken. Beton- und Stahlbetonbau 1983, No. 6, pp. 168–172; No. 7, pp. 197–201.

[246] Paschen, H.: Berichtigung zu [3.3.5]. Beton- und Stahlbetonbau 1987, No. 2, pp. 56.

[247] Griebenow, G., Koch, R., Sitka, R., Völkel, G.: Tragende Deckenscheiben mit Gasbeton-Fertigteilen. Experimentelle Untersuchungen und Berechnungsmodelle. Betonwerk + Fertigteil-Technik 1989, No. 6, pp. 56–61; No. 8, pp. 62–66.

[248] Cholewicki, A.: Schubübertragung bei Längsverbindungen von Hohlplattendecken. Betonwerk + Fertigteil-Technik 1991, No. 4, pp. 58–67.

[249] Kreuser, W., Schulenberg, W.: Fugenversuche an Stahlbetonhohlplatten. Beton- und Stahlbetonbau 1989, No. 10, pp. 245–248.

[250] Koncz, T.: Anlagen und Formen zur Produktion großformatiger Fertigteile. BIBM 84, presentation, 1984, pp. 603–616.

[251] Fogarasi, F. G.: Herstellen von Spannbetonelementen nach dem Umlaufverfahren. Betonwerk + Fertigteil-Technik 1986, No. 5, pp. 326–333.

[252] Schwarz, S.: Garagen- und Treppenherstellung im Umlaufverfahren. Betonwerk + Fertigteil-Technik 1982, No. 10, pp. 623–631.

[253] Reymann, W.: Transport- und Bewegungsabläufe in Fertigteilwerken in komplexer Betrachtung. BIBM 84, presentation, 1984, pp. 622–649.

[254] Koncz, T.: Anlagen für den Großtafelbau in verschiedenen Varianten. Betonwerk + Fertigteil-Technik 1983, No. 4, pp. 242–249.

[255] Schwarz, S.: Moderne Maschinen und Anlagen zur Herstellung unterschiedlicher Deckenelemente. Betonwerk + Fertigteil-Technik 1985, No. 1, pp. 4–20; No. 2, pp. 96–106.

[256] Reymann, W.: Neue Konzepte des Produktionsablaufs in Fertigteilwerken. BIBM 87, presenta-tion,1987, draft, pp. 1–14.

[257] Markus, M.: Manufacturing systems for hollow-core concrete slabs, vol. 3, FIP Congress 1982, pp. 244–261.

[258] Schwarz, S.: Realisierte Schritte zur computergesteuerten Betonfertigteilproduktion. Finland: Extruder mit Shear-Compaction-System, CAD/CAM, Betontechnol. Betonwerk + Fertigteil-Technik 1987, No. 3, pp. 152–159.

[259] Hoffmann, O.: Fertigungssteuerung und Terminkontrolle in Fertigteilwerken mit Hilfe der EDV. Betonwerk + Fertigteil-Technik 1984, No. 12, pp. 799–806.

[260] Krämer, R.: Tammer Elementii – ein nahezu automatisiertes Fertigteilwerk. Betonwerk + Fertigteil-Technik 1992, No. 3, pp. 166–180.

[261] Reymann,W.: Das automatische Betonwerk –Wirklichkeit und Vision. Betonwerk + Fertigteil-Technik 1992, No. 4, pp. 88–96.

[262] Ehmer, M.: C-Techniken für die Fertigteilproduktion. Betonwerk + Fertigteil-Technik 1992, No. 4, pp. 106–113.

[263] Hohmann, H., Ehlert, W.: Die besonderen Möglichkeiten des CAD-Einsatzes in Fertigteilwerken. Bauinformatik 1990, No. 2, pp. 53–60.

[264] Ehlert, W.: CAD/CAM für Industriebauteile aus der Sicht CAD und PPS. Betonwerk + Fertigteil-Technik 1993, No. 12, pp. 87–93.

[265] Schwörer, D.: Ansätze zu einer CAD-CAM-Produktion von stabförmigen Betonfertigteilen bei Schwörer. Betonwerk + Fertigteil-Technik 1993, No. 8, pp. 84–91.

[266] Strauch, J.: Betriebsdatenerfassung in Betonfertigteilwerken. Betonwerk + Fertigteil-Technik 1991, No. 2, pp. 40–45.

[267] Stadimann, B., Weckenmann, H.: Umweltfreundlicher Schalungsroboter vermeidet Styropor und schwere Arbeit. Betonwerk + Fertigteil-Technik 1993, No. 12, pp. 81–87.

[268] Widmann, H, Enoekl, V.: Schaumbeton-Baustoffeigenschaften, Herstellung. Betonwerk + Fertigteil-Technik 1991, No. 6, pp. 38–44.

[269] Tebbe, R.: Anorganische Pigmente, grundsätzliche Eigenschaften und Herstellung. Fachveranstaltung "Eingefärbter Beton", Haus der Technik, Essen, 1990, presentation.

[270] Reinhardt, H.-W.: Beton. Beton-Kalender 2007, Teil 1, pp. 353ff.

[271] Heufers, H., Schulze,W.: Neuartige Oberflächengestaltung mit farbigen Zuschlägen. Betonwerk + Fertigteil-Technik 1980, No. 9, pp. 531–539.

[272] Weigler, H., Karl, S., Jaegermann, C.: Leichtzuschlagbeton mit hohem Gehalt an Mörtelporen. DAfStb 1981, No. 321.

[273] Heufers, H.: Leichter Normalbeton. Betonwerk + Fertigteil-Technik 1976, No. 11.

[274] Wesche, K.: Baustoffe für freitragende Bauteile, Teil 2: Beton. Bauverlag, 1981.

[275] Nischer, P.: Schaumbeton. Betonwerk + Fertigteil-Technik 1983, No. 3, pp. 148–151.

[276] Bodner, H., Nothdurft, K.: Landwirtschaftsschulen und Handwerkliche Berufsschulen im Irak (ASI). Züblin Rundschau 1984, No. 16, pp. 26–32.

[277] Clausen, H. P.: Zunehmende Verwendung, von geschoßhohen, raumgroßen Wandtafeln aus haufwerksporigem Leichtbeton. Betonwerk + Fertigteil-Technik 1985, No. 12, pp. 780–786.

[278] Hohwiller, F., Köhling, K.: Styropor-Beton. Betonsteinzeitung 1968, No. 2, pp. 81–87; No. 3, pp. 132–137.

[279] Sass: Porenleichtbeton mit neopor für Industrie-, Wohn- und Kommunalbauten. Instruction manual, Gloria-Transportbeton GmbH, Buren.

[280] Linder, R.: Stand der Technik bei faserverstärktem Beton. Tiefbau 1975, No. 5, pp. 321–330.

[281] PCI: Glass Fiber Reinforced Concrete Cladding. Brochure, Prestressed Concrete Institute (PCI), Chicago.

[282] Held, M., König, G.: Hochfester Beton bis B 125 – ein geeigneter Baustoff für hochbelastete Druckglieder. Betonwerk + Fertigteil-Technik 1992, No. 2, pp. 41–45; No. 3, pp. 74–76.

[283] Kern, E.: Technologie des hochfesten Betons. Beton 1993, No. 3, pp. 109–115.

[284] Plenker, H.-H.: Dosierung und Verteilung von Pigmenten in Beton. Betonwerk + Fertigteil-Technik 1991, No. 9, pp. 58–65.

[285] Kresse, P.: Ausblühungen und ihre Verhinderung. Betonwerk + Fertigteil-Technik 1991, No. 10, pp. 73–88.

[286] Vambersky, J. N. J. A.: Bemessungsregeln für architektonische Elemente aus Glasfaserbeton. Betonwerk + Fertigteil-Technik 1989, No. 7, pp. 24–33.

[287] Meyer, A.: Konstruktions- und Bemessungsregeln für Glasfaserbeton. Betonwerk + Fertigteil-Technik 1990, No. 12, pp. 49–53.

[288] Meyer, A.: Glasfaserbeton – Baustoff mit Zukunft. Entwicklung, Verfahren, Geräte. Beton 1991, No. 6, pp. 277–281.

[289] Meyer, A.: Wellcrete – eine fortschrittliche Technologie für die kostengünstige Produktion hochwertiger Faserbetonprodukte. Betonwerk + Fertigteil-Technik 1991, No. 8, pp. 70–79.

[290] Curiger P.: Bemessen von Bauteilen aus Glasfaserbeton. Betonwerk + Fertigteil-Technik 1994, No. 7, pp. 59–67.

[291] Bergmeister, K.: Konstruieren mit Fertigteilen. Beton-Kalender 2005, Teil 2, pp. 163ff.

[292] König, G., Grimm, R.: Hochleistungsbeton. Beton-Kalender 2000, Teil 2, pp. 327ff.

[293] Hillemeier, B., Buchenau, G., Herr, R. et al.: Spezialbetone. Beton-Kalender 2006, Teil 1, pp. 519ff.

[294]   Falkner, H., Teutsch, M.: Stahlfaserbeton – Anwendungen und Richtlinie. Beton-Kalender 2006, Teil 1, pp. 665ff.

[295]   Adam, T., Proske, T.: Hochfester SVB mit hoher Frühfestigkeit zur Herstellung von Betonfertigteilen mit sofortigem Verbund. Mischungszusammensetzung und Untersuchung der bemessungsrelevanten Eigenschaften. Betonwerk + Fertigteil-Technik 2007, No. 12, pp. 12–20.

[296]   Hubertova, M.: Fertigteile aus selbstverdichtetem Leichtbeton für das Stadion des SK Slavia Prag. Beton + Fertigteil-Jahrbuch 2007, pp. 22–31.

[297]   Hartz, U.: Normen und Regelwerke. Beton-Kalender 2005, Teil 2, pp. 502ff.

[298]   Holschemacher, K., Klug, Y., Dehn, F., Wörner, J.-D.: Faserbeton. Beton-Kalender 2006, Teil 1, pp. 585ff.

[299]   König, G., Dehn, F., Holschemacher, K.,Weiße, D.: Verbundverhalten von Betonstahl in Hochleistungsleichtbeton unter dynamischer Beanspruchung. Beton + Fertigteil-Jahrbuch 2002, pp. 149–158.

[300]   Falkner, H., Teutsch, M.: Entwicklung duktiler stahlfaserbewehrter Hochleistungsbetone. Beton + Fertigteil-Jahrbuch 2002, pp. 159–166.

[301]   Nause, P.: Brandverhalten von hochfestem Beton. Beton + Fertigteil-Jahrbuch 2003, pp. 150–151.

[302]   Schmidt, M., Fehling, E., Bornemann, R. et al.: Ultra-Hochfester Beton: Perspektive für die Betonfertigteilindustrie. Beton + Fertigteil-Jahrbuch 2003, pp. 10–23.

[303]   Hegger, J.; Bertram, G.: Spannbetonträger aus ultrahochfestem Beton. Beton + Fertigteil-Jahrbuch 2008, pp. 85ff.

[304]   Teutsch, M., Steven, G., Empelmann, M.: UHPFRC – ein Baustoff für MEGA-Druckglieder. Beton + Fertigteil-Jahrbuch 2007, pp. 74–80.

[305]   Graubner, C.-A., Müller-Falcke, G., Kleen et al.: Selbstverdichtender Beton für Fertigteile. Beton + Fertigteil-Jahrbuch 2002, pp. 132–133.

[306]   Ludwig, H.-M., Hemrich, W., Weise, F., Ehrlich, N.: Selbstverdichtender Beton-Grundlagen und Praxis. Beton + Fertigteil-Jahrbuch 2002, pp. 113–131.

[307]   Reinhardt, H.-W.: Selbstverdichtender Beton. Beton + Fertigteil-Jahrbuch 2002, pp. 75.

[308]   Grunert, J. P., Strohbach, C.-P., Teutsch, M.: Vorgespannte stahlfaserverstärkte Bauteile aus SVB ohne Betonstahlbewehrung. Beton + Fertigteil-Jahrbuch 2005, pp. 48.

[309]   Strohbach, C. P.: Langzeitversuch mit stahlfaserbewehrten Spannbetonbindern aus selbstverdichtetem Beton ohne konventionelle Bewehrung. Beton + Fertigteil-Jahrbuch 2008, pp. 102.

[310]   Neumann-Venevere, P.: Beschleunigte Erhärtung des Frischbetons von Tafelelementen durch Infrarot-Strahlungsheizung. Betonstein-Zeitung 1971, No. 1, pp. 22–27; No. 2, pp. 74–82.

[311]   Cement Industry Research Institute. Merkblatt für die Herstellung geschlossener Betonoberflächen bei einer Wärmebehandlung. beton 1967, No. 4, pp. 142.

[312]   Wischers, G.: Anmerkungen zum Merkblatt für die Herstellung geschlossener Betonoberflächen bei einer Wärmebehandlung. beton 1967, pp. 101–103 & pp. 139–142.

[313]   Wiehrig, H.-J.: Kurzzeitwarmbehandlung von Beton. Betonwerk + Fertigteil-Technik 1975, No. 9, pp. 418–423; No. 10, pp. 492–495.

[314]   Neubarth, E.: Frühhochfester Beton durch Kurzzeit-Warmbehandlung. Betonstein-Zeitung 1969, No. 9, pp. 536–542.

[315]   Cement Industry Research Institute. Merkblatt für die Anwendung des Betonmischens mit Dampfzuführung. beton 1974, No. 6, pp. 344-346.

[316]   Neck, U.: Auswirkungen der Wärmebehandlung auf Festigkeit und Dauerhaftigkeit von Beton. beton 1988, No. 12, pp. 488–493.

[317]   Rieche, G.: Instandsetzung von Stahlbeton bei Schäden infolge Korrosion der Bewehrung. Deutsche Bauzeitschrift 1982, pp. 1011–1017.

[318]   Piguet, A.: Einfluß der Nachbehandlung auf die Betonkapillarität unter Berücksichtigung des Wasserzementwertes und der Festigkeit. International Colloquium for Materials Science & Building Refurbishment, Esslingen, 1983, pp. 149–152.

[319] Pühringer, P., Wenzlaff, K.: Fertigteilproduktion in Saudi-Arabien mit angeschlossener automatischer Sandstrahlanlage. Betonwerk + Fertigteil-Technik 1980, No. 7, pp. 442–449.

[320] van Acker, A.: Neue Oberflächentechniken bei Fertigteilen aus Beton- und Stahlbeton. Beton- und Fertigteiltechnik 1986, No. 9, pp. 556–562.

[321] DVS – German Welding Society, Directive DVS 0302, Flammstrahlen von Beton. DVS, 1985.

[322] Menzel, U.: Warmbehandlung von Beton. Betonwerk + Fertigteil-Technik 1991, No. 12, pp. 92–97.

[323] Janhunen, P.: Neue Herstellungstechnologie für Fassadenelemente aus Architekturbeton von hoher Qualität. Betonwerk + Fertigteil-Technik 1993, No. 10, pp. 53–66.

[324] Fachvereinigung Deutscher Betonfertigteilbau e.V. in BDB: Hinweise zur Erzielung einer ordnungsgemäßen Bewehrung von Betonfertigteilen. Betonwerk + Fertigteil-Technik 1985, No. 7, pp. 473–478.

[325] Hütten, P., Pasberg, M.: Zweckmäßige Ausführungsformen von Bügelkörben aus geschweißten Betonstahlmatten. Betonwerk + Fertigteil-Technik 1979, No. 10, pp. 633–636.

[326] Schwarz, S.: Praktischer Einsatz vorgefertigter Bewehrungskörbe. Betonwerk + Fertigteil-Technik 1980, No. 9, pp. 571–574.

[327] National Technical Approval No. Z-1.2-155, BSt 500 WR (B) in Ringen. DIBt.

[328] Kulessa, G.: Herstellung und Verarbeitung von Betonstahl in Ringen. Betonwerk + Fertigteil-Technik 1987, No. 1, pp. 14–18.

[329] Krömer, R.: Rationalisierung im Betonwerk bei der Bearbeitung von Betonstahl vom Ring. Betonwerk + Fertigteil-Technik 1987, No. 1, pp. 23–36.

[330] Riechers, H.-J.: Betonstahl in Ringen. Verfahrensweisen und bisherige Entwicklung. Betonwerk + Fertigteil-Technik 1987, No. 1, pp. 19–22.

[331] Schwarzkopf, M.: Moderne Bewehrungstechnik. Betonwerk + Fertigteil-Technik 1991, No. 2, pp. 58–60.

[332] Ehlert, W., Fuchs, W.: Probleme bei der Direktansteuerung von Biegeautomaten. Betonwerk + Fertigteil-Technik 1991, No. 2, pp. 61–66.

[333] Koncz, T.: Neuentwicklungen in der Spannbett-Technik. Betonwerk + Fertigteil-Technik 1981, No. 11, pp. 700–705.

[334] Scott, N. L.: The long-line pretensioning method. FIP notes 1985, No. 4, pp. 2–10.

[335] Dietl, W.: Fertigteilkonstruktion aus Spannbeton. PORR-Nachrichten 1981, No. 85/86.

[336] Schmalhöfer, O.: Interessante Spannbetonbauten aus Fertigteilen. Betonwerk + Fertigteil-Technik 1978, No. 4, pp. 198–204.

[337] Ruhnau, J., Kupfer, H.: Spaltzug-, Stirnzug- und Schubbewehrung im Eintragungsbereich von Spannbett-Trägern. Beton- und Stahlbetonbau 1977, No. 7, pp. 175–203; No. 8, pp. 204–208.

[338] Bruggeling, A. S. G.: Übertragen der Vorspannung mittels Verbund. Beton und Stahlbeton 96 (2001) No. 3.

[339] Nitsch, A.: Spannbetonfertigteile mit teilweiser Vorspannung aus hochfestem Beton. Chair & Institute for Solid Construction, RWTH Aachen University, Dissertation, 2001.

[340] Hegger, J., Nitsch, A.: Neuentwicklungen bei Spannbetonfertigteilen – aktuelle Forschungsergebnisse und Anwendungsbeispiele. Beton + Fertigteil-Jahrbuch 2000, pp. 95–109.

[341] Hegger, J., Will, N., Kommer, B. et al.: Einsatz von selbstverdichtendem Beton für vorgespannte Bauteile. Research report, DAfStb V 416, 2006.

[342] Bechert, H.: Vorspannen mit sofortigem Verbund auf der Grundlage der neuen DIN 4227 Teil 1. Betonwerk + Fertigteil-Technik 1980, No. 9, pp. 2–5.

[343] Wölfel, E., Krüger, F.: Verbundverankerung von Spannstählen-Zulassungsprüfung und Anwendungsbedingungen. Mitteilungen IfBt 1980, No. 6, pp. 162–164.

[344] FIP: Report on prestressing steel: anchorage and application of pretensioned 7-wire strands. FIP Report, 1978.

[345]   Uijlden, J. A.: Verbundverhalten von Spanndraht-Litzen im Zusammenhang mit Rißbildung im Eintra-gungsbereich. Betonwerk + Fertigteil-Technik 1985, No. 1, pp. 28–36.

[346]   Bruggeling, A. S. G.: Die Übertragungslänge von Spannstahl bei Vorspannung mit sofortigem Verbund. Betonwerk + Fertigteil-Technik 1986, No. 5, pp. 298–302.

[347]   Lange, H., Paral, J.: Teilweise vorgespannte Spannbetonbinder –Bemessungstabellen in Anlehnung an DIN 1045. Beton- und Stahlbetonbau 1983, No. 1, pp. 12–16.

[348]   Walraven, J. C.: Lastverteilung und Bruchverhalten von Spannbetonhohldecken. Betonwerk + Fertig-teil-Technik 1992, No. 1, pp. 57–63.

[349]   FIP: Precast prestressed hollow-core floors. Thomas Telford, London, 1988.

[350]   Walraven, J. C.: Tragwirkung von Hohlplatten und Hohlplattendecken. Presentation, Stuttgart, 1993.

[351]   Hosser, D., Richter E., Hollmann, D.: Entwicklung eines vereinfachten Rechenverfahrens zum Nach-weis des konstruktiven Brandschutzes bei Stahlbeton-Kragstützen. Research report, Braunschweig TU, Nov 2008.

英汉词汇对照

A

Acid-washing treatment　酸洗处理

Anchor　锚固件

　-façade fixings　外墙板连接固定件

　-retaining anchors　外墙板拉结固定锚件（拉结件）

　-suspension anchors　外墙板上挂式固定锚件

B

Bearing　支座

　-category　支座分类

　-elastomeric　弹性支座

　-length　支座长度

　-local pressure　支座局部压力

　-pressure　支座压力

Bound stress　边界约束应力

Box girder　箱梁

Building joint　建筑伸缩缝

Building services　建筑服务设施

Butt joint　平缝节点

C

CE marking　CE 标签

Column joint　柱连接节点（接缝）

Concrete　混凝土

　-coated　涂层混凝土

　-coloured　彩色混凝土

　-fair-face　清水混凝土

　-fibre-reinforced　纤维增强混凝土

　-glass fibre-reinforced　玻璃纤维增强混凝土

　-self-compacting　自密实混凝土

　-steel fibre reinforced　钢纤维增强混凝土

　-surfaces　混凝土表面

　-textile-reinforced　织物纤维增强混凝土

　-ultra-high performance（UHPC）超高性能混凝土

Connections　连接节点

Construction product act　建筑施工产品法

Construction products directive（CPD）建筑施工产品指令

　-attestation of conformity　一致性认证

Continuous boot　连续靴脚

Corbel　牛腿

D

Double-headed stud　双头螺钉（栓钉）

Double-leaf wall　双叶墙板

Double-T floor unit　双 T 楼板构件

Dowels　螺栓（销栓）

Ductility factor　延性系数

E

Earthquake, response spectrum　地震，反应谱

Elastomeric bearing　弹性支座

Extruder　挤出成型机

F

Façades　外墙板

　-anchorages　外墙板锚固

　-ceramic tiles　外墙板瓷砖

　-column-type　柱形外墙板

　-fenestrate　带窗口外墙板

　-fixings　外墙板连接固定件

　-horizontal ribbon　水平条形板外墙板

　-panels　外墙板

　-U-shaped　U 形外墙板

Factor of safety　安全系数

Fair-face concrete　清水混凝土

Flame cleaning　灼烧处理

Floor diaphragm　楼盖横隔

Floor plank　叠合楼板底板

　-prestressed　预应力叠合楼板

Floor slab　楼盖楼板

Foundation　基础

　-pad foundation　平板基础

　-pocket foundation　杯口基础

Frame　框架

H

Heat treatment　热养护

J

Joints　连接节点（接缝、伸缩缝）
  -amount of reinforcement　节点配筋量
  -longitudinal reinforcement　接缝纵向配筋
  -loop reinforcement　节点环形配筋
  -vertical　竖向接缝
  -water proofing　接缝防水
  -with a hard bearing　节点刚性支座
  -with a soft bearing　节点柔性支座

L

Lattice beam　格构梁（桁架钢筋）
  -T-beam slab　T形梁板
  -composite plank floor　叠合板楼盖
Local bearing pressure　局部支座压力

M

Movement joint　转动节点
Multi-layer separating wall　分离式多层墙板

N

Natural vibration　自振
Notch　阶形
Notched beam ends　阶形梁端

O

Out-of-plane shear forces　平面外剪力

P

Perimeter tie　边缘连系筋
Plastic bar spacer　钢筋塑料定位器
Prefabricated units　预制构件单元
  -fit calculation　预制构件安装计算
  -tolerances　预制构件偏差
  -costs　预制构件成本
  -transport　预制构件运输
Prestressed hollow-core slab　预应力混凝土空心楼板

R

Restraint forces　约束力

S

Sandblasting　喷砂处理
Sandwich panel　夹心墙板

  -corner detail　夹心墙板角部构造细节
  -thermal insulation　夹心墙板保温隔热性能
Screwed（socket）joint　螺旋（承插式）连接节点
Second-order theory　二阶理论
Segmented hollow box　分段空心箱（筒体）
Self-compacting concrete　自密实混凝土
Shear connector system　受剪连接系统
Shear dowel　受剪螺栓
Shear friction theory　剪切摩阻理论
Shear joint　受剪节点
Shear wall　剪力墙
Skeleton construction　结构骨架施工
Sliding bearings　滑动支座
Stability　稳定性
  -of building　建筑结构稳定性
Steel fibre reinforced concrete　钢纤维增强混凝土
Stiffening　劲性
  -core　劲性核心筒
  -wall　劲性墙体
Stud　螺钉（栓钉）
Susceptibility to vibration　振动敏感性
Synthetic fibres　人造纤维

T

Textile-reinforced concrete　织物纤维增强混凝土
Thermal expansion coefficient　热膨胀系数
Thermal insulation　保温隔热
Torsion　扭力
  -moment　扭矩
Torsional vibrations　扭转振动
Torsional resistance　扭转阻力矩
Transport fixing　运输吊装固定件

U

Ultra-high performance concrete（UHPC）超高性能混凝土
Ultra-high strength concrete　超高强混凝土
University of Riyadh　利雅得大学

V

Vapour barrier　防潮隔离层

W

Wall　墙板

-element 墙板构件

-double-leaf 双叶墙板

-multi-layer separating wall 分离式多层墙板

-stiffening 劲性墙体

Warpening stiffness 翘曲刚度

Welded joint 焊接节点（接缝）

Welding methods 焊接方法

Z

Züblin 旭普林

-6M system 旭普林 6M 体系

-House 旭普林大厦